U0295665

国家出版基金项目
NATIONAL PUBLICATION FOUNDATION

ARJ21新支线飞机技术系列

主编 郭博智 陈 勇

支线飞机电传飞行控制系统研发及验证

Electrical Flight Control System Development and Certification for Regional Aircraft

陈 勇 田剑波 王晓梅 等 编著

上海交通大学出版社
SHANGHAI JIAO TONG UNIVERSITY PRESS

大飞机读者俱乐部

内容提要

本书以 ARJ21-700 飞机电传飞控系统设计为基础,综述了电传飞控系统的主要功能(包括飞机的纵向、横向和航向的控制与配平,放宽静稳定性、边界保护、载荷减缓、偏航阻尼器、方向舵高速限幅、马赫数/自动配平等),并着重阐述有关飞控系统的主要需求和设计过程、系统组成和架构、布置和安装、系统安全性、系统研制过程保证等内容。同时,本书就研制飞控系统的几个关键技术进行了论述。

图书在版编目(CIP)数据

支线飞机电传飞行控制系统研发及验证/ 陈勇,田
剑波,王晓梅 等编著. —上海:上海交通大学出版社,
2017
(大飞机出版工程)
ISBN 978-7-313-18559-4

Ⅰ.①支… Ⅱ.①陈…②田…③王… Ⅲ.①民用飞
机-自动飞行控制-飞行控制系统 Ⅳ.①V271
②V249.122

中国版本图书馆 CIP 数据核字(2017)第 307905 号

支线飞机电传飞行控制系统研发及验证

编　　著:陈　勇　田剑波　王晓梅 等
出版发行:上海交通大学出版社　　　　　　　地　　址:上海市番禺路 951 号
邮政编码:200030　　　　　　　　　　　　　电　　话:021-64071208
出 版 人:谈　毅
印　　制:苏州市越洋印刷有限公司　　　　　经　　销:全国新华书店
开　　本:710 mm×1000 mm　1/16　　　　　印　　张:15.5
字　　数:306 千字
版　　次:2017 年 12 月第 1 版　　　　　　　印　　次:2019 年 3 月第 2 次印刷
书　　号:ISBN 978-7-313-18559-4/ Ⅴ
定　　价:138.00 元

大飞机出版工程

丛书编委会

ARJ21新支线飞机技术系列

编 委 会

总　　序

国务院在 2007 年 2 月底批准了大型飞机研制重大科技专项正式立项，得到全国上下各方面的关注。"大型飞机"工程项目作为创新型国家的标志工程重新燃起我们国家和人民共同承载着"航空报国梦"的巨大热情。对于所有从事航空事业的工作者，这是历史赋予的使命和挑战。

1903 年 12 月 17 日，美国莱特兄弟制作的世界第一架有动力、可操纵、比重大于空气的载人飞行器试飞成功，标志着人类飞行的梦想变成了现实。飞机作为 20 世纪最重大的科技成果之一，是人类科技创新能力与工业化生产形式相结合的产物，也是现代科学技术的集大成者。军事和民生的需求促进了飞机迅速而不间断的发展和应用，体现了当代科学技术的最新成果；而航空领域的持续探索和不断创新，也为诸多学科的发展和相关技术的突破提供了强劲动力。航空工业已经成为知识密集、技术密集、高附加值、低消耗的产业。

从大型飞机工程项目开始论证到确定为《国家中长期科学和技术发展规划纲要》的十六个重大专项之一，直至立项通过，不仅使全国上下重视我国自主航空事业，而且使我们的人民、政府理解了我国航空事业半个多世纪发展的艰辛和成绩。大型飞机重大专项正式立项和启动使我们的民用航空进入新纪元。经过 50 多年的风雨历程，当今中国的航空工业已经步入了科学、理性的发展轨道。大型客机项目产业链长、辐射面宽、对国家综合实力带动性强，在国民经济发展和科学技术进步中发挥着重要作用，我国的航空工业迎来了新的发展机遇。

大型飞机的研制承载着中国几代航空人的梦想，在 2016 年造出与波音公司

B737和空客公司A320改进型一样先进的"国产大飞机"已经成为每个航空人心中奋斗的目标。然而,大型飞机覆盖了机械、电子、材料、冶金、仪器仪表、化工等几乎所有工业门类,集成数学、空气动力学、材料学、人机工程学、自动控制学等多种学科,是一个复杂的科技创新系统。为了迎接新形势下理论、技术和工程等方面的严峻挑战,迫切需要引入、借鉴国外的优秀出版物和数据资料,总结、巩固我们的经验和成果,编著一套以"大飞机"为主题的丛书,借以推动服务"大飞机"作为推动服务整个航空科学的切入点,同时对于促进我国航空事业的发展和加快航空紧缺人才的培养,具有十分重要的现实意义和深远的历史意义。

2008年5月,中国商用飞机有限公司成立之初,上海交通大学出版社就开始酝酿"大飞机出版工程",这是一项非常适合"大飞机"研制工作时宜的事业。新中国第一位飞机设计宗师——徐舜寿同志在领导我们研制中国第一架喷气式歼击教练机——歼教1时,亲自撰写了《飞机性能及算法》,及时编译了第一部《英汉航空工程名词字典》,翻译出版了《飞机构造学》《飞机强度学》,从理论上保证了我们的飞机研制工作。我本人作为航空事业发展50多年的见证人,欣然接受上海交通大学出版社的邀请担任该丛书的主编,希望为我国的"大飞机"研制发展出一份力。出版社同时也邀请了王礼恒院士、金德琨研究员、吴光辉总设计师、陈迎春副总设计师等航空领域专家撰写专著、精选书目,承担翻译、审校等工作,以确保这套"大飞机"丛书具有高品质和重大的社会价值,为我国的大飞机研制以及学科发展提供参考和智力支持。

编著这套丛书,一是总结整理50多年来航空科学技术的重要成果及宝贵经验;二是优化航空专业技术教材体系,为飞机设计技术人员的培养提供一套系统、全面的教科书,满足人才培养对教材的迫切需求;三是为大飞机研制提供有力的技术保障;四是将许多专家、教授、学者广博的学识见解和丰富的实践经验总结继承下来,旨在从系统性、完整性和实用性角度出发,把丰富的实践经验进一步理论化、科学化,形成具有我国特色的"大飞机"理论与实践相结合的知识体系。

"大飞机出版工程"丛书主要涵盖了总体气动、航空发动机、结构强度、航电、制造等专业方向,知识领域覆盖我国国产大飞机的关键技术。图书类别分为译著、专著、教材、工具书等几个模块;其内容既包括领域内专家们最先进的理论方法和技术成果,也包括来自飞机设计第一线的理论和实践成果。如:2009 年出版的荷兰原福克飞机公司总师撰写的 *Aerodynamic Design of Transport Aircraft*(《运输类飞机的空气动力设计》);由美国堪萨斯大学 2008 年出版的 *Aircraft Propulsion*(《飞机推进》)等国外最新科技的结晶;国内《民用飞机总体设计》等总体阐述之作和《涡量动力学》《民用飞机气动设计》等专业细分的著作;也有《民机设计 1 000 问》《英汉航空缩略语词典》等工具类图书。

　　该套图书得到国家出版基金资助,体现了国家对"大型飞机"项目以及"大飞机出版工程"这套丛书的高度重视。这套丛书承担着记载与弘扬科技成就、积累和传播科技知识的使命,凝结了国内外航空领域专业人士的智慧和成果,具有较强的系统性、完整性、实用性和技术前瞻性,既可作为实际工作指导用书,亦可作为相关专业人员的学习参考用书。期望这套丛书能够有益于航空领域里人才的培养,有益于航空工业的发展,有益于大飞机的成功研制。同时,希望能为大飞机工程吸引更多的读者来关心航空、支持航空和热爱航空,并投身于中国航空事业做出一点贡献。

2009 年 12 月 15 日

序

　　民用飞机产业是大国的战略性产业。民用客机作为一款高附加值的商品,是拉动国家经济发展的重要力量,是体现大国经济和科技实力的重要名片,在产业和科技上具有强大的带动作用。

　　自新中国成立以来,中国民机产业先后成功地研制了 Y-7 系列涡桨支线客机和 Y-12 系列涡桨小型客机等民用飞机。在民用喷气客机领域,曾经在 20 世纪 70 年代自行研制了运-10 飞机,国际合作论证了 MPC-75、AE-100 等民用客机,合作生产了 MD-80 和 MD-90 飞机。民机制造业转包生产国外民机部件,但始终没有成功研制一款投入商业运营的民用喷气客机。

　　支线航空发展迫在眉睫。2002 年 2 月,国务院决定专攻支线飞机,按照市场机制发展民机,并于 11 月 17 日启动 ARJ21 新支线飞机项目,意为"面向 21 世纪的先进涡扇支线飞机(Advanced Regional Jet for the 21st Century)"。从此,中国民机产业走上了市场机制下的自主创新之路。

　　ARJ21 作为我国民机历史上第一款按照国际通用适航标准全新研制的民用客机,承担着中国民机产业先行者和探路人的角色。跨越十五年的研制、取证和交付运营过程,经历的每一个研制阶段,解决的每一个设计、试验和试飞技术问题,都是一次全新的探索。经过十五年的摸索实践,ARJ21 按照民用飞机的市场定位打通了全新研制、适航取证、批量生产和客户服务的全业务流程,突破并积累了喷气客机全寿命的研发技术、适航技术和客户服务技术,建立了中国民机产业技术体系和产业链,为后续大型客机的研制打下了坚实的基础。

习近平总书记考察中国商飞公司时要求改变"造不如买、买不如租"的逻辑,坚持民机制造事业"不以难易论进退",在 ARJ21 取证后要求"继续弘扬航空报国精神,总结经验、迎难而上"。马凯副总理 2014 年 12 月 30 日考察 ARJ21 飞机时,指出,"要把 ARJ21 新支线飞机项目研制和审定经验作为一笔宝贵财富认真总结推广"。工信部副部长苏波指出:"要认真总结经验教训,做好积累,形成规范和手册,指导 C919 和后续大型民用飞机的发展。"

编著这套书,一是经验总结,总结整理 2002 年以来 ARJ21 飞机研制历程中设计、取证和交付各阶段开创性的重要成果及宝贵经验;二是技术传承,将民机研发技术专家、教授、学者广博的学识见解和丰富的实践经验总结继承下来,把丰富的实践经验进一步理论化、科学化,形成具有我国特色的民机理论与实践相结合的知识体系,为飞机设计技术人员提供参考和学习的材料;三是指导保障,为大飞机研制提供有力的技术保障。

丛书主要包括了项目研制历程、研制技术体系、研制关键技术、市场研究技术、适航技术、运行支持系统、关键系统研制和取证技术、试飞取证技术等分册的内容。本丛书结合了 ARJ21 的研制和发展,探讨了支线飞机市场技术要求、政府监管和适航条例、飞机总体、结构和系统关键技术、客户服务体系、研发工具和流程等方面的内容。由于民用飞机适航和运营要求是统一的标准,在技术上具有高度的相似性和相关性,因此 ARJ21 在飞机研发技术、适航验证和运营符合性等方面取得的经验,可以直接应用于后续的民用飞机研制。

ARJ21 新支线飞机的研制过程是对中国民机产业发展道路成功的探索,不仅开发出一个型号,而且成功地锤炼了研制队伍。参与本套丛书撰写的专家均是 ARJ21 研制团队的核心人员,在 ARJ21 新支线飞机的研制过程中积累了丰富且宝贵的实践经验和科研成果。丛书的撰写是对研制成果和实践经验的一次阶段性的梳理和提炼。

ARJ21 交付运营后,在飞机的持续适航、可靠性、使用维护和经济性等方面,继续经受着市场和客户的双重考验,并且与国际主流民用飞机开始同台竞技,因此需要针对运营中间发现的问题进行持续改进,最终把 ARJ21 飞机打造成为一款航空公司愿意用、飞行员愿意飞、旅客愿意坐的精品。

ARJ21 是"中国大飞机事业万里长征的第一步",通过 ARJ21 的探索和积累,中国的民机产业会进入一条快车道,在不远的将来,中国民机将成为彰显中国实力的新名片。ARJ21 将继续肩负着的三大历史使命前行,一是作为中国民机产业的探路者,为中国民机产业探索全寿命、全业务和全产业的经验;二是建立和完善民机适航体系,包括初始适航、批产及证后管理、持续适航和运营支持体系等,通过中美适航当局审查,建立中美在 FAR/CCAR - 25 部大型客机的适航双边,最终取得 FAA 适航证;三是打造一款具有国际竞争力的喷气支线客机,填补国内空白,实现技术成功、市场成功、商业成功。

这套丛书获得 2017 年度国家出版基金的支持,表明了国家对"ARJ21 新支线飞机"的高度重视。这套书作为上海交通大学出版社"大飞机出版工程"的一部分,希望该套图书的出版能够达到预期的编著目标。在此,我代表编委会衷心感谢直接或间接参与本系列图书撰写和审校工作的专家和学者,衷心感谢为此套丛书默默耕耘三年之久的上海交通大学出版社"大飞机出版工程"项目组,希望本系列图书能为我国在研型号和后续型号的研制提供智力支持和文献参考!

ARJ21 总设计师

2017 年 9 月

前　　言

商用飞机作为高端制造业的代表,在一个国家的工业体系中占有重要地位。商用飞机涉及的技术领域广泛,对相关产业技术发展的拉动作用明显,因此很多国家纷纷寻找机会进入这个领域。长期以来,大型商用飞机被波音和空客垄断,支线飞机也集中在庞巴迪、巴西航空工业等少数几家公司。中国在2002年启动 ARJ21 - 700 飞机项目,此后,俄罗斯、日本也纷纷将大型喷气支线客机作为进入航空制造领域的切入点。

中共十九大报告提出,"我国社会主要矛盾已经转化为人民日益增长的美好生活需要和不平衡不充分的发展之间的矛盾"。经济和社会发展以及人民生活水平的提高在今后若干年将持续刺激航空运输业的快速扩张。中国在地域上还存在明显的发展不平衡,特别是西部地区,发展明显滞后于东南沿海。改革开放以来,得益于我国经济持续高速发展,航空运输业发展迅速,发达地区航线密集,客货运运量巨大,大型飞机在经济性方面优势明显。但是,在相对欠发达的地区,支线飞机具有强大的生命力。这些地区往往地域辽阔,铁路和公路覆盖较差,发展航空运输是最经济和合理的解决方案。在市场经济的大环境下,支线飞机还承担着开拓航线的使命。通过干支结合进一步拓展区域市场,也增加了支线飞机的需求。

近年来,世界范围的民航运输安全性已达到了极高的水平,我国民航运输安全记录更是明显高于业界平均的安全水平。安全水平的提高给乘客带来了利益,但相应地也提高了进入这个领域的门槛。

飞行控制系统是实现飞机重要功能、直接影响飞行安全的关键系统。飞控系统采用的技术往往是一个机型技术水平的重要标志。最初的飞控系统为简单的拉杆摇臂或钢索滑轮传动系统,随着飞机航程、续航时间延长、吨位增大和飞行速度提高,出现了气动助力系统,进而发展到液压助力系统。军机因对安全可靠性、机动性和稳定性的迫切需求而率先使用了电传飞控技术,随后,大型商用飞机也逐步采用了电传飞控系统。随着技术的成熟,电传飞控系统已从宽体机和干线飞机向大型支线飞机渗透。

电传飞控系统给飞机的性能、安全性和维修性带来了收益,但同时也使得系统高度复杂化,研制工作量和难度明显增加。大型商用支线飞机在适航规章分类中属运输类飞机,适用于 CCAR25/14 CFR25/CS25,即与干线飞机具有相同的条款要求。商用支线飞机项目研制中,既要满足适航规章和安全性要求,也要按支线飞机的标准控制研制成本、单机成本以及运营成本,这对支线飞机的研制是一个巨大的挑战。

电传飞控系统属于典型的复杂系统,它实现多项飞机级功能,系统架构复杂,包含大量的软件和可编程逻辑器件,与飞机其他系统有着复杂的信号交联。电传飞控系统对信号传递高度依赖,对信号的完整性要求极高。随着系统复杂性的提高,需求确认和系统验证的工作量也呈几何级数增长。复杂系统因无法保证验证绝对充分,研制过程保证也是系统安全性可被接受的重要一环。现代商用飞机电传飞控系统研制工作量大、成本高、周期长,要保证项目成功,需引入系统工程的概念,控制研制流程,统筹规划和协调研制工作的各个方面,包括计划、成本、人力资源、质量和安全等。

ARJ21-700 飞机是我国自行研制的大型支线客机,也是首个全过程按 CCAR25 完成适航审定并投入商业运营的涡扇支线客机。ARJ21-700 飞机采用电传飞控系统,飞行控制律以开环为主,数字飞控计算机提供良好的操纵品质,模拟备份保证安全性。ARJ21-700 飞机使用传统的驾驶舱操纵型式,高度模块化的设计和完善的维护功能提供了良好的维修性。

ARJ21-700 飞机型号在设计、验证和适航审定方面取得了一定的技术突破。本书在型号研制经验的基础上,结合相关研究成果,主要针对支线客机飞控系统设计,论述了飞控系统研制流程的主要阶段,包括需求捕获、需求定义、需求确认、系统架构设计、设备和系统验证、适航要求和过程保证要求,同时,对型号实践中遇到的重点问题进行了探讨。本书编制的目的是为从事商用飞机飞控系统研制的工程技术人员提供参考。

本书第 1 章"绪论"由田剑波执笔;第 2 章"飞控系统设计需求体系"由王晓梅执笔;第 3 章"飞控系统组成与架构设计"由张明峰执笔;第 4 章"飞控系统安全性评估"由龚孝懿、王晓梅执笔;第 5 章"飞控系统设计及其布置和安装"由张冲执笔;第 6 章"飞控系统实现的验证"由王伟达执笔;第 7 章"飞控系统研制过程保证"由章晓春、王晓熠执笔;第 8 章"飞控系统适航审定"由刘欢执笔;第 9 章"飞控系统设计中若干关键技术"由张冲、申海荣执笔;第 10 章"展望"由田剑波执笔。陈勇负责本书编制的策划、全书的统稿和审定。

感谢王永熙、黄锦琦、林丰俊先生对本书的编制提供的指导。

感谢王兴波女士、马显超和郭建伟先生对本书编写提供的帮助。

感谢国家出版基金对本书的资助。感谢上海交通大学出版社对本书出版给予的大力支持。

由于编写组水平有限,书中的错误和遗漏恳请读者批评与指正。

编著者

2017 年 8 月

目　　录

1　绪论　1
1.1　飞控系统技术发展概况　1
1.2　飞控系统研制面临的主要问题　3
　　1.2.1　飞机级和系统间综合　3
　　1.2.2　研制流程控制和系统工程　4
　　1.2.3　安全性和适航　4
　　1.2.4　本书各章内容　5

2　飞控系统设计需求体系　7
2.1　飞控系统设计需求　7
2.2　系统设计需求分类　8
　　2.2.1　安全性需求　8
　　2.2.2　功能性需求　9
　　2.2.3　非功能性需求　9
　　2.2.4　适航审定要求　10
2.3　系统主要设计需求　10
　　2.3.1　安全性需求　11
　　2.3.2　控制律需求　12
　　2.3.3　操纵面气动铰链力矩　13
　　2.3.4　刚度/阻尼需求　14
　　2.3.5　电源系统需求　14
　　2.3.6　液压系统需求　15
　　2.3.7　接口需求　15
　　2.3.8　重量需求　15
　　2.3.9　环境需求　16
　　2.3.10　电搭接设计需求　16

　　2.3.11　物理和安装需求　17
　　2.3.12　可靠性/维修性/可测试性需求　17
　　2.3.13　软件和复杂硬件需求　18
　　2.3.14　标准规范要求　18
2.4　主要技术过程　19
　　2.4.1　系统需求捕获　19
　　2.4.2　功能的定义与分析　19
　　2.4.3　系统需求分析　20
　　2.4.4　系统需求的确认　20
　　2.4.5　系统物理架构设计　20
　　2.4.6　系统需求向下分配　20
　　2.4.7　系统安全性评估过程　20
　　2.4.8　设计实现　21
　　2.4.9　设计实现的验证　21
2.5　系统需求确认　21
　　2.5.1　需求确认的目的　21
　　2.5.2　需求确认过程　22
　　2.5.3　需求确认方法　26
　　2.5.4　确认工作输出　31
2.6　需求管理　31
　　2.6.1　配置标识　32
　　2.6.2　需求基线　32
　　2.6.3　可追溯性　33
　　2.6.4　需求追溯性矩阵　33
　　2.6.5　需求变更管理　33
　　2.6.6　需求管理工具　34

3　飞控系统组成与架构设计　36
3.1　主要分系统　36
3.2　飞控系统控制律设计　37
　　3.2.1　纵向控制律构型　38
　　3.2.2　横航向控制律构型　39
　　3.2.3　开环控制律　39
3.3　主动控制技术　40
　　3.3.1　放宽静稳定性　41
　　3.3.2　边界保护　42

　　　3.3.3　载荷减缓　43
　3.4　系统功能组成　43
　3.5　系统架构设计　46
　　　3.5.1　飞控计算机　47
　　　3.5.2　作动系统设计　51
　　　3.5.3　驾驶杆/盘与侧杆的选择　54
　　　3.5.4　总线设计　55
　3.6　备份系统设计　56
　3.7　与其他系统接口设计　57
　　　3.7.1　告警显示与维护系统　57
　　　3.7.2　电源系统　59
　　　3.7.3　液压系统　60
　　　3.7.4　空速与惯导系统　60

4　飞控系统安全性评估　62
　4.1　安全性评估顶层要求　62
　　　4.1.1　适航条款25.1309要求　63
　　　4.1.2　千分之一判据要求　65
　4.2　飞控系统安全性设计　66
　4.3　系统安全性评估　68
　　　4.3.1　系统功能危险性评估(SFHA)　69
　　　4.3.2　初步系统安全性评估(PSSA)　78
　　　4.3.3　系统安全性评估(SSA)　82
　　　4.3.4　共因故障分析(CCA)　87
　4.4　一个子系统的安全性评估实例——升降舵控制系统　91
　　　4.4.1　系统设计输入　91
　　　4.4.2　基本架构　92
　　　4.4.3　安全性设计输入　92

5　飞控系统设计及其布置和安装　98
　5.1　驾驶舱操纵器件设计　98
　　　5.1.1　操纵器件分类　98
　　　5.1.2　驾驶舱操纵器件　100
　　　5.1.3　人工感觉和配平　106
　　　5.1.4　驾驶舱操纵器件的人机工效设计　110
　5.2　主飞控作动器设计　117

5.2.1 作动器安装形式 118

5.2.2 典型液压伺服作动器 119

5.3 襟/缝翼系统动力与传动机构设计 122

5.3.1 齿轮-齿条 123

5.3.2 传动机构的补偿设计 124

5.4 操纵面位置传感设计 125

5.4.1 主飞控操纵面位置传感器设计 125

5.4.2 襟/缝翼系统位置传感设计 126

5.5 细节设计 127

5.5.1 维修性设计 127

5.5.2 紧固件保险 128

5.5.3 安装环境 129

5.5.4 间隙控制 130

5.5.5 带电设备电搭接 131

6 飞控系统实现的验证 132

6.1 概述 132

6.2 实现验证过程 132

6.2.1 验证目的 132

6.2.2 验证过程 132

6.2.3 验证方法 133

6.3 设备级试验 134

6.3.1 验收试验 134

6.3.2 鉴定试验 134

6.4 系统级试验 137

6.4.1 供应商系统级试验 137

6.4.2 铁鸟试验 138

6.4.3 工程飞行模拟器试验 139

6.4.4 HIRF 试验 139

6.5 综合试验 140

6.5.1 系统交联试验 141

6.5.2 飞机地面功能试验 141

6.5.3 结构模态耦合试验 141

6.6 飞行试验 143

7　飞控系统研制过程保证　144

7.1　概述　144

7.2　资源　145

7.2.1　机构与职责　145

7.2.2　应用标准　146

7.2.3　使用环境及工具　148

7.3　系统研制保证等级　149

7.3.1　研制保证等级分配　149

7.3.2　功能研制保证等级和设备研制保证等级　150

7.3.3　FDAL 和 IDAL 分配指南　150

7.3.4　FDAL 考虑外部事件的 FDAL 分配　155

7.4　系统研制过程　156

7.4.1　立项与可行性论证阶段　156

7.4.2　总体方案定义阶段　157

7.4.3　系统初步设计阶段　158

7.4.4　系统详细设计阶段　158

7.4.5　系统全面试制阶段　159

7.4.6　试飞取证阶段　160

7.4.7　批生产与产业化阶段　160

7.5　系统研制过程保证活动　160

7.5.1　研制过程保证活动规划　160

7.5.2　制定过程保证计划　162

7.5.3　评审与监控　162

7.5.4　构型管理　170

7.5.5　问题报告管理　172

7.5.6　过程保证关闭控制　173

7.5.7　过程记录的控制　174

7.5.8　数据和文件的发布　174

8　飞控系统适航审定　176

8.1　适航的概念　176

8.2　适航管理法规和文件体系　176

8.3　型号合格审定　177

8.3.1　合格审定计划　178

8.3.2　交叉引用的合格审定计划　178

8.3.3　审定基础　178

　　　　8.3.4　符合性验证方法　179

　　　　8.3.5　符合性验证实施　182

　　8.4　飞控系统适航条款理解　183

　　　　8.4.1　飞控系统适航条款　184

　　　　8.4.2　飞控系统专用条件　198

9　飞控系统设计中的若干关键技术　201

　　9.1　系统综合　201

　　　　9.1.1　系统监控需求　201

　　　　9.1.2　系统监控器设计　201

　　　　9.1.3　系统振荡监控　202

　　9.2　操纵面的颤振抑制　202

　　　　9.2.1　操纵面防颤振设计　202

　　　　9.2.2　阻抗特性仿真与测试　204

　　9.3　力纷争与均衡　205

　　　　9.3.1　力纷争主要原因分析　205

　　　　9.3.2　力纷争均衡分析　206

　　　　9.3.3　仿真分析与物理试验结合　207

　　　　9.3.4　仿真结果和物理试验结果对比　207

　　9.4　驾驶舱操纵机构联动精度　208

　　　　9.4.1　俯仰操纵机构左右侧操纵器件连动误差　208

　　　　9.4.2　俯仰轴传动机构精度分析　208

　　9.5　系统卡阻与脱开设计　210

　　　　9.5.1　脱开机构　210

　　　　9.5.2　脱开机构的驾驶员评估　212

10　展望　213

缩略语　215

参考文献　219

索引　221

1 绪 论

1.1 飞控系统技术发展概况

与军用飞机一样,商用飞机也经历了由小到大、速度由低到高的发展历程。最初的飞行控制系统(以下简称飞控系统)为简单的机械操纵系统,驾驶员对驾驶舱操纵器件的操纵通过拉杆或钢索直接驱动操纵面,随着飞机重量的增加和飞行速度的提高,发展了气动助力操纵和液压助力操纵系统。随着飞机性能的进一步提升和安全性要求的提高,系统功能不断增强,如引入与飞行参数有关的人感系统、偏航阻尼器、马赫数配平系统、方向舵高速限幅系统、改善飞机着陆滑跑性能的自动扰流板系统等。伴随系统功能和性能提升的是系统的复杂化以及设备数量、体积和重量的增加。机械飞控系统有其固有的缺陷,如机械传动的摩擦和间隙,复杂机构设计困难,维护工作量大,无法实现复杂的控制律,难以实现高覆盖率的故障监控和自检测。

如今,机械飞控系统因功能和性能的局限已不能适应飞机技术发展的要求,采用电传飞控系统的需求越来越迫切。飞机对电传飞控系统的需求来自多个方面,最主要的是通过电信号传输操纵指令,替代机械传动机构,解决机械传动机构难以克服的缺陷,减轻系统重量。同时,通过采用电传飞控系统,可更容易地实现系统的余度配置,提供高的监控覆盖进而实现健康监测,从而提高飞机的安全可靠性,通过复杂的控制律保证飞机在全飞行包线具有最佳的飞行品质。电传飞控技术为实现主动控制技术提供了良好的平台,包括放宽静稳定性、包线保护、机动载荷减缓、阵风载荷减缓、乘坐品质控制、颤振模态控制等,通过采用这些主动控制技术,可进一步提升飞机性能。

根据 GJB2191-1994,电飞行控制系统(EFCS)的定义是:控制飞行器的一个轴或多个轴的飞行控制完全是电的飞行控制系统,可以有非电备份控制或其他转换手段。电飞行控制系统特别是在人工控制或重要控制应用场合下,通常称为电传操纵(fly-by-wire)。

不同类型的飞机从不同的切入点采用了电传飞控技术。军机采用电传飞控系统的脉络是从机械操纵系统加入增稳系统(SAS),发展到兼顾操纵性和稳定性的稳定性与控制增强系统(SCAS),控制增强权限增大到 100% 即成为电传飞控系统。

商用飞机则在军机实践的基础上,从两个方向引入了电传飞控技术。其一是通过"全权限控制增强"保证飞机在全飞行包线、全重量/重心范围具有优良的飞行品质;通过放宽静稳定性、减小平尾重量和配平阻力,提高飞机的有效升力,提升经济性;通过引入阵风载荷减缓、机动载荷减缓减小结构载荷,提高安全性,减轻结构重量;通过乘坐品质控制,改善乘坐的舒适性;通过颤振模态控制提高安全性,减轻结构和系统重量。其二是由电信号的传递替代机械传动机构,减轻系统重量,简化设备和传动机构布置;通过电子装置和计算机实现机械机构难以实现的复杂控制逻辑,如扰流板的空中减速/比例破升、地面扰流板和滚转辅助控制功能的综合实现,方向舵按空速的偏度限制等。总之,电传飞控系统的出现和主动控制技术的应用突破了机械飞控系统的局限,比较圆满地解决了存在的问题,也为飞机性能和安全性的进一步提升提供了广阔的空间。

民用飞机电传飞控系统的历史可追溯到 20 世纪 60 年代,英法合作研制的协和号超音速客机就已采用了电信号传输的飞控系统。此后,世界各国采用电传飞控的军用飞机不断涌现,且经历了从模拟式到数字式的发展过程,使飞机性能得到了极大的提高。然而,相当长一段时间内民用飞机依然是机械飞控系统一统天下,直到 B757 和 B767 飞机的扰流板系统采用了电传操纵,解决了对机械机构而言十分困难的扰流板横向操纵、空中减速和地面破升复合功能。B757/B767 飞机的扰流板控制模块接收来自驾驶盘位移传感器和减速板手柄位移传感器的信号,综合处理后控制电液伺服作动器实现扰流板位置的伺服控制,包括辅助副翼横向操纵、空中减速控制、地面破升控制以及这些功能的复合控制。

到了 20 世纪 80 年代,空客公司推出的 A320 是一架全面引入电传系统的新一代客机。A320 采用侧杆技术,飞控系统共有 9 台数字计算机,其中两台用作襟/缝翼控制。A320 采用数字电传飞行控制而不设模拟备份,保留了方向舵控制和水平安定面配平机械备份。A320 引入了放宽静稳定性、阵风减缓和包线保护等主动控制功能,大大改善了飞机性能,减轻了飞行机组工作负担,提高了飞机安全性。

A330/A340 是空客公司随后推出的大型宽体客机。在 A320 的基础上,A330/A340 继续采用电传飞控系统,同样保留了方向舵控制和水平安定面配平机械备份。A330/A340 的飞控计算机集成度更高,采用 3 台主控计算机和两台辅助计算机,另有两台襟/缝翼计算机实现襟/缝翼控制。与 A320 的阵风减缓不同,A330/A340 引入了机动载荷减缓功能,更适合于宽体机的特点。A330/340 还具有起飞和着陆时副翼自动下偏增升功能。

20 世纪 90 年代中期,波音也推出了配备电传飞控系统的 B777。与空客系列不同,B777 采用 3 台主飞控计算机,每台计算机 3 个通道,采用不同的硬件。4 台模拟电路为主的作动器控制电子组件控制操纵面作动器。正常情况下,作动器控制电子组件接收驾驶舱控制指令,并将指令传送到飞控计算机,并按飞控计算机返回的控制指令控制作动器。数字计算机故障情况下,作动器控制电子组件直接控制作动器,从而实现模拟备份功能。

这个时期,大型支线飞机也开始使用电传飞控技术。多尼尔 728(FD-728)率先提出了无机械备份的电传飞控系统方案,三轴控制及水平安定面配平、扰流板控制、襟/缝翼控制均通过电信号实现。与其他机型不同的是 FD-728 采用了开环控制律,即飞控系统按特定的规律控制操纵面偏度,控制律是空速和飞机构型等的函数。FD-728 项目因商务原因失败。稍后启动研制的 ERJ-170 飞机在方向舵和升降舵通道采用了电传控制,副翼为传统的机械液压控制,目的主要是降低研制成本和单机成本。此后启动的大型支线飞机项目也纷纷采用了电传飞控系统。

ARJ21-700 是我国自主研制的大型涡扇支线飞机,采用无机械备份的电传飞控系统。两台具有指令-监控通道的飞控计算机实现双余度的正常模式控制。正常模式下,作动器控制电子组件接受驾驶舱操纵指令,通过总线将操纵指令传递到飞控计算机,飞控计算机根据飞行状态和飞机构型进行控制律计算后生成控制增益和增强指令,传送到作动器控制电子组件,进而通过作动器驱动操纵面。直接模式时,作动器控制电子组件不依赖飞控计算机的指令,而是按驾驶舱指令直接控制操纵面作动器。

1.2 飞控系统研制面临的主要问题

1.2.1 飞机级和系统间综合

飞控系统相关的正常设计流程的主线是:定义飞机布局,提出操纵面载荷需求及操纵面控制静、动态与阻抗特性需求,确定操纵面失效状态和危险等级,然后由飞控系统实现这些需求并完成验证。事实上,飞控系统设备的可靠性在当前的技术水平下难以大幅度提高,操纵面失效危险等级对应的失效率要求有可能难以通过系统架构满足或需付出过高的代价,这种情况下,操纵面布局需考虑系统故障模式和失效率的因素。飞机总体设计和系统架构设计对经验的依赖程度高。

飞控系统的重要设计需求一般需要按研制阶段多次迭代确认,分步冻结。重要设计输入的调整可能造成作动器等的设计工作反复,而为避免设计反复而保留过大的设计余量又会给飞机和系统带来不合理的负担。解决这个问题的主要方法是统筹协调系统研制计划和相关重要设计输入的分析和确认计划,另外就是需要足够的经验,保证各阶段提出的需求是足够准确的。

飞行控制功能的实现需全机多个系统支持,包括液压能源系统、电源系统、大气数据系统、惯导系统、显示/告警系统、中央维护系统和电气互联系统(EWIS)等。飞控系统的安全性也与这些系统直接相关。飞控系统与这些系统间信号交联复杂,设计、分析和验证难度高、工作量大。

型号研制中,飞机级综合和系统间综合考虑不充分是导致设计中隐藏有缺陷的主要原因之一。解决这个问题的关键是站在飞机总体的高度,针对系统功能,通过仿真分析、相似性、充分的评审保证需求的正确和完整;在尽可能真实的综合环境中,基于设计需求按可能的场景对系统充分验证,如近期几个飞机型号就采用了接近真实飞机的多系统联试,以及驾驶员在环的试验。

1.2.2 研制流程控制和系统工程

电传飞控系统属于典型的复杂系统,它负责实现多项飞机功能。电传飞控系统架构复杂,包含大量软件和可编程逻辑器件,与飞机其他系统有着复杂的信号交联。而随着系统复杂性的提高,需求确认和系统验证的工作量和成本呈几何级数增长。复杂系统因无法保证充分验证,研制过程保证也是保证系统安全性可接受的重要方面。

1996 年 11 月,SAE 发布了"高度集成或复杂飞机系统的适航考虑(CERTIFICATION CONSIDERATIONS FOR HIGHLY - INTEGRATED OR COMPLEX AIRCRAFT SYSTEMS)"(ARP 4754),为日趋复杂的飞机电子系统确保功能和安全在研制流程上提供了指导材料。2010 年 12 月,SAE 将此文件升版为 4754A,并把标题改为"民用飞机和系统研制指南(GUIDELINES FOR DEVELOPMENT OF CIVIL AIRCRAFT AND SYSTEMS)",在民用飞机和系统的研制流程指南方面作了更新和扩展。SAE ARP 4754A 以满足 FAR 25 部为基础,从飞机级功能和飞机整体环境出发,提出了表明条款符合性的方法,包括需求的确认和设计实现的验证,并为开发项目或公司内部标准提供了指导。2011 年 9 月 30 日,FAA 发布 AC 20 - 174"Development of Civil Aircraft and Systems",将 SAE ARP 4754A 作为研制过程保证的一种可接受的符合性方法,并对 4754A 的使用给出了指导意见。AC 20 - 174 提出,在项目研制初期应对 4754A 的使用与 FAA 进行协调,适航审定计划(CP)中包含用于表明条款符合性的功能研制保证等级(FDAL)和设备研制保证等级(IDAL)以及等级、流程和相关目标的说明。

现代飞机电传飞控系统研制工作量大、成本高、周期长。要保证项目成功,需引入系统工程的概念,控制研制流程,统筹研制过程和研制工作的各个方面,包括计划、成本、人力资源、研制过程等。

1.2.3 安全性和适航

商用支线飞机按适航规章分类属运输类飞机,适用于 CCAR - 25/14 CFR25/CS25,即与大型商用飞机具有相同的适航要求。支线飞机项目研制中,即要满足适航规章和安全性要求,也要对研制成本、单机成本以及运营成本进行更严格的控制,这对支线飞机的研制是一个巨大的挑战。

作为影响飞行安全的适航要求,适航规章对其安全性有着十分苛刻的要求,包括适航条款,如 25.671"操纵系统总则"、25.672"增稳系统及自动和带动力的操纵系统"、25.1301"功能和安装"、25.1309"设备、系统和安装"。此外,飞控系统还需满足电源、高能辐射场、闪电直接和间接影响等通用要求。另外,还要支持飞机满足结构、性能和操稳等适航条款和专用条件要求。针对电传飞控系统的特点,对特定的飞机型号会规定专用条件和等效安全要求,一般包括电传飞控系统、指令信号完整性、隐蔽故障和组合故障的故障率要求等。

适航咨询通告提出了条款的符合性方法,如 FAA 咨询通告 AC1309"系统设计与分析"给出了适航条款 25.1309 的符合性方法,ARAC671 研究报告对适航条款 25.671 要求、符合性方法进行了研究,包括操纵面卡阻、卡阻和另一故障组合等。另外,FAA 在适航审查实践中确定了对重大问题的政策指南和具体化的原则备忘。

适航规章规定了飞机型号安全性设计的最低要求。作为影响飞行安全的关键系统,安全性需求的定义、设计实现和验证是飞控系统的重要工作。

SAE ARP 4761 为系统安全性评估提供了方法和指南。飞机级和系统安全性评估一般包括飞机功能危险性评估(AFHA)、初步飞机安全性评估(PASA)、飞机级故障树分析(AFTA)、系统功能危险性评估(SFHA)、初步系统安全性评估(PSSA)、系统安全性评估(SSA)、故障模式和影响分析(FMEA)、特殊风险分析(PRA)、区域安全性评估(ZSA)和共模分析(CMA)。安全性评估过程贯穿型号研制整个过程,包括安全性需求的产生和验证。安全性需求包括失效率、复杂性和独立性等。

系统的设计目标应是尽可能高的监控覆盖,避免隐蔽故障。但实际的设计实现往往难以保证。为了保证系统安全,需提出对特定的不能被监控功能覆盖的功能提出检查要求和检查时间间隔,以缩短故障暴露时间。对安全有重大影响的维修项目需在飞机的全寿命的维修中接受局方监控。

商用飞机的飞控系统设计还要根据运营要求,基于以往的设计与使用经验在系统架构上,充分利用安全性裕度,在安全性评估的基础上提出主最低设备清单建议书(PMMEL),定义可签派的故障(包括需采取的措施),提升运营性能。

1.2.4　本书各章内容

本书第 1 章介绍了电传飞控技术在民机的应用以及支线机电传飞控系统研制面对的主要问题;本书第 2 章论述了飞控系统设计需求体系,包括设计需求在型号研制中的重要地位,描述了需求来源、分析和定义、确认、分配和设计实现及验证等主要技术过程,重点探讨了飞控系统涉及的主要设计需求和系统需求确认的主要过程和确认方法;第 3 章介绍了系统架构的定义及涉及的系统功能、主要分系统、控制律设计和主动控制技术的应用等内容,重点讨论了系统物理架构设计技术;第 4 章介绍了适航条款对安全性的要求,安全性需求的定义方法和系统安全性评估、评估方法,分析了工程实践中可能遇到的安全性评估问题并给出了解决方案;第 5 章介绍了飞控系统设计及其布置和安装,驾驶舱操纵器件设计要求,驾驶舱操纵器件和显示的人为因素考虑,提出了详细的设计评估方法;第 6 章为设计实现的验证,介绍了验证过程和系统主要采用的验证方法,重点探讨了飞控系统实现设备级、系统、系统间和飞机级验证的主要方法；第 7 章介绍了系统研制过程、研制过程保证的工作内容和方法与供应商管理面临的主要问题和工作内容，重点探讨了设计评审与监控、构型管理等主要活动和要求；第 8 章分析了电传飞控系统适航需要符合的主要适航要求及符合性方法；第 9 章对型号研制中可能遇到的重点问题如系统监控、力纷争等设计技术进行了讨论。

2　飞控系统设计需求体系

2.1　飞控系统设计需求

系统设计需求是针对系统产品应具备的功能、性能或者设计约束的正式陈述，是建立系统架构和开展设计工作的基础。鉴于现代飞机系统的高度综合性和复杂性，特别是软件和可编程硬件的大量使用，使得验证的充分性难以保证，导致存在设计缺陷的可能性增大。型号设计实践表明，设计错误的大部分原因可归结到需求的正确性、完整性以及需求的表达存在问题。适航当局对因研制错误而造成飞机失效状态的风险极其关注。对高度综合与复杂的飞控系统而言，需求问题是贯穿全部研制周期的一个持续过程，随着研制阶段的进展，会不断增强对于需求正确性、完整性和一致性的置信度，增强需求的可验证性和通过合适的验证方法对需求进行验证，并最终确保飞控系统需求满足适航、客户以及民机制造商要求。因此需要一套严密的系统研制技术过程和行之有效的过程保证体系来确保系统研制是在足够规范的方式下进行，有效控制各层级的需求开发，保证需求得到有效的确认，保证系统研制过程满足安全性要求，保证系统实现满足设计要求，从而限制对飞机安全性可能造成影响的研制错误发生的可能性。

在飞控系统研制过程中，围绕设计需求展开的系统主要技术过程为：捕获飞机级功能和来自各方的需要，建立系统功能清单形成功能架构和功能接口，定义和表述系统设计需求，形成功能性需求和非功能性需求，对需求的正确性和完整性进行确认，完成本层级的架构定义，将需求分配到下一层级，按需求完成设计实现和产品集成，基于需求对设计实现进行验证。其中，各步骤间是反复迭代的过程。系统研制过程中，这些技术过程与安全性评估过程是并行交叉进行的。SAE ARP 4754A 中的安全性和研制过程的相互关系(见图 2 - 1)体现了系统研制过程中飞机级、系统级、设备级各层级设计需求分配、产品集成和各层级与安全性评估的关系，以及需求确认和设计实现的验证的层级关系。

在飞控系统研制过程中需要对各技术过程进行过程控制，也要对系统有关各方的需要、系统的需求、自顶向下直到最底层设备的需求及基于需求的确认、实现和验证内容进行管理，形成需求的控制基线，建立需求的双向可追溯性，并对需求的变更进行管理，同时通过系统研制过程保证活动来保证产品过程证据的有效性

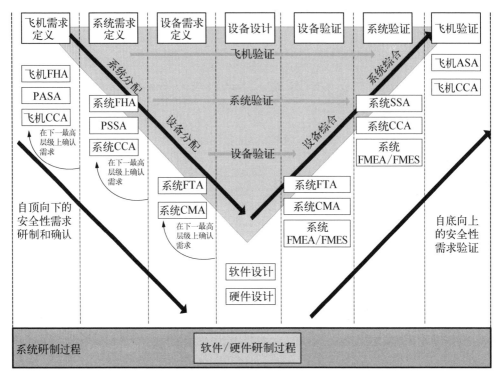

图 2-1 安全性和研制过程的相互关系

和可追溯性,并支持系统研制完成总结报告的技术管理工作。

2.2 系统设计需求分类

系统设计需求按不同的分类可以赋予多个属性,包括安全性需求、功能性需求、非功能性需求、适航审定要求等,以下各节将分别介绍。

2.2.1 安全性需求

安全性需求也可归为功能性需求,存在于飞机级、系统级和设备级,飞机级或系统级功能的安全性需求包括可用性和完整性的最低性能约束。不论在飞机级、系统级还是设备级的功能,每一项功能的安全性相关的需求类型包括独立性需求、定量(概率)及定性需求、功能可用性需求、功能完整性需求、单点失效准则、监控性能需求、安全性或防护特性、功能研制保证等级、运行及维修性限制需求等,通过预计过程对概率需求进行处理。这些安全性需求通过 ARP4754A 和 ARP4761 中所述的相关评估过程和方法来确定。所有功能都包括相应的失效状态和对飞机的影响,通过对相关功能失效状态和对飞机的影响的确定和分类,确立飞机功能危险性评估(AFHA)和系统功能危险性评估(SFHA)。

安全性需求向下分配采用研制保证等级方法,研制保证等级是一种公认的确保飞机级和系统级研制过程满足安全性需求的可接受方法。研制保证等级包括飞机和系统功能的研制保证等级（FDAL）和设备的研制保证等级（IDAL）。研制保证等级（DAL）是一种基于过程的方法，也是一种计划性、系统化的定性手段，在安全性评估过程中确定，其目的是在系统和项目的研制中从安全性的角度选择质量程序，为相应的等级制定对应的工作程序及验证标准，确保系统开发以足够严格的方法完成，并更正系统的设计和需求中的错误和缺漏到一定程度，从而限制影响到飞机安全性的研制差错出现的可能性，以满足系统对 CCAR/FAR/CS25.1309 条款的符合性。关于系统研制保证等级分配的原则和方法见 7.3 节"系统研制保证等级"。

2.2.2　功能性需求

功能性需求是指在具体条件下为了获得期望的系统功能性能的需求。具体实现为根据功能分析形成的功能，基于需求分析和安全性评估工作，进行性能和其他指标的量化定义，形成系统功能性需求。系统功能性需求包括客户需求、使用需求、性能需求、接口需求、衍生需求等。

（1）客户需求。客户需求因飞机型号、系统特定功能或者系统类型的不同而变化。需求包括运营商的预期载荷、航路系统、使用经验、维护概念和所期望的特性。客户需求一般会体现在飞机级功能中，再分解为系统级功能，并经需求分析过程形成系统功能性需求。

（2）使用需求。使用需求定义了飞行机组与功能系统之间、维护人员与飞机系统之间、其他飞机支持人员与相关功能及设备之间的接口。行动、决定、信息需求和时间形成了主要的使用需求，定义使用需求时需要考虑正常和非正常的工作场景。

（3）性能需求。性能需求定义了使得功能或系统对飞机和其运行有用的特性。除了定义预期的性能类型外，性能需求还包括功能的一些细节，如：精度、保真度、范围、解析度、速度和响应时间。

（4）接口需求。接口需求包括物理系统与项目的互联以及相关具体通信的特性，接口包括所有有源输入和目的输出的定义，接口描述应详尽描述信号的特征。

（5）衍生需求。衍生需求来源于设计过程本身，它们可能与上层需求不相关。检查系统衍生需求以确定它们支持的飞机级功能，进而给它们分配合适的失效状态等级，同时对需求进行确认。衍生需求一般不会影响上层需求，有些衍生需求可能体现在上层需求中。例如，为执行特定功能的设备选择不同的电源，为该电源制定的需求，包括安全性需求，就是衍生需求，电源功能失效或故障所导致的失效状态决定了必要的研制保证等级。系统衍生需求也可以来自系统架构的选择。

2.2.3　非功能性需求

系统非功能性需求是指不需要执行而是对特定的功能性需求施加限制。是指那些与飞机功能分配无直接关系,但是必须满足的要求。具体实现为基于系统的其他系统相关各方需要、项目目标和约束进行分析和定义,形成系统非功能性需求,系统非功能性需求包括可靠性/维修性/测试性需求、内外部运行环境需求、电磁防护设计需求、内外部噪声需求、重量需求、安装需求、结构外形容差需求、结构强度需求、材料需求、电源特性需求、电气导线互联系统(EWIS)设计需求、机载软件和机载电子硬件需求、人为因素需求、特殊风险与运营需求、标志需求、告警需求等。

2.2.4　适航审定要求

适航是指航空器能在预期的环境中安全飞行(包括起飞和着陆)的固有品质,这种品质可以通过合适的维修来保持。根据适航规章要求或为了表明对适航规章的符合性,可能需要补充功能、功能特性或执行要求。此类要求在型号研制过程中应与适航当局协商确定。

适航审定要求通常包括初始适航审定要求和持续适航审定要求两个方面。飞控系统所需符合的适航审定要求包括以 CCAR-25 部为主的初始适航审定要求和以 CCAR-91 部、CCAR-121 部为主的型号持续适航审定要求。

初始适航要求是对设计制造的控制,支线飞机初始适航审定要求主要依据 CCAR-21 部、CCAR-23 部和 CCAR-25 部 B、F、H 分部等相关条款和与局方协商确定的专用条件,并参考 FAR-25 部和适用的 FAR 修正案以及适用的咨询通告、出版物和指定情况的指导及要求。

持续适航要求是对使用、维修的控制,指涉及所有航空器在其使用寿命内的任何时间都符合其型号合格审定的适航要求及注册国的强制适航要求,并始终处于安全运行状态的全部过程。通过识别这些适航要求,形成一系列系统设计需求或融合到已有的设计需求中,使其在系统设计中得以体现。

此外,主制造商应根据适航条款中与飞控系统有关的要求,制定适航验证要求、方法和程序,对影响飞行安全的飞行关键功能、飞行关键模式、飞行关键子系统、飞行关键软件等应制定适航验证的规定。主制造商作为申请人需要根据型号具体情况和具体设计方案,与适航当局讨论适用的条款、问题纪要及专用条件,作为飞控系统适用的适航审定基础和要求,并与局方签署该型飞机飞控系统专项合格审定计划。与飞控系统有关的适航审定要求详见本书第 8 章"飞控系统适航审定"。

2.3　系统主要设计需求

飞控系统设计需求包括 2.2 节中提到的安全性需求、功能性需求、非功能性需求、适航审定要求,此外还有适用的标准规范要求等,涵盖飞控系统的设计、综合、接口、开发、测试、适航和制造各方面,并且包括一系列适用的公司内部规定。下面对飞控系统中主要设计需求进行说明。

2.3.1　安全性需求

系统安全性需求主要来源于与安全性相关的适航条款和飞机功能危险性评估(AFHA),系统安全性需求包括系统功能危险性评估(SFHA)、共因故障分析(CCA)和初步系统安全性评估(PSSA)对系统安全性需求分析得出的系统架构需求。

SFHA 是系统综合检查产品的各种功能,识别各种功能故障状态,并根据其严重程度对其进行分类的一种安全性评估工作。SFHA 是驱动飞控系统设计的最关键的安全性需求源之一,对系统设计有重大的影响。根据 AFHA 和飞控系统功能定义了 SFHA,检查分析系统功能,确定了潜在的功能失效状态,根据具体的失效状态对功能危险性进行分类。SFHA 在研制过程的早期开展,并随着新的功能或失效状态的确定进行更新。SFHA 分析的结果,作为系统安全性设计的输入,SFHA 功能失效危险等级决定了系统研制确保等级的分配,另外来自下一层级的安全性需求使得与 SFHA 分类相关的安全性目标得以实现。如系统设计通过 PSSA 对所提出的系统架构进行系统性检查,以确定失效如何导致 FHA 中定义的失效状态。SAE ARP4754A 中的安全性评估过程模型(见图 2-2)体现了 SFHA 与系统安全性评估过程及系统研制过程之间的关系。

CCA 主要满足特殊风险分析、区域安全性评估和共模故障分析三方面的要求。为满足共因故障分析要求,在任何能预见的不危及飞机飞行安全的故障模式下飞机应能够维持可控状态,飞控系统应隔离成几部分以保证能最大限度地利用余度架构,并开展系统设备和相关管路、电缆隔离布置,综合考虑能源和信号系统的布置,使飞控系统主要操纵面控制通道(包括电子部件、作动器和电缆)严格执行分离原则以满足安全性需求。

PSSA 是一种系统检验的方法,是与设计定义相关的交互过程,也是一个导向性的设计过程文件,用以确定故障且故障将如何导致 SFHA 中识别出的功能失效状态并快速判定由于系统架构、软件或硬件更改引起的潜在安全性影响。PSSA 的目标是建立系统安全性要求并且确定系统架构能够满足在 SFHA 中提出的安全性目标,用来完成故障状态列表和相应的安全性要求,同时也证明系统设计满足 SFHA 中识别的功能危险的定性或定量要求。PSSA 提供了详细的关于系统危险性分配及架构性描述,将安全性需求分配到系统及子系统功能模块中,使 PSSA 分析与安全性评估子系统功能模块及关键环节设计形成反复迭代,为系统架构优化设计提供保障,确保系统设计满足安全性需求。

PSSA 过程包括确定保护措施、考虑失效安全概念以及考虑需要满足安全性目标的架构属性,并且必须识别及获得所有相关系统的安全性要求。PSSA 应该识别在 SFHA 的故障状态中出现的故障,通过使用故障树分析(FTA)、相关图(DD)、马尔可夫分析(MA)或其他的分析方法识别导致失效状态的可能因素。因此可以认

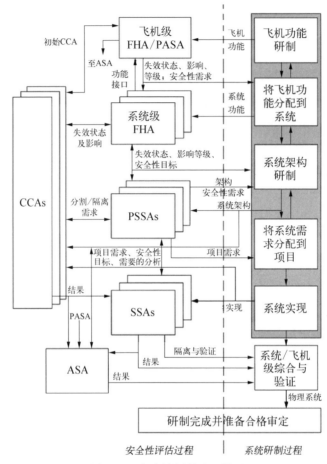

图 2-2　安全性评估过程模型

为 SFHA、FTA 的结果是 PSSA 的输入，PSSA 的结果也可包括 CCA 的分析结论。PSSA 是在系统开发的多个阶段进行的，包括系统、部件、硬/软件设计定义阶段。同时，在系统级获得的每个设计安全性要求必须被分配到组成系统的设备。这些分配包括：

(1) 经过更新的故障状态列表。

(2) 分配到设备级(包括软硬件)的安全性要求。

(3) 安装设计要求。

(4) 软硬件开发研制保证等级等。

2.3.2　控制律需求

飞控制律是指操纵面偏度与控制指令(包括驾驶员操纵指令和飞机运动反馈指令)、飞机构型和飞机飞行状态的函数关系，一般可分为控制增益和增强两个部分。飞控控制律决定了一定条件下控制指令到操纵面偏度的控制规律。飞控控制律与飞机的气动布局一起决定了一架飞机的操纵品质。除对飞机的三轴控制外,增强以及包线保护等主动控制功能以及自动飞行控制(自动驾驶仪)也通过飞控控制律实现。

飞控控制律通过对飞机和系统模型的仿真进行设计,并通过驾驶员在环的工程飞行模拟器试验,对控制律进行确认并充分评估和调整,确定操纵面最大使用偏度、最大偏转速率、杆力(脚蹬力)特性等。必要时使用变稳飞机进一步优化,最终在飞行试验过程中进行必要的调参后确定,并确保不存在驾驶员诱发振荡(PIO)趋势。飞控控制律需求提出后,系统设计需求定义过程中应考虑系统架构、系统动静态特性、故障模式和故障率等相关需求。

当前,支线飞机较多以开环控制律为主,即控制律中没有或较少有反映飞机飞行状态的过载、角速率、姿态角等参数的反馈。采用开环控制律的目的主要是充分利用机械式飞控系统已充分证明了的控制方法,简化控制律的设计和验证,降低对系统架构在功能和安全性方面的要求,同时也降低对飞机传感器余度和可靠性方面的要求。开环控制律有一定的局限性,虽可通过按空速和飞机构型的增益调节使飞机在全包线速度范围有相近的操纵特性,但因民机飞行中的重量、重心变化范围较大,所以导致飞机对驾驶员操纵的响应有较大的变化。另外,相对简单的飞控控制律也难以保证系列型号(加长、缩短型等)间保持相近的操纵特性。

闭环控制律可完全弥补开环控制律的缺陷,并且可以通过考虑不同速度下驾驶员对飞机过载和角速率的敏感程度,保证全包线驾驶员感受到的操纵响应更加一致。闭环控制律也为放宽静稳定性等主动控制技术的应用提供了条件。随着技术的成熟,闭环控制律会越来越多地应用于支线飞机。与此同时,开环控制律仍有较大的发展空间,如可在保持简单、易于更充分验证的前提下,通过增加飞机运动参数的反馈来增加功能、提升性能。

2.3.3　操纵面气动铰链力矩

操纵面气动铰链力矩指气动力绕操纵面转轴的力矩。气动铰链力矩的大小由操纵面面积和偏度、飞行高度、飞行速度、转轴位置等决定。以工程飞行模拟器确定的操纵面工作偏度为基础,在飞机研制的各阶段,气动铰链力矩分别通过基于工程经验的估算、风洞测压试验、风洞测力试验给出,最终通过飞行试验确认。

气动铰链力矩是飞控系统操纵面作动器设计最重要的输入之一。它与操纵面空载偏转速率、有载偏转速率和阻抗特性、操纵面操纵行程需求一起,根据伺服作动器至操纵面的传动系数决定了作动器活塞有效面积、作动器行程、作动器操纵速率,进而影响作动器的外形尺寸、重量、体积以及对液压流量的需求(对机电作动器(EMA)为电负载功率需求)。根据操纵面的气动铰链力矩,可以确定作动器零速铰链力矩需求。作动器的零速铰链力矩通过在飞机全飞行包线内,操纵面最大气动铰链力矩乘以一个大于 1 的系数 C 确定,对于配置多个作动器的操纵面,单个作动器的零速铰链力矩需综合考虑作动器工作模式(主-主或主-备)以及失效或降级时的危险等级和对性能的影响确定。

一些情况下,非主要操纵面作动器提供的零速铰链力矩也可小于最大气动铰链力矩,即在飞行包线的部分区域,气动铰链力矩导致作动器不能驱动操纵面到达指令偏度或偏离指令偏度,如多功能扰流板作动器。选择较小零速铰链力矩,可以把作动器设计得更小。另外,较小的零速铰链力矩也可达到减小结构载荷的目的。选择小于最大气动铰链力矩的作动器零速铰链力矩,需考虑对系统监控的影响,防止因操纵面偏离其指令位置而触发相应监控器。

2.3.4 刚度/阻尼需求

颤振是飞机结构在均匀气流中受到空气动力、弹性力和惯性力的耦合作用而发生的振幅不衰减的自激振动,常导致灾难性的结构破坏。一架飞机有多种颤振模式,其中有操纵面偏转参与的往往是主要颤振模式,该模式主要由于作动器静、动刚度/阻尼不够导致。

目前现代大、中型民用飞机已不再采用在操纵面前缘增设配重,将操纵面重心配置在操纵面转轴之前,以抑制操纵面产生颤振。采用电传操纵或电动操纵的飞控系统中,可采用主动颤振抑制技术或使操纵面作动器具有足够大的静、动刚度特性和阻尼特性(即阻抗特性),结合限制操纵面活动间隙等设计要求,从而使操纵面旋转频率远离主翼面颤振耦合模态频率,达到避免颤振发生的目的。

因此,在作动系统要求中提出的机构安装间隙、作动系统阻抗特性(刚度、作动器阻尼)等方面需满足操纵面颤振抑制的需求。另外系统架构、余度配置、作动器工作模式、监控和自检测功能设计等方面的设计也要满足飞机颤振抑制方面的安全性要求,有关要求详见本书第9.2节"操纵面的颤振抑制"。

2.3.5 电源系统需求

现代飞机的飞控系统多为电传飞控系统,也有部分飞机的操纵面通过电机驱动,因此需要电源系统提供飞控系统设备所需的电源。飞控系统应向电源系统提出所需供电设备的要求,包括供电品质、额定电压和功率。由电源系统按飞控系统的需要确定供电分配,并向飞控系统提供电源系统主要技术参数作为飞控系统的设计输入。

飞控系统设计所需的电源系统设计需求包括直流和交流电源的主要技术参数,如额定电压和其工作范围、电源的频率范围、电源瞬态和稳态电流等电源品质需求、用电设备试验需求、电源系统的可用性等。另外在为飞控系统进行电源配置时需考虑系统安全性要求,如ARJ21-700飞机为飞控系统进行了充分的余度供电配置:电子设备采用双电源供电;双发动机失效时,由冲压空气涡轮发电机(RAT)给重要汇流条供电;除了由正常汇流条供电外,还采用飞控专用蓄电池供电,进一步提升了供电可靠性,在任何发电机或蓄电池失效的情况下不会引起飞控系统功能的丧失,保证系统满足一次故障工作,二次故障安全的设计理念,所有发动机失效后仍满足气动要求的飞机最小控制能力。

2.3.6   液压系统需求

由于液压伺服作动系统具有体积小、重量轻、惯性小、可靠性好、输出功率大、静动态性能好、快速性好、刚度大、定位准确等方面的优点,支线客机飞控系统大多采用液压伺服系统对操纵面进行驱动,需要液压系统向飞控液压伺服作动系统供压和所需流量。液压系统的余度配置是飞控系统架构设计的重要输入,液压系统也需提供主要技术参数作为飞控系统液压伺服作动器和系统控制与监测功能的设计输入。

飞控系统设计所需的液压系统主要技术参数(设计需求)包括液压系统额定供油压力 P_S 与额定回油压力 P_R、流量、液压油工作温度范围、液压油类型、液压油清洁度、液压系统的可用性等。另外在为飞控系统进行液压源配置时需考虑系统安全性要求,如 ARJ21 - 700 飞机采用三套液压系统,在失去任意一套液压系统时各主要操纵面仍具备足够的工作能力,失去任意两套液压系统时仍满足气动要求的飞机最小控制能力,在双发失效或失去常规电源供应时液压系统也具备一定工作能力为飞控系统供压,保证系统满足一次故障工作,二次故障安全的设计理念。

2.3.7   接口需求

接口是飞机与外部物理和运行环境之间以及飞机系统内部不同组成部分之间交互的界面。接口需求主要包括功能性接口需求和物理性接口需求两大类。

功能性接口就是(经功能分解产生的)不同功能模块之间存在的某种输入输出关系。功能性接口需求通过功能接口控制文件(FICD)汇总,功能接口定义文件来源于功能分析过程中对功能架构的分解,形成的子功能之间的接口信息,定义功能与功能之间的数据流和控制流关系。FICD 作为功能架构的附属产物,提供给设计综合,并作为设计综合结果产生的满足需求的物理接口定义文件(Physical ICD)。

物理性接口需求详细描述了两个系统的物理接口关系,物理接口定义文件是在设计综合过程中产生的,是设计方案中接口需求分配到物理实体上后,详细定义物理实体之间物理接口的实现,包括连接器的数量和类型、电气参数、机械特性、安装位置以及环境限制等。典型飞控系统的物理性接口有飞控系统与机体结构的安装接口需求和与能源接口、告警显示、自动飞行系统、起落架系统、航电系统以及其他传感器接口等,具体形式有电气接口控制文件(EICD)、机械接口控制文件(MICD)和包括能源类等各种接口控制文件(ICD)。

2.3.8   重量需求

飞控系统的重量指标由飞机级进行分配。电传飞控系统由电气、电子、机械、液压部件所组成,并通过采用多余度配置的方式实现对多重资源的管理,从而提高产品和系统的可靠性,这意味着电传飞控系统自身的重量并不一定比机械式飞控系统轻。飞控系统自身重量与所采用的系统架构、电传飞控系统的模式（数字式或模拟式）、气动载荷因素、作动器安装形式、电子部件结构设计（集成式或分离式）、主动控制技术的应用、多电系统新技术的应用等方面都密切相关。部分主动控制技术的应用，如机动载荷减缓、阵风减缓，可减轻飞机的结构重量，放宽静稳定性设计也可大大降低飞机的重量，因此在飞机级重量指标分解时，应从系统架构、主动控制技术及多电系统类技术使用规划、飞控系统自身以及飞机整体重量收益等方面综合考虑，对飞控系统重量需求予以合理分配。

2.3.9 环境需求

民用飞机飞控系统环境需求包括电磁防护和环境合格鉴定的试验需求。

电磁兼容性是指设备或系统在电磁环境中正常运行且并不对其环境中的任何其他设备产生无法忍受的电磁干扰。因此，电磁兼容性包括两个方面的要求：一方面是指设备在正常运行过程中对所在环境其他设备产生的电磁干扰不能超过一定的限值，另一方面是指设备对所在环境中存在的电磁干扰具有一定程度的抗干扰能力（即电磁敏感性）。系统级电磁兼容性设计需求主要来自飞机级电磁兼容设计需求和适航需求，包括系统设备电磁兼容性需求、电缆组合和敷设的需求、设备电磁防护设计需求、高强度辐射场（HIRF）防护需求等。

机载设备环境合格鉴定试验需求主要是综合考虑飞机可能遇到的外部环境以及系统/设备在飞机上的安装环境，根据主机研制单位确定的通用技术规范（GTS），并基于对系统/设备的性能要求，依据 DO - 160 制定相关试验程序和试验等级要求。DO - 160 定义了一系列的环境试验条件的最低标准和机载设备适用的试验程序。这些试验的目的是提供一个在实验室中模拟那些在航行中设备可能遇到的环境条件下测试机载设备性能特性的方法。这些标准的环境试验条件和试验程序可能与适用的设备性能标准一起使用，作为在环境条件下的最低规范，即飞行安全试验需求（飞行安全试验是新机首飞前必须完成型号规范规定的最低限度的试验项目），以充分确保设备的性能。机载设备环境合格鉴定试验需求主要包括温度及温度变化试验、高度和压力试验、湿度试验、冲击和坠撞试验、振动试验等。

2.3.10 电搭接设计需求

电搭接的基本目的，在于为飞机金属构件之间以及构件、设备、附件与飞机结构之间提供稳定的低阻抗电气通路，从而防止它们之间产生电磁干扰电平，提供电源电流返回通路，也是防电击、静电防护、雷电防护以及保证天线性能最佳的必要措施。电搭接的质量直接影响飞机飞行的安全和性能。

飞机级将为飞控系统电缆及设备电搭接提出使用标准件、搭接跨接件、搭接条和卡箍等所需零件的材料要求和技术要求，并提出电流回路搭接和防射频干扰搭接和接地等要求。

2.3.11　物理和安装需求

物理和安装需求与系统的物理特性和飞机环境相关,包括:尺寸、安装、动力、冷却、环境限制、可见度、接近方式、调整、搬运和存储,生产限制在这些需求中起一定作用。飞控系统设备的物理和安装需求一般包括工作环境要求、间隙要求、维修性要求、排液要求、电缆布线要求等,由于飞控系统设备布置在运动结构上,设计过程中应使用运动仿真软件模拟真实运动情况下飞控系统设备与周边结构或其他系统件的干涉或间隙情况,需保证在运动仿真中无干涉且间隙满足要求。飞控系统设备的安装布置需求应遵循以下原则:

(1) 安装位置和形式能完全支持设备设计的功能和性能。

(2) 涉及需要传动线系的部件应尽可能减少设备数量,优化传递路径。

(3) 充分考虑共因故障分析因素。

2.3.12　可靠性/维修性/可测试性需求

可靠性是系统/设备在规定的条件下和规定的时间内完成规定功能的能力。飞机级可靠性需求文件规定了研制型号整机、主要分系统、设备结构在研制过程中应遵循的可靠性设计要求,旨在指导设计人员在产品设计中采用有效的技术措施。从而使可靠性要求在进行型号设计时得以保证,达到满足可靠性要求指标的目的。适用于民用飞机飞控系统的可靠性定性设计需求包括制定和贯彻可靠性设计准则、简化设计、余度设计、降额设计,制定与实施零件控制大纲、确定关键件与重要件、热设计、环境防护设计、电磁兼容设计、软件可靠性设计和包装、装卸、运输、贮存设计等方面的需求;另外可靠性定量需求还包括派遣可靠度要求、系统平均故障间隔时间等设计指标。

维修性是系统/设备由具有规定技术水平的人员,用规定的程序和资源,在各规定的维修级别下进行维修时,保持或恢复其规定状态在时间和资源上应相对的便捷和经济。维修性与可靠性一样是系统/设备的设计特性,适用于飞控系统的维修性指标定量要求包括平均修复时间、每飞行小时维修工时、每飞行小时直接维修费用等,直接影响系统/设备的维修工作量、维修工时和费用、维修测试设备的设计策略及对维修人员的要求。维修性定性设计要求包括维修可达性要求、标准化和互换性要求、防差错设计要求、故障检测诊断要求、可修复产品的维修策略要求、减少维修项目和降低维修技能要求、维修中的人为因素要求和合格审定维修要求等。

可测试性需求是飞机能够及时准确地确定自身工作状态(功能完好、性能下降或功能丧失)并进行故障隔离的能力需求。根据 HB 8437-2014 要求,飞控系统的故障监控应根据功能危险性评估设置故障监控等级和监控点,通过机内自检测实现飞行前、飞行中、维修过程中对存在故障的诊断和监控。机内自检测应诊断和监控由飞控系统安全性评估给出的所有对飞行安全的关键功能和参数,包括所有正常模式、辅助模式、直接模式和自动飞行模式，以及故障检测和故障隔离元件。机内自检测应将故障隔离到航线可更换组件或航线可更换模块这一级，其置信度应高于98％，并应提出机载健康管理设计需求、特定测试调整需求、机内自检测的激励信号需求和系统故障检出率需求等。

2.3.13　软件和复杂硬件需求

按照 ARP4754A 流程，系统级需求被分解并分配到基于系统架构所确定的硬件和/或软件，大部分软件和复杂硬件需求来自系统和安全性需求。由于机载软件与机载复杂电子硬件的设计越来越复杂，难以被完全测试，因此需要软件或硬件设计过程控制来发现设计错误，飞控系统软件和复杂硬件设计需遵从 DO－178 或 ED－12（软件）、DO－254 或 ED－80（电子硬件）及其他现有工业指南。DO－178 适用于软件研制过程，DO－254 适用于电子硬件研制过程。DO－178 和 DO－254 是基于对目标的符合性和设计保证等级来指导机载软件和机载电子硬件的开发过程，其本质上是对开发过程进行管理和控制的设计保证的指南资料。

2.3.14　标准规范要求

在飞控系统研制过程中，需要遵照和参考国内外飞控系统设计相关的标准规范，表2－1列出了规划飞控系统顶层设计时常用的国内外系统标准规范。

表 2－1　飞控系统设计常用的国内外系统标准规范

编　号	名　　称
GJB 185－1986	有人驾驶飞机（固定翼）飞行品质
GJB 2191－1994	有人驾驶飞机控制系统通用规范
GJB 2878－1997	有人驾驶飞机电传飞行控制系统通用规范
GJB 3819－1999	有人驾驶飞机自动飞行控制系统与增稳系统、控制增强系统通用规范
HB 8436－2014	民用飞机飞行控制系统设计与安装要求
HB 8437－2014	民用飞机飞行控制系统通用要求
ARP 4754	Guidelines for Development of Civil Aircraft and Systems
SAE ARP 4761	Guidelines & Methods for Conducting the Safety Assessment Process on Civil Airborne System and Equipment
SAE AS 94900	Flight Control System － Design, Installation and Test of Piloted Military Aircraft, General Specification For
RTCA DO－160	Environmental Conditions and Test Procedures for Airborne Equipment
RTCA DO－178	Software Considerations in Airborne Systems and Equipment Certification (including recent JAA letter of interpretation of requirements for compliance)
RTCA DO－254	Design Assurance Guidance for Airborne Electronic Hardware

（续表）

编　　号	名　　　称
AFGS‐87242 A	Flight Control System General Specification For
SAE AIR‐722	Integrated Flight Instruments and Flight Control Systems
ARINC 701	FLIGHT CONTROL COMPUTER SYSTEM
MIL‐DTL‐9490E	Flight Control Systems‐Design, Installation and Test of Piloted Aircraft, General Specification For
MIL‐F‐18372	Flight Control System: Design, Installation
SAE AIR 4253B	Description of Actuation Systems for Aircraft with Fly-By-Wire Flight Control Systems
SAE AIR 5875	Methodology for Investigation of Flight Control System Anomalies
SAE AIR 6052	Trimmable Horizontal Stabilizer Actuator Descriptions
SAE AIR 4094A	Aircraft Flight Control Systems Descriptions
SAE AIR 4922A	Primary Flight Control Hydraulic Actuation System Interface Definition
SAE ARP 4102/ 5SECT1	Primary Flight Controls by Electrical Signaling, Section Ⅰ

2.4　主要技术过程

　　飞控系统研制围绕系统需求展开的主要技术过程包括：系统需求捕获、功能定义与分析、系统需求分析、系统需求的确认、系统物理架构设计、安全性评估过程、系统需求向下分配、设计实现、设计实现的验证。

2.4.1　系统需求捕获

　　系统需求捕获的目标是系统相关各方对产品或服务的期望和要求。系统需求捕获的目的是挖掘系统相关各方认可所有的需要和限制，以确保这些内容已经在产品定义过程中予以考虑。识别系统相关各方需要，归纳其类型，排定优先顺序，获取其对预期产品系统的需要和期望，从而为系统的研制提供输入。飞机级功能和需求是飞控系统最主要的需要来源，其他需求捕获来自飞机级非功能性需求、安全性要求、适航当局要求、相关标准规范要求等方面。

2.4.2　功能的定义与分析

　　在捕获系统需求的基础上，基于飞机级功能架构中分配到当前系统的功能，结合当前系统的顶层需求及特点，定义系统在不同工作模式下的功能，描述系统的功能特性，建立其功能清单。

　　基于功能定义中形成的基本功能，分析飞机运行过程（飞行前、起飞、飞行、飞行后）中的活动以及与周围环境的交互过程，将基本功能分解为若干相互独立的子功能,并分析子功能之间的逻辑关系和功能接口,形成系统功能架构。

2.4.3　系统需求分析

基于捕获的系统需求和功能分析后形成的功能清单和功能架构,通过评审、评估、排序、平衡等分析手段,并将这些需求转化为能够满足系统相关各方需要的飞控系统功能和技术要求描述,形成正式的技术需求。在此过程中,需要首先对功能分析形成的功能,基于需求分析和安全性评估等工作,进行性能和其他指标的量化定义,形成飞控系统功能性需求,同时对基于系统的其他系统相关各方的需要、目标和约束进行分析,并进行一系列的定义活动,形成系统的非功能性需求,最后用标准的语言对需求进行描述,形成一致的、可追溯的、可验证的系统需求。

2.4.4　系统需求的确认

对系统需求进行需求确认,确保所定义系统需求的正确性和完整性,确保根据系统需求研制的产品能够满足系统相关各方的需要。需求确认通常是贯穿研制周期的一个持续的阶段性过程。在确认工作的各个阶段,会不断增强对于需求正确性和完整性的置信度。所以确认状态应予以严格的控制。

关于需求的确认过程和方法详见本书第2.5节“系统需求确认”。

2.4.5　系统物理架构设计

在系统功能架构、系统级/子系统级需求定义基础上,进行物理架构设计,按照该物理架构实现集成前与集成后的产品,应能满足功能和性能等需求,并进行相关系统设计综合活动,形成系统级的规范定义、量化指标、设计约束和架构。

飞控系统物理架构设计及相关权衡研究主要工作是确立系统架构和边界,在此架构和边界之内进行系统设计以满足所有已确立的安全性和功能性能需求。系统的候选架构应满足系统功能架构和设计需求,应提出多个系统的候选架构进行选择,选择时将技术成熟度、进度、成本、风险、重量、经济性、共通性、适航性等作为权衡要素,权衡研究的最终结果是一个满足系统设计需求的初步架构,实现系统资源的最优配置。

2.4.6　系统需求向下分配

在选定了系统的初步架构之后,对方案进行详细设计,基于系统架构进行需求、功能和设计分配,进一步定义部件需求,继续进行权衡分析和技术协调,功能需求进一步的细化分解,同时形成设备级的顶层需求文件,并将所形成的设备顶层需求分配给具体的物理系统,再进一步形成设备级的详细需求文件。设备顶层需求文件和详细需求文件包括硬件和软件需求。在细化分解过程中各层级还会产生具体的衍生需求。

2.4.7　系统安全性评估过程

系统安全性评估过程是对所实施的系统安全性进行系统性的综合评价,以表明其满足相关的安全性需求。安全性评估过程是安全性需求捕获、分配、确认、设计实现和验证的过程,是系统研制过程中不可或缺的重要组成部分。安全性评估过程属于专业工程范畴,与型号研制过程相辅相成,如 ARP 4754A 中的安全性和研制过程的相互关系图(见图 2-1)所示,通过与产品研制过程中主要技术过程的不断迭代,确保安全性要求在需求中被贯彻,在设计中被满足,从而用于表明型号设计对适航审定要求(如 CCAR/FAR/CS 25 部第 1309 条)的符合性。具体系统安全性评估的过程和方法详见本书第 4 章"飞控系统安全性评估"。

2.4.8　设计实现

系统设计实现主要包括产品实施和集成过程。

产品实施过程指从产品层次结构的最底层向上开始,这是将型号的系统需求、功能、设计及图纸实现为实际型号产品的过程。产品集成过程是由较低层次的产品或子系统(如设备单元、元件、组件、子系统等)组装成较高层次的系统产品,并确保集成产品能够完成相应的功能的过程。

2.4.9　设计实现的验证

设计实现验证的目的是用来表明每个层级的产品/系统实现都能够满足对应层级的需求,从而保证目标产品/系统能够被正确的实现。验证包括依照验证计划进行的检查、评审、分析和试验等方法。

在系统研制阶段,飞控系统的验证活动主要偏重试验和评审方法,分别在本书第 6 章和第 7 章中进行描述。

在适航审定阶段,飞控系统使用的验证方法有工程评审(包括计算分析)、试验、检查与设备鉴定等方法,详见本书第 8 章"飞控系统适航审定"。

2.5　系统需求确认

2.5.1　需求确认的目的

需求确认的目的是确定所捕获和分析的需求是正确的、完整的、一致的,以避免需求缺失、需求冲突、需求错误等,并且系统/设备能够满足客户、用户、供应商、维护人员、审定局方以及飞机、系统和设备单元研制人员的需求。需求确认主要是通过追溯、工程评审、分析、仿真和试验等系统确认活动完成,将确认过程中发现的系统问题不断地反馈,以保证需求的正确性、完整性和一致性。飞控系统需要对系统级需求、子系统级需求和设备顶层需求进行确认,另外也需要对系统衍生需求进行确认,保证各级衍生需求的正确性、合理性以及与上一层功能和安全性需求的符合性,如图 2-3 所示。在系统后期实施阶段,需求确认和系统验证是交替进行的。在系统研制早期,应完成所有需求的确认,并将其作为后一研制阶段(如详细设计阶段)的重要输入。

飞控系统需求包括系统级需求、子系统级需求和设备级需求。系统级需求向

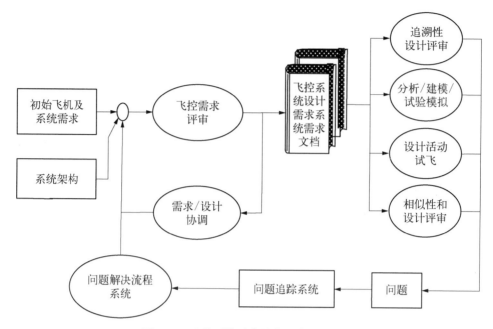

图 2-3　飞控系统需求捕获及确认过程图

上与飞机级需求建立追溯关系,子系统级需求向上与系统级需求建立追溯关系,设备级需求与子系统级需求建立追溯关系。

飞控系统进行确认工作的对象为飞控系统研制过程中定义的各项需求和假设,具体包括如下内容:

(1) 飞控系统级需求的确认工作,一般由主机研制单位承担。

(2) 飞控子系统级需求的确认工作,一般由主机研制单位负责确认工作,软硬件供应商进行支持。

(3) 软硬件供应商设备级需求的确认工作,一般由软硬件供应商负责,主机研制单位需要对设备级需求的确认工作进行追踪和检查。

(4) 各层级假设的确认工作。

2.5.2　需求确认过程

2.5.2.1　确认活动的严酷度

功能研制确保等级(FDAL)是由安全性专业分配定义的,当功能定义负责人完成功能的定义后,安全性专业将根据每一个功能开展 SFHA 分析,标识该功能下的所有失效状态,其中最高的失效状态危害等级即为功能研制保证等级 FDAL,最后根据 FDAL 确定确认活动的严酷度,选择适当的确认方法开展确认活动。严酷度确定流程如图 2-4 所示。

各个功能对应需求和假设分配确定了相应 FDAL 和确认活动的严酷度后,对各个需求和假设开展的确认工作应按表 2-2 中的定义满足目标。

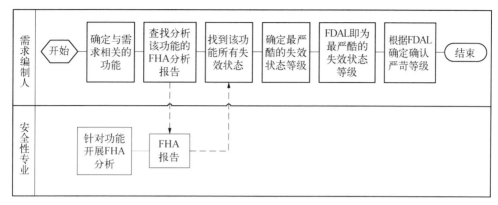

图 2-4 确认活动的严酷度判定过程

表 2-2 需求确认的严酷度

确认活动目标	研 制 保 证 等 级				
	A	B	C	D	E
系统、设备级需求是完整、正确的	需满足并获得局方认可,过程需具有独立性	需满足并获得局方认可,过程需具有独立性	需满足并获得局方认可	需满足并获得局方认可	需满足
假设是正确及有效的	需满足并获得局方认可,过程需具有独立性	需满足并获得局方认可	需满足并获得局方认可	需满足并获得局方认可	需满足
衍生需求是正确及有效的	需满足并获得局方认可,过程需具有独立性	需满足并获得局方认可,过程需具有独立性	需满足并获得局方认可	需满足并获得局方认可	需满足
需求具有可追溯性	需满足并获得局方认可	需满足并获得局方认可	需满足并获得局方认可	需满足并获得局方认可	需满足
具备确认符合性的证明材料	需满足并获得局方认可	需满足并获得局方认可	需满足并获得局方认可	需满足并获得局方认可	需满足

根据表 2-2,对于以下需求确认活动通过对需求数据及支持证据开展独立的工程评审以及顾客、用户、维修人员、局方和项目研发人员的评审,以保证需求捕获和确认工作之间的独立性:

(1) DAL A、B 级需求正确性和完整性的确认。

(2) DAL A 级假设的正确性和有效性的确认。

(3) DAL A、B 级衍生需求的正确性和有效性的确认。

2.5.2.2　制定飞控系统需求确认计划

需求确认计划用于指导定义具体的确认活动,在系统研制初期,应根据适航、产品成熟度等内容制定需求确认策略、交付物、确认活动进度、角色与职责等内容形成需求确认计划。在制定需求确认计划时需要得到专家的支持与评审,同时,应让试验测试团队、仿真和建模团队以及确认工作负责人参与需求确认计划的制定。需求确认计划中应详细定义各种角色及其相应的职责,以确保所有相关专业参与需求确认活动。所制定的需求确认活动应明确在项目研制过程中各个里程碑节点的需求确认目标。如果在某个里程碑未能实现相关的需求确认活动,即代表着尚未完成与该里程碑相关的任务节点。

(1)通过安全性评估得到系统的功能研制保证等级和设备研制保证等级,按照需求与功能的对应关系,对系统级、子系统级的各条需求分配相应的功能研制保证等级,对各个软件和硬件分配设备研制保证等级。

(2)根据确定的相应 FDAL 和确认活动的严酷度后,确定各条需求的确认方法及是否需要独立性。

(3)明确需求确认目标和需求确认活动。在定义需求确认活动时,应根据项目研制里程碑按阶段对需求确认活动进行组织。在开展需求确认活动时,应基于一组需求制定需求确认计划和确认活动报告以减少管理成本。

2.5.2.3　开展飞控系统需求确认活动

(1)首先须按照正确的格式编写需求,并填写需求相关的必要属性,建立至上一层级需求的追溯。其次,确保需求满足上一层级的需求,上一层级需求的技术负责人必须批准该层级的需求。

(2)根据飞控系统确认计划中制定的确认方法开展需求确认活动并提供确认材料,记录和归档相关确认证据。

(3)建立飞控系统需求确认初始矩阵。

(4)根据飞控系统确认活动的资料对需求进行正确性和完整性检查,对假设和衍生需求进行正确性和有效性检查。如检查结果确认不满足,则应进行需求更改或重新捕获需求。

(5)生成飞控系统需求确认矩阵。

(6)当需求或者设计变更时,应对所计划或者已执行的确认活动进行评估,以确定是否需要重新开展或者修改确认活动。如果已经建立了需求与确认证据之间的链接追溯关系,将有助于在需求发生变更时进行相关的评估。

2.5.2.4　编制确认活动总结

在完成各项需求确认活动以后,为了飞机首飞及其此后的适航等工作,必须编制确认活动总结。

所有飞控系统级设计所做出的假设都应采用评审、分析和试验(一种或多种方式)进行确认以保证假设是描述清晰的、定义和支持数据是合理的。对任何基于假设制订的需求应进行确认并追溯。飞控系统软硬件供应商在设计过程中产生的假设也必须满足该要求。

飞控系统需求确认工作流程如图 2-5 所示。

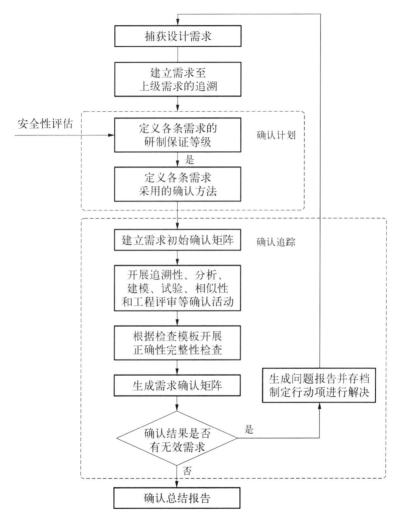

图 2-5 飞控系统需求确认流程

2.5.2.5 需求确认完成交付物

需求确认活动完成时须提交需求确认总结报告,该报告应提供足够的置信度以表明需求已经被完全确认。需求确认报告应包含以下基本内容:

(1)引用需求确认计划相关内容,描述严重偏离确认计划的相关内容。

(2)需求确认矩阵。

(3)需求确认支撑材料或者数据源。

2.5.3 需求确认方法

为实现表2-3规定的目标,应按表2-3的要求确定各条需求和假设所采用的确认方法及应产生的资料。

表2-3 需求确认方法及资料

方法和资料	研制保证等级			
	A和B	C	D	E
PSSA	应具备,且需得到局方认可	应具备,且需得到局方认可	无	无
确认计划	应具备,且需得到局方认可	应具备,且需得到局方认可	应具备,且需得到局方认可	应具备
确认矩阵	应具备,且需得到局方认可	应具备,且需得到局方认可	应具备,且需得到局方认可	应具备
确认总结	应具备,且需得到局方认可	应具备,且需得到局方认可	应具备,且需得到局方认可	应具备
需求的追溯性(非衍生需求)	应采用,且需得到局方认可	应采用,且需得到局方认可	应采用,且需得到局方认可	应采用
需求原理依据(衍生需求)	应采用,且需得到局方认可	应采用,且需得到局方认可	应采用,且需得到局方认可	应采用
分析、建模或试验	应采用,且需得到局方认可	应采用其中一种,且需得到局方认可	应采用其中一种,且需得到局方认可	应采用其中一种
相似性	部分需求应采用,且需得到局方认可			
工程评审	应采用,且需得到局方认可			

按表2-3要求,非控系统需求需要采用多种确认方法进行确认。在可以接受的成本范围内,建议采用不同的确认方法确保需求是正确的、完整的。给每条需求分配相应的确认方法,需求确认的方法包括追溯性、需求原理依据、分析、建模、试验、相似性、工程评审。所有需求(即使需求拥有不同的研制保证等级)均需采用同行评审确认方法以评估需求正确性和完整性。同时,所有需求还应采用一种以上的确认方法,进一步评估需求的正确性和完整性。

2.5.3.1 追溯性

追溯性是较低层级需求与较高层级需求之间所建立的符合性关系。在设计决策或设计细节中,有时会增加额外的需求,从而需要获得相应的依据,一条需求应该可以追溯至其上一层级的需求,或者追溯至产生该条需求的具体设计决策或者设计数据。追溯性本身可以从完整性的角度证明低层级的需求满足高层级的需求。追溯性确认工作应对需求的来源进行追溯：对非衍生需求，应追溯到其上层需求；有些底层需求不能追溯到上一层需求（如衍生需求），这些需求可通过相应的依据来证明其有效性，应追溯到具体的设计决策或设计数据。

对于无法追溯的需求应评审其是否是作为研制过程的一部分衍生而出的需求，或者是遗漏的但可能需要增加上一层级需求才能产生的，或者是需进行管理的假设。

追溯性确认活动相关内容如表 2 - 4 所示。

表 2 - 4　追溯性确认活动

项　目	活　动　及　文　件
所需输入	需求文件及其对应的上层需求文件，设计决策报告
具体过程	采用需求管理工具，将飞机级、系统级、子系统级需求均导入需求管理工具进行管理，在需求管理工具中建立下级需求到上级需求的追溯链接，以检查需求的追溯性。飞控系统级需求向上链接到飞机级需求。 对于无法追溯至上层需求的需求进行评审，按以下类别进行分类： （1）衍生需求。 （2）上层需求遗漏应补充的。 （3）需进行管理的假设。 经确定为衍生需求的，应通过相应的证据来证明其有效性
输出	追溯性检查总结报告，包括需求管理工具中的链接模块，衍生需求所需证据记录；对检查出的遗漏项制定行动项并关闭
后续工作	对无法追溯的需求进行评审；向上层需求反馈遗漏行动项；对检查出的假设进行管理

2.5.3.2　需求原理依据

追溯本身可以从完整性的角度表明低层级的需求满足高层级的需求。然而，如果在设计决策或者设计过程中额外增加需求，就需要捕获相应的需求依据。需求依据应该说明低层级的需求如何满足高层级的需求。对于那些无法追溯到高层级需求的衍生需求，必须通过需求依据来说明其合理性。需求依据确认活动相关内容如表 2 - 5 所示。

表 2 - 5　需求依据确认活动

项　目	活　动　及　文　件
所需输入	需求文件
具体过程	系统层级衍生需求需要有需求依据，说明低层级的需求如何满足高层级的需求，且需要在上一层级进行确认；软硬件供应商提供软硬件供应商系统级别衍生需求的需求依据，但需要在系统层级进行评估

（续表）

项　目	活　动　及　文　件
输出	工程评审总结报告,包括评审人员名单、正确性和完整性判断依据、评审结论;针对评审中发现问题所制定的行动项目进行关闭;软硬件供应商系统级别衍生需求评估总结
后续工作	对经确认无效的需求进行修改并提交问题报告

2.5.3.3　分析

分析的主要目的是规避项目后期需求更改可能产生的高昂费用和进度等方面的风险。分析方法是指采用多种分析手段和技术对需求进行确认以决定需求的可接受性。飞控系统确认活动中的分析工作主要包括安全性评估、性能分析、接口分析和公差分析、方案权衡分析等,以保证需求的正确性。分析确认活动相关内容如表 2-6 所示。

表 2-6　分析确认活动

项　目	活　动　及　文　件
所需输入	需求文件
具体过程	飞控系统性能分析是通过分析计算的方法考虑正常和故障状态对延迟、精度等性能需求进行确认。飞控系统安全性评估是通过按照 ARP4761 开展 SFHA、PSSA、CMA 等分析对安全性相关需求进行确认
输出	飞控系统性能分析报告、飞控系统 SFHA 文件、飞控系统 PSSA 报告、飞控系统 CMA 报告等
后续工作	对经确认无效的需求进行修改并提交问题报告

有些不能通过试验证明的需求需要通过分析方法来完成,如基于系统余度等级和期望的部件故障率分析、系统性能分析、可靠性和安全性预计。分析常用于减少那些需要通过确定关键试验条件才能完成需求确认的项目,也用于一些安全风险过大而不能采用飞行试验等进行需求验证的项目。如飞控系统的性能分析是为了确认在正常和失效条件下伺服回路和系统的稳定性等相关的需求,包括公差的影响,通过对系统总的累计公差的分析,以确认组件公差需求的合理性和可行性。在项目研制的早期阶段,通过安全性评估,确认与系统安全性相关的需求。

2.5.3.4　仿真/建模

仿真可用于确认与控制律相关的需求,以及确认在不同的操作条件下,从驾驶舱输入操纵面响应的系统性能需求,如稳定性、跟随性和快速性等。余度管理仿真确认系统在异步和多余度工作情况下对系统的影响等相关的需求包括故障检测、隔离及瞬态抑制等。通过工程飞行模拟器确认飞机的操纵品质、人机接口及在正常和失效条件下驾驶员操作等需求。

另外,利用三维软件(如 CATIA、UG 等)将系统中的部件按协调好的位置装配在电子样机中进行仿真分析,以确认相关的需求,主要包括维护性、与其他设备间可能的相互影响评估等。

建模方法是指采用系统或部件的数学模型通过仿真对需求进行确认。原理样机是指基于硬件或者基于软件的系统的模型(不一定采用开发版本的系统)。允许系统的使用者将原理样机与给定的系统进行交换以便发现缺失的需求、系统应该抑制的行为以及用户与系统交互式存在的潜在问题。

可通过对飞控系统和部件数学模型的仿真进行飞控系统需求确认。仿真/模型确认活动的相关内容如表 2-7 所示。

表 2-7 仿真/模型确认活动

项　目	活　动　及　文　件
所需输入	需求文件,CATIA 数模等
具体过程	通过数字样机,将系统中的部件按协调好的位置装配在电子样机中进行仿真分析,以确认相关的需求,主要包括维护性、与其他设备间可能的相互影响评估等
输出	飞控系统数学模型检查评估报告
后续工作	根据检查结果对需求进行评估,对经确认无效的需求进行修改并提交问题报告

2.5.3.5　试验

试验方法是根据某种目标准则证明性能的量化确认过程。采用专门的试验、模拟或者演示等手段对需求进行确认。根据样机、原型机、模拟器或实际硬件和软件的可用性,在研制过程中的任意时间开展试验来确认需求。民用飞机飞控系统一般采用的试验方法有工程飞行模拟器试验、铁鸟试验、研发试验台试验、飞机地面试验、飞行试验等。但研发人员应注意确保模拟能充分代表实际的系统、系统内外部接口以及安装环境。

试验应是表明需求符合性最理想的验证方法。采用的试验方法基于其他系统影响的评估和/或飞机环境对需要精确控制和监控系统响应的试验结果,试验方法应是匹配进行选择的。如在系统部分失效状态下对飞机影响和系统降级操作(包括驾驶员的反应)要求的评估和相关失效状态影响等级的确认应在工程飞行模拟器或飞行试验中进行。

试验确认活动相关内容如表 2-8 所示。

表 2-8　试验确认活动

项　目	活　动　及　文　件
所需输入	需求文件,工程飞行模拟器,铁鸟试验台,研发试验台,飞行试验机
具体过程	根据需求文件,编制工程飞行模拟器/铁鸟/研发试验台/试验机飞行试验任务书和试验大纲,开展相关试验
输出	工程飞行模拟器试验总结报告,铁鸟试验总结报告,研发试验台试验总结报告,试验机飞行试验总结报告,机上地面试验总结报告
后续工作	根据试验结果对需求进行评估,对经确认无效的需求进行修改并提交问题报告

2.5.3.6　相似性

相似性方法指通过与已经取证的相似系统需求的比较来对需求进行确认,如采用系列机型的经验数据。该确认方法的有效性随着前期研发系统数量的增加而提高,只有在拥有足够的经验以后才能够使用该方法。在以下情况可以使用相似性确认方法:

(1) 两个系统/部件拥有相同的功能和失效状态等级,它们的运行环境相同,并且具有相似的用途。

(2) 两个系统/部件在等效环境下执行相似的功能。相似性确认活动的相关内容如表 2-9 所示。

表 2-9　相似性确认活动

项　目	活　动　及　文　件
所需输入	需求文件,包含功能、失效状态等级、操作环境定义的已取证相似机型文件,软硬件供应商提供的服役报告
具体过程	根据相似机型的相关文件,判断相似机型与所研制机型具有相同的功能、失效状态等级、操作环境级用途,并且在等效环境下执行相似的功能。如判断结果是肯定的,则可通过比较进行需求确认
输出	相似性确认总结报告
后续工作	对经确认无效的需求进行修改并提交问题报告

2.5.3.7　工程评审

该方法是指通过评审、检查和演示,根据参与者的经验来决定需求的正确性和完整性。评审过程中恰当合理的理由或者逻辑必须被归档。在飞控系统需求研制过程中,应进行多次评审、检查和演示,以支持测定完整性和正确性,并记录工程评审过程中得到证明的逻辑依据。

型号研制的初期阶段评审主要是需求的确认。正式评审活动有系统初步设计评审(PDR)、系统关键设计评审(CDR)和系统详细设计评审(DDR)。应邀请航空公司、适航当局、制造商、供应商、其他项目的同行、与飞控系统相关的飞机/系统接口等经验丰富的人员参加评审。评审工作主要从工程、运行、设备及客户等方面对定义需求的正确性和完整性做进一步的详细评估,并对其中的问题给出建议,同时,后期的任何更改也应进行此类评审。有关评审活动的描述详见本书第7.5.3节"评审和监控"。

工程评审确认活动相关内容如表2-10所示。

表 2-10 工程评审确认活动

项 目	活 动 及 文 件
所需输入	需求文件
具体过程	参与评审的各专业团队从工程、运行、设备及客户等方面对定义需求的正确性和完整性做进一步的详细评估,并对其中的问题给出建议,同时,后期的任何更改也应进行此类评审
输出	工程评审总结报告,括评审人员名单、正确性和完整性判断依据、评审结论;针对评审中发现的问题所制订的行动项目进行关闭
后续工作	完成行动项目,对评审意见进行问题归零

2.5.4 确认工作输出

基于上述飞控系统确认活动,应生成以下资料数据:

(1)追溯性检查总结,包括需求管理工具中的链接模块、衍生需求所需证据记录;

(2)工程评审总结报告,包括评审人员名单、正确性和完整性判断依据、评审结论;

(3)飞控系统性能分析报告、飞控系统SFHA文件、飞控系统PSSA报告、飞控系统CMA报告;

(4)工程飞行模拟器试验报告、铁鸟试验报告、研发试验台试验报告、试验机飞行试验报告、飞机地面试验报告、工程飞行模拟器试验分析报告、铁鸟试验分析报告、研发试验台试验分析报告、飞行试验机飞行试验分析报告、飞机地面试验分析报告;

(5)问题报告,包含问题描述及关闭措施。

根据正确性检查单、完整性检查单检查需求的正确性和完整性,最终建立需求确认矩阵并完成需求确认总结报告。

2.6 需求管理

在系统研制的初期,需要对系统的需求进行收集、组织和初步确认,建立系统需求文档,系统需求文档形成了飞控系统的要求和目标文件,该文档涵盖了飞控系统的设计理念、定义、设计要求、目标以及设计决策等,阐述了系统的功能、性能、可用性、安全性、隔离、机组操作和维护性等信息。系统需求文件中的需求只包含系统级/子系统级的需求定义,不包含设备级的详细需求(软、硬件)。一般子系统级需求文件会向下分解成设备级的顶层需求文件,再进一步分解为设备级的详细需求文件,如软件需求设计文件(SRDD)和硬件需求设计文件(HRDD)。最终完整、正确的系统需求文档反映在系统需求管理工具/数据库或系统需求文件体系中,由飞控专业及与其相关的气动、液压、电源、航电等专业共同批准,同时对后期更改进行控制。系统需求管理工具/数据库如 IBM Rational DOORS 软件工具,通过系统研制关键阶段的需求基线定义、评审和管理,对飞控系统需求进行构型管控,各阶段需求基线定义并存有效。另外一种方式是通过系统需求文件方式管理,通过需求变更管理方法进行构型管控。飞控系统的系统级需求文件可划分为系统设计规范、飞控系统功能危险性评估、系统接口控制文件等,便于管控。

系统需求管理是在系统全寿命周期内以一致的、可追溯的、相关的、可验证的方式,为实现挖掘、标识、开发、管理和控制需求及相关文件而开展的活动。系统需求管理工作属于技术管理工作,用于对在需求捕获、需求分析和需求确认过程中产生的需要和需求以及功能分析、设计综合、集成、验证和确认过程中产生的、基于需求的设计、验证和确认数据进行管理,确保产品严格满足需求,并最终满足系统相关各方需要。需求管理包括"在项目进行中维护需求协议的完整性、准确性、遍及性的所有活动"。

系统需求管理过程主要用于:

(1) 管理需求分析产生的和需求确认过程中产生的系统需求。

(2) 建立并维护不同层级需求之间如飞机级需求、系统级需求、子系统级需求、设备级需求的追溯性以及各层级设计规范文档与验证/确认之间的追溯性。

(3) 对产品生命周期内需求基线的变更进行管理。

2.6.1　配置标识

配置标识是进行需求管理的第 1 项活动。配置标识为其他需求管理活动提供了起点,它是进行其他需求管理活动的一个前提,因为其他所有需求管理活动都是用配置标识活动的输出,每条需求必须被唯一标识。

2.6.2　需求基线

在系统需求管理中,需要为用于合格审定置信度的系统需求建立基线。一条基线是在一个时间点上的系统构型及支持它的生命周期资料。需求基线作为进一步开发的基础,一旦建立了一条基线,系统构型的变更应该只能通过一个变更控制过程实现。通常是在每个生命周期阶段,完成终结该阶段的正式评审之后建立需求基线。

2.6.3 可追溯性

通过需求管理系统应能对需求基线、需求变更、需求确认和验证资料之间进行追踪。可追溯性对整个系统的开发保证至关重要，良好的自顶向下和自底向上的可追溯性能获得合格审定机构的信任和认可，并且能帮助系统管理，保证所有的需求得到了完整的确认和验证。

可追溯性与基线和问题报告密切相关。一旦系统需求被建立基线，变更要文档化，通常通过问题报告(PR)管理和/或需求变更管理来实现。因此，当一条新的基线建立时，它必须可以追溯到其来源基线。

2.6.4 需求追溯性矩阵

需求追溯性矩阵主要描述需求项之间以及与需求上下级需求、衍生需求等数据项的详细的关联关系，被用于：

（1）确保需求被逐级分解后被正确实现。

（2）需求的变更影响分析。

2.6.5 需求变更管理

需求是产品的起始点，因此需要严格控制对需求及约束源头的变更，须对其进行严格的评估，以确定在下层级对架构、设计、接口、高级别或低级别需求的影响。所有更改均须经过评审及批准流程，以维护追溯性并保证变更对系统所有部分的影响均被完全评估。

一旦需求在系统需求评审中完成确认，它们就被置于正式的构型控制之下。因此，任何针对需求的变更均须通过构型控制委员会(CCB)批准，系统工程师、项目经理以及其他关键工程师参与 CCB 评估流程，以评估变更的影响，包括成本、功能、性能、接口特性、可靠性、维修性以及安全性等。需求变更的流程通常经过构型管理流程完成，构型管理流程须将需求变更决定通报受影响的组织和团队。变更由构型控制委员会批准后，须采取措施更新需求文档。

实施需求变更管理应建立相应的方法以对更改和问题解决方法用正式文件的形式进行记录。变更管理应确保在系统/项目更改的同时，也对该系统/项目所属的文件进行了相应的更改。变更管理用于防止未经批准的更改，以保持系统/项目的完整性。

实施需求管理，应该做到以下几点：

（1）开发能够被修改的需求。可修改性是良好需求的一个特性。易修改的需求是良好组织的、有适当的级别、与实现无关、清晰标识，以及可追溯的。

（2）功能需求和非功能需求都应该建立基线。在需求基线上管理所有的变化。这通常通过问题报告过程和更改控制委员会实现。对需求的更改进行标识，得到更改控制委员会的批准，得到实现。

（3）使用得到批准的过程更改需求。对需求的更改应当使用计划中定义的同一个需求过程,如遵守的标准、实现质量属性、执行评审等。外部的审核者和质量保证工程师负责查看修改的全面性。

(4) 复审需求。一旦实现更改,更改和更改影响的需求应当再次进行评审。如果多个需求发生更改,应由同一个小组进行评审。如果所更改的需求影响的范围较小,可以由一个人进行评审。适当级别的独立性仍然需要。

(5) 跟踪状态。每个需求的状态应该进行跟踪。需求更改的典型状态包括提出、批准、实现、验证、删除或拒绝。状态通常通过问题报告过程实施管理,目的是避免出现两个状态系统。问题报告过程通常包含以下状态:开发(需求更改提出)、工作中(更改已经得到批准)、已实现(更改已经做出)、已验证(更改已经得到评审)、已取消(更改没有得到批准)以及关闭(更改被完全实现、评审,并置于配置管理)。

在确认/验证过程中发生的更改还应对更改后的相关系统设计要求提出确认/验证计划,然后评估更改的影响范围,根据影响程度决定是否部分或全部重新进行确认和验证,或增加试验来进行相应的确认和验证。需求更改流程完成后,需重新进入需求确认或验证流程。

2.6.6　需求管理工具

需求管理工具可以保证项目全生命周期内需求信息的有效沟通,使系统相关各方实时了解需求的状态、需求更改对进度、功能和成本的特定影响等信息。需求管理工具通常是由一个或多个工具组成的管理平台,该平台可识别独立的需求、对需求进行分类和整理,定义和识别需求文件版本,并提供基本的数据接口。

需求管理工具主要完成以下功能:

(1) 建立和维护需求属性项。

(2) 建立和维护需求链接关系。

(3) 状态统计。

(4) 需求子集浏览。

(5) 访问权限控制。

(6) 与系统相关各方沟通。

(7) 提供数据接口等。

许多公司使用商业的需求管理工具进行编档和帮助管理需求,他们可能使用一款特定的工具,目的是在所有的层级上推行一个一致的需求管理方法,如 IBM Rational DOORS 是一款常用的需求管理工具,它包含捕获、跟踪和管理飞机和系统需求的功能。需求管理工具中包含的典型需求字段或属性如下所示:

(1) 需求标识:需求的一个唯一标识符/标记。

(2) 需求适用性:如果涉及多个项目,判定适用或不适用需求。

(3) 需求描述:需求的叙述。

（4）需求注释：解释需求的重要因素，例如理由和相关需求。对于导出需求，应说明需要该导出需求的理由。

（5）需求状态：标识每个需求的状态。

（6）更改授权：标识问题报告、更改申请编号等，用于授权需求的实现或更改。

（7）追溯数据：向上追溯到上个层级需求、向下追溯到下个层级需求，以及向外追溯到确认和验证证据。

（8）特别字段：标识安全性需求、导出需求、健壮性（robust）需求、批准状态等。

可以用一个文档或扩展表进行需求编档。需求管理工具可以帮助管理需求和版本，支持更大的设计研发团队、使其便利可追溯、跟溯需求状态、支持需求用于多个项目等。

3 飞控系统组成与架构设计

3.1 主要分系统

按军用规范中飞行控制系统的分法,可将飞行控制系统分为人工飞行控制系统和自动飞行控制系统两大类,也有分为主飞行控制系统、辅助飞行控制系统和自动飞行控制系统的。从技术角度看,特别是飞行控制技术已经发展到今天的状态,近、现代飞机上已广泛采用主动控制技术的电传飞行控制系统,不仅不存在主、辅助飞行控制系统的界限,甚至人工飞行控制系统与自动飞行控制系统的界限也越来越模糊,自动飞行系统已经成为飞行控制系统的一个工作模式。在电传飞控系统中,自动飞行系统仅有少量硬件或者无专用的硬件。一些主动控制模态,也将往日概念上的辅助飞行控制系统的操纵面和机构与主操纵面协同动作,如后缘襟翼、前缘缝翼、多功能扰流板、配平机构,目前飞行控制系统正朝着高度综合化的方向迅速发展。如图 3-1 所示为 ARJ21-700 飞机飞控系统操纵面布置方式,这种布置方式是当前国际上航线商业飞机飞控系统的典型布置方式。

升降舵控制系统,升降舵布置在水平安定面的后缘,通过驾驶杆或侧杆操纵左右侧升降舵同步上下偏转控制飞机的俯仰运动。

副翼控制系统,副翼位于左右机翼后缘外侧,驾驶舱内的驾驶盘或侧杆来控制,通过左右副翼差动偏转来控制两侧机翼上的升力差而产生滚转力矩,控制飞机滚转运动。为了提高飞机的滚转效率,副翼一般布置在靠近机翼外侧位置。

方向舵控制系统,方向舵布置在飞机垂直安定面的后缘,通过脚蹬操纵机构操纵方向舵左右偏转,控制飞机的航向运动。

水平安定面控制系统,一般通过专门设计的俯仰配平操纵开关和自动配平指令控制机构来控制水平安定面偏转,调整飞机的纵向平衡状态,使飞机具有适当的纵向静稳定性和动稳定性。

扰流板控制系统,扰流板布置在飞机机翼上表面,位于襟翼的前面,一般包括多功能扰流板和地面扰流板。多功能扰流板通过驾驶盘或侧杆操纵辅助副翼进行滚转操纵,通过减速板手柄操纵进行空中减速,并与地面扰流板一起在飞机着陆滑跑或中止起飞时自动对称打开提供地面破升功能。

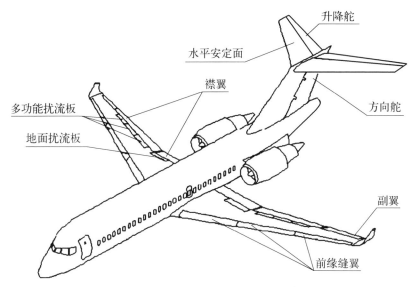

图 3-1　ARJ21-700 飞机操纵面的布置

襟翼控制系统,通过襟/缝翼控制手柄进行收放操纵改变飞机机翼的弯度和增加机翼面积,改变机翼升力和阻力,改善飞机的升阻比,是飞机起飞和着陆时最常用的控制手段。

缝翼控制系统,缝翼是位于机翼前缘的狭长小翼,通过襟/缝翼手柄进行收放控制,改变机翼弯度,进而改变机翼升力,通常与襟翼一起用于飞机的起飞和着陆。

3.2　飞控系统控制律设计

早期的飞机飞控系统为简单的机械式操纵,飞行控制系统的跟随性和稳定性问题并不突出,随着飞机飞行高度和飞行速度的不断扩展,传统飞机的气动外形很难既满足低空低速时静稳定性和阻尼特性的要求,又满足高空高速时静稳定和低阻尼特性的要求。为了解决这一问题,设计了阻尼器(damper)和增稳系统(stability augmentation system),其中增稳系统的功能包括增加静稳定性和阻尼特性,而增加静稳定性大多指增加纵向静稳定性。一般通过角速率、迎角、法向过载、法向加速度等信号的反馈来设计阻尼回路和增稳控制回路。实践证明阻尼器和增稳系统对飞机的操纵性影响较大,在使得阻尼比、固有频率和静稳定性提高的同时,也降低了飞机对操纵指令的响应效率,因此增稳系统的设计是以牺牲操纵性为代价的。为了克服这个缺点,在增稳系统的基础上增加前馈指令,即增加杆力或杆位移传感器和指令,将驾驶员的操纵指令与飞机的响应构成闭环控制,这种设计可以兼顾飞机的稳定性与操纵性,被称为控制增强系统(control augmentation system)。阻尼器、增稳系统和控制增强系统各自主要控制参数和特点见表 3-1。

表 3 - 1　飞控系统控制律的发展

名　称	主要控制参数	特　点
阻尼器	俯仰、偏航和滚转轴的角速率	改善飞机阻尼特性,低权限
增稳系统	俯仰、偏航轴的角速率 迎角、侧滑角 过载	改善飞机静稳定性,低权限
控制增强系统	俯仰、偏航轴的角速率 迎角、侧滑角 将操纵杆指令作为前馈	可兼顾操纵性与稳定性 操纵权限比较大

从控制律实现角度看,现代电传飞行控制系统控制回路可分为三个层次,即内回路控制、外回路控制和导引回路控制,如图 3 - 2 所示。其中外回路和导引回路一般由自动飞行系统完成,而内回路由主飞控系统完成,主飞控系统控制回路的设计主要包括系统阻尼特性设计、增稳与控制增强控制律的设计,下面针对内回路控制律即主飞控系统控制律进行介绍。

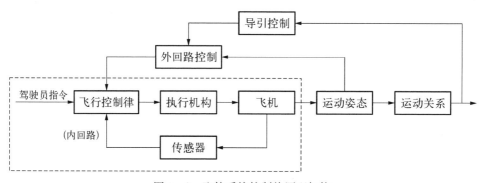

图 3 - 2　飞控系统控制律原理架构

3.2.1　纵向控制律构型

纵向控制律常用的反馈信号包括俯仰角速率、法向过载、迎角等参数,目前纵向控制律中被研究最多的是 C^* 控制律构型,空客公司已在 A320/A330/A340 飞机上成功应用了该控制律。C^* 控制律构型设计是采用法向过载信号和俯仰角速率信号的混合反馈信号来获得好的飞行品质,增强飞机的稳定性和改善操纵性。当飞机速度增加时过载信号越来越起着主要的作用,相反地当飞机速度低于穿越速度时,俯仰角速率信号将起着主要作用,这种综合信号的应用效果十分有利于驾驶员的操纵。

C^* 定义的驾驶员对飞机操纵的响应特性如式(3 - 1)所示,采用混合的法向过载和俯仰角速率反馈,与驾驶员操纵指令综合,借助俯仰角速率提高短周期阻尼比,改善动态特性,通过法向过载反馈提高短周期频率,改善操纵性。

$$C^* = N_{zG} + \frac{l}{g}\dot{q} + \frac{V_{CO}}{g}q \qquad (3-1)$$

式中：N_{zG} 为飞机重心处的法向过载，l 为驾驶员位置到重心的距离，V_{CO} 为交叉速度，q 为俯仰角速率。

C^* 控制律构型也有一些不足，例如，在飞机高速飞行时，除了期望有更快的法向加速度响应外，还希望有大的俯仰速率响应，但这样会使纵向长周期和速度很难达到稳定。因此，在原有飞行品质的基础上实现对速度和航迹的稳定性，对基本 C^* 控制律进行优化和修正，衍生出不同的控制律方案，最典型的如 C^*U 构型控制律，C^*U 中 U 指的是空速偏离基准配平空速的偏差，将速度稳定的成分引入纵向控制中。在 C^*U 指令作用下，飞机对设定的基准空速是配平的，当实际空速偏离设定的基准空速时，C^*U 指令驱动升降舵，飞机回到基准空速。因此基于 C^*U 构型的增稳控制不仅可以改善短周期运动的动态特性，通过俯仰角速率和法向过载反馈增加短周期运动阻尼，改善短周期运动频率、增加飞机的静稳定性；还可以改善长周期的运动的特性，使飞机速度在受到大气扰动或者驾驶员诱发扰动时保持在设定的基准速度。C^*U 作为一种修正的 C^* 控制构型，是在常规的 C^* 控制构型的基础上加上空速反馈形成的。C^*U 为波音公司最新的纵向控制律设计方案，其中 B777 和 B787 的纵向控制律就是基于 C^*U 控制构型进行设计的。

除了上述 C^*、C^*U 外，还有指令法向过载控制律、指令迎角控制律、指令俯仰角速率控制律等，在最新研制的民用宽体客机 A380 和 B787 上列入航迹角速率，与俯仰角速率组合形成反馈形成 Gamma-rate 控制律构型。需要说明的是，因为不同飞行阶段飞机的操纵需求不同，纵向控制律往往会被分成不同阶段进行设计，这里不再详述。

3.2.2 横航向控制律构型

横航向控制律设计的目的是改善飞机的滚转阻尼、航向阻尼和荷兰滚特性，增加航向运动的固有频率以改善飞机的静稳定性。横航向控制是通过接收来自驾驶盘或侧杆的滚转指令和来自脚蹬的偏航指令来实现，使用滚转角速率、偏航角速率、侧滑角、侧向加速度或侧向过载等信号形成反馈回路。

滚转角速率反馈的主要作用是减少飞机滚转性能随飞行条件的变化，可以在提高动稳定性的同时，改善以致消除滚转角速率振荡引起的倾斜角振荡，并在全包线内获得良好的横航向增稳性能。侧向过载或侧滑角反馈有利于提高荷兰滚模态频率，同时引入偏航角速率和侧向过载反馈不仅可以补偿航向静安定度，而且有助于减小滚转机动和侧向扰动时的侧向过载和侧滑角。

3.2.3 开环控制律

开环控制律设计也是支线客机上常用的一种设计，如 ARJ21 - 700、ERJ170、ERJ190 飞机，即驾驶员操纵驾驶舱操纵器件经模拟控制路径发出，飞控计算机根据飞机空速、襟/缝翼位置、发动机状态、法向过载等信号计算舵面增益调节指令，并将增益调节指令叠加到模拟路径中，对舵面偏度进行增益调节。这种设计在不追求完美功能和高性能的前提下，通过高覆盖率的闭环回路振荡监控，充分的设备级、系统级、飞机的 E3 试验，数据完整性校验以及飞行试验证明这种简单的控制律设计也是安全可靠的。

图 3-3 所示为 ARJ21-700 飞机飞控系统架构，驾驶员通过传统的驾驶杆、驾驶盘和脚蹬操纵飞机，指令信号通过传感器送给作动器电子控制装置（ACE），ACE 把这些模拟信号转化为数字量通过余度 CAN 总线传送给飞控计算机。ARJ21-700 飞机飞控系统有两种工作模式，正常模式下驾驶员操纵指令以模拟信号形式发送给电子控制装置，ACE 同时接收来自飞控计算机的增益调节指令控制舵面偏转，当系统进入直接模式时，ACE 不再接收来自飞控计算机的增益调节指令，根据襟/缝翼多散信号调节增益对舵面进行控制，系统正常模式和直接模式功能区别详见本书第 3.4 节"系统功能组成"。

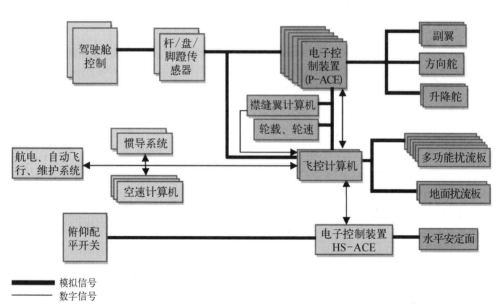

图 3-3　ARJ21-700 飞机电传飞控系统架构

3.3　主动控制技术

主动控制技术是一种飞机设计技术，它通过飞行控制系统增加飞机的稳定性，由载荷的减轻或重新分布和增加结构模态阻尼来减小设计载荷，根据气动力效率来安排飞机的布局，从而使飞机的性能、重量和经济性达到最优化。主动控制功能包括俯仰增稳、横向和（或）航向增稳、迎角限制、放宽静稳定性（RSS）、边界保护、机翼载荷减缓、机动载荷控制、阵风载荷减缓、机翼变弯度控制、颤振模态控制、乘坐品质控制等。下面对常用的放宽静稳定性、边界保护、载荷减缓功能进行介绍。

3.3.1 放宽静稳定性

飞机的稳定性(stability)是指飞机受到外界干扰(如阵风)作用的情况下,当干扰作用消除后驾驶员不进行任何操纵,飞机自动回复到原始平衡状态的能力。静稳定性(static stability)是指在扰动停止后的最初瞬间,飞机具有回到原始状态的趋势,反映的是飞机在稳态时的操纵性能。所谓放宽静稳定性就是把飞机的静稳定性设计得小于常规的要求值,甚至设计成静不稳定,即焦点靠近重心,也可与重心重合,甚至移到重心之前。

放宽静稳定性已经成为当代先进客机广泛采用的一种主动控制技术。该项技术带来的收益也先后在英国航空、法国航空、美国洛克希德、欧洲空中客车、美国波音等航空制造公司的一系列大型先进民用机型(包括运输机和客机)上得到验证,如表 3 - 2 所示。

表 3 - 2 放宽静稳定性机型介绍

机　型	简　　介	RSS 技术特点、收益
DC - 10	麦道公司研制的三发动机中远程宽体客机,载客量 300～350 人	重心后限约为 31.6%～34%,平尾面积减少约 47%
L - 1011	美国洛克希德公司(Lockheed)研制的三发动机宽体喷气式客机,载客量 250～300 人	放宽静安定度 3% MAC,飞机阻力下降 2%,巡航油耗下降 2%,重量降低约 800 kg
A300	欧洲空中客车工业公司设计生产的中短程宽体客机,载客量 266～298 人	节省燃油 2.5%
A320	欧洲空中客车公司研制的单通道双发中短程 150 座级客机	放宽静安定度 5% MAC,燃油消耗量比波音 B727 飞机少一半
A340	欧洲空中客车公司制造的四发动机远程双过道宽体客机,载客量 261～295 人。1993 年交付使用	重心后限为 45% MAC。大幅度减小平尾面积
B747 - 400	美国波音公司研制的远程宽机身客机波音 B747 的改进型,载客量 416～524 人	巡航时将燃油移到尾部油箱以降低静稳定裕度
B777 - 300	美国波音公司研制的双发动机宽体客机,标准 3 舱布局载客量 368 人。1995 年交付使用	6% 正稳定裕度

放宽静稳定性可以通过重心后移和焦点前移两种途径来实现。重心后移需要使用配重系统,在结构上是缩短机身前段与去掉机身前段的配重,再增加机身后缘的油箱贮油量等。例如协和(concorde)超音速客机上的整体平衡油箱,在超音速飞行时将

燃油从机翼油箱向后转输到尾翼油箱,在亚声速状态下又将燃油往前输,以此来调节飞机重心的位置,使飞机巡航时具有小的静稳定裕度。采用类似技术的还有 A320、图 204、B777 等飞机。焦点前移则是根据平尾影响飞机气动焦点的原理,在飞机设计的初始阶段就减小平尾面积,使飞机的气动焦点前移,以实现放宽静稳定性。

3.3.2　边界保护

边界保护设计是通过对飞机一些重要状态变量控制实现的,保证飞机在包线限制范围内飞行,以保证飞机安全,防止飞行事故的发生。

1) 空速限制

空速限制包括高速保护和低速保护两部分,其中高速保护是防止飞机超过允许使用的最大速度,当飞机的速度超过最大速度或者最大马赫数时,飞机将发出超速警告,如果此时驾驶员向前推杆,则飞机的速度会继续增加,当速度增至保护速度时,自动驾驶仪被断开,飞行控制计算机向操纵面发出抬头指令,防止飞机继续加速。此时,即使继续向前推杆,飞机的飞行速度也不会再增加。低速保护主要指在飞行导引工作下,当飞机进入低速限制区时,提供低速告警,并通过飞行导引给出使飞机低头的指令。

2) 倾斜角限制

民用飞机横向机动幅值较小,从安全性和乘客舒适性角度出发,因此需要对倾斜角做出限制,当倾斜角到最大时,启动保护模块限制倾斜角增长。侧滑角与滚转角与此类似,不再赘述。

3) 过载限制

法向过载限制是通过俯仰控制指令回路的控制律设计实现的。指令回路一般包括指令梯度和响应模型。对于飞机俯仰控制,指令梯度的作用是把驾驶员的操纵信号(驾驶杆的操纵力或位移)转换为被控制的飞机响应参数,如法向过载、俯仰角速率等。

4) 迎角限制

为保证飞机在低速飞行时具有静稳定性,根据飞机不同速度、襟/缝翼位置对飞机迎角进行限制,常见的迎角限制设计一般通过迎角反馈限制器、失速告警、失速保护等方式实现。

5) 滚转角速率限制

滚转角速率限制是为了保证飞机在全包线内具有良好的滚转操纵响应特性,一般通过指令梯度将驾驶舱操纵指令转变为滚转角速率指令,使得增益按规定的最大滚转角速率限制值而调整,用于改善飞机快速滚转时的耦合运动,保证全包线内满意的杆力灵敏度。

6) 风切变控制

实践表明,低空风切变是飞机起飞降落阶段威胁飞行安全的危险因素,低空风切变有时间短、尺度小、强度大、发生突然的特点,从而带来了探测难、预报难、航管难、飞行难等一系列困难,是一个不易解决的航空气象难题,目前对付风切变的最好方法就是避开它。因为某些强风切变是现有飞机的性能所不能抗拒的,进行风切变的驾驶员培训和飞行操作程序,在机场安装风切变探测和报警系统,以及机载风切变探测、告警、回避系统,都是目前减轻和避免风切变危害的主要途径。当遇到风切变时,系统保护方案一般通过迎角反馈指令使发动机推力加到最大推力状态,同时驾驶员需要操纵升降舵来保持过载。

3.3.3　载荷减缓

3.3.3.1　机动载荷控制

机动载荷控制是主动控制技术的常用功能之一,根据民用飞机的设计特点,机动载荷控制主要通过操纵机翼操纵面,改变机翼上载荷的分布,减小翼根弯矩,减小机翼的结构重量,从而达到优化运行经济性的目的。在机动飞行时,在保证总升力要求的前提下,通过操纵机翼后缘内侧操纵面向下偏转,提高机身附近翼段的升力;通过操纵机翼后缘外侧操纵面向上偏转,减小外侧翼段的升力。舵面的运动由计算机根据载荷系数控制,自动改变机翼的载荷分布,使得机翼的气动中心向内翼段转移,从而减小翼根处的弯矩,降低结构重量。

3.3.3.2　阵风载荷减缓

在大气中经常有各个方向的气流,飞机在这种不平静空气中飞行时将产生过载,并使机翼所承受的过载增加。在飞机结构强度设计时,必须考虑到飞机受到一定气流扰动时所产生的法向过载增量。此外,由于飞机机体的弹性,还会引起飞机的结构弹性振动,由阵风激励引起的飞机结构模态振动,对机身细长而挠性较大的高速飞机更为严重,这不仅使乘员感到不舒服,甚至会影响驾驶员完成任务的能力。为了减小大气扰动对飞机结构强度的影响,减轻飞机结构的重量,改善乘坐品质,一般以垂直振动过载和横向振动过载为输入,控制相应操纵面偏转,产生气动阻尼抑制飞机弹性振动。

3.4　系统功能组成

现代民机电传飞控系统具有多种工作模式的控制律,一般包括正常模式(normal mode)和直接模式(direct mode),有些飞机还设计有辅助模式(secondary mode,也称次级模式)。正常模式是能够实现主飞控系统的全部功能,系统故障或丧失输入信号而不能支持正常模式工作时,系统能够按照相关逻辑自动降级到辅助模式或直接模式,故障源消失后一般系统不能自动从辅助模式或直接模式恢复到正常模式。图3-4为ARJ21-700飞机模式转换示意图,正常模式下可提供全部的控制功能,并可根据设备和信号的完好情况降级。正常模式在模拟通道基本控制功能的基础上,ACE将操纵器件指令转为数字信号,传送到飞控计算机,由飞控计算机基于飞机传感器数据、飞机构型等进行控制律运算,输出基于空速的增益调节指令和增加强指令给作动器,改善操纵品质。遇故障时将飞控计算机与 ACE 之间通信断开,转入直接模式。

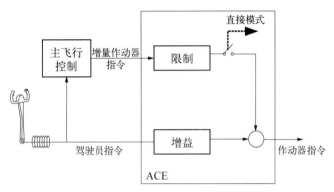

图 3-4　ARJ21-700 飞机模式转换示意图

多模式的设计策略本质是在系统发生故障时进行系统功能重构,即在实现功能所需的条件不满足时,对飞控系统资源进行重新配置,以确保系统剩余资源能够充分有效地维持系统能够正常工作,最大限度地减少系统功能或性能损失,即正常模式下系统具备全部功能,而辅助模式损失部分功能,但仍能实现一定增强控制。直接模式能满足最基本的控制性能要求,以简单的控制律控制飞机返航或应急着陆。需要注意的是,虽然系统多工作模式设计能够尽可能地提高系统的控制能力,但在系统安全可靠性指标能够满足要求的前提下,增加一种模式的同时也增加了系统设计的复杂度,而且需要增加大量的验证工作以确保多工作模式设计的性能,同时还增加了驾驶员训练的负担。

以 ARJ21-700 飞机为例对多模式功能组成进行说明,ARJ21-700 飞机主飞控系统具有正常模式和直接模式两种工作模式,正常模式的控制律在飞控计算机(FCC)中进行计算,直接模式的控制律在作动器控制电子装置(ACE)中进行计算。正常模式功能组成情况如下:

(1)俯仰轴控制。

按照正常模式控制律,根据飞机状态和构型进行增益调节,按照系统全功能进行工作。

(2)自动驾驶功能。

正常模式可以接通自动驾驶仪功能减少驾驶员的工作负荷。

(3)电子配重功能。

为了向驾驶员提供稳定的杆力梯度,根据法向过载等参数提供自动指令调节升降舵偏度,改善飞机操纵特性。

(4)构型配平功能。

根据襟/缝翼位置、减速板使用情况,自动调整水平安定面位置,降低驾驶员操纵负担。

(5) 水平安定面配平功能。

按照空速大小对水平安定面配平速率进行调节,提供水平安定面配平控制功能。

(6) 马赫配平功能。

人工操纵时,根据飞机飞行马赫数,向水平安定面提供一个自动的俯仰配平指令。

(7) 滚转轴控制。

按照正常模式控制律,根据飞机状态和构型进行增益调节,按照系统全功能进行工作。

(8) 人工副翼配平功能。

具有副翼配平操纵开关以及副翼偏度显示。

(9) 偏航轴控制。

按照正常模式控制律,根据飞机状态和构型进行增益调节,按照系统全功能进行工作。

(10) 方向舵偏度限制。

为了防止高速状态下侧向载荷过大而破坏垂直安定面和/或后机身结构,根据校正空速调节方向舵最大偏度值,但是在单发失效条件和起飞着陆阶段,全速度范围内提供足够的权限。

(11) 偏航阻尼器功能,改善荷兰滚模态特性。

(12) 人工方向舵配平。

具有方向舵配平操纵开关,以及方向舵偏度显示。

(13) 推力不对称权限调节。

当左右发推力差异较大时,低速情况下向驾驶员提供较大的方向操纵权限。

(14) 辅助滚转。

共 4 块扰流板,包括 1 对地面扰流板和 3 对多功能扰流板,多功能扰流板在操作驾驶盘时提供辅助滚转功能,增益随校正空速和襟翼位置调节。

(15) 空中减速。

多功能扰流板在操作减速手柄时,提供减速板功能,增益随校正空速和襟翼位置调节。

(16) 地面破升。

当飞机中断起飞或者着陆时,4 对扰流板全部打开到最大位置,提供破升功能,此时辅助滚转功能被抑制。地面破升功能触发条件包含主轮载、主轮转速、油门杆位置及空速。

(17) 力纷争均衡。

正常模式下副翼、升降舵和方向舵的多余度作动器采用主-主工作模式,通过飞控计算机提供力纷争均衡功能。

ARJ21-700飞机直接模式是飞控系统失去有效的大气数据或失去全部飞控计算机时的工作模式。直接模式可完全由模拟控制路径实现对舵面的控制,提供基本的控制律。根据系统完好情况,直接模式在保证完整性的前提下提供尽可能多的功能并能保证飞机具备安全飞行和着陆能力。直接模式功能组成情况如下:

(1) 俯仰轴控制。

按照直接模式控制律,根据飞机襟/缝翼位置提供一个恒定的增益调节功能。

(2) 水平安定面配平功能。

能够提供一个恒定速率的俯仰配平,丧失两套飞控计算机将导致丧失水平安定面位置指示。

(3) 滚转轴控制。

按照直接模式控制律,根据飞机襟/缝翼位置提供一个恒定的增益调节功能。

(4) 人工副翼配平功能。

具有副翼配平开关,以及副翼偏度显示。

(5) 脚蹬偏航轴控制。

按照直接模式控制律,根据飞机襟/缝翼位置提供一个恒定的增益调节功能。

(6) 人工方向舵配平。

具有方向舵配平开关、复位按钮,以及方向舵偏度显示。

(7) 辅助滚转功能。

直接模式根据襟/缝翼位置提供增益调节的辅助滚转功能。

(8) 地面破升。

直接模式系统仍具备地面破升功能。

3.5　系统架构设计

系统架构对完成系统功能性需求是必要的,制定了接口和由系统部件组成的物理结构。系统架构设计涉及系统功能架构、逻辑架构和物理架构的定义和实现。系统功能架构实现功能的层级分布、内部/外部的功能接口和外部的物理接口,其各自的功能、性能需求和设计约束等共同构成了系统的功能架构,如本书第2.4.2节"功能的定义与分析"所述,功能架构的开发与功能密切相关,物理架构定义和描述了不同的功能架构元素能够集成形成物理实体的方式。如本书第2.4.5节"系统物理架构设计"所述,系统物理架构应满足系统设计需求,将安全性、可靠性、成本、重量等作为架构选择的权衡要素进行研究。权衡研究的最终结果是一个满足系统设计需求的初步架构,实现系统资源的最优配置。

电传飞控系统的物理架构组成主要包括飞控计算机、作动器、驾驶舱操纵器件、传感器、数据总线等,其中飞控计算机是电传飞行控制系统的核心,完全通过电信号传递指令。实践证明电子/电气元器件组成的单余度控制系统或者单余度液压系统的可靠性都低于机械飞控系统,不能满足飞控系统安全性要求,因此当前民用客机电传飞控系统均采用多余度通道控制。随着计算机技术的发展,余度配置方案也越来越灵活,也越来越复杂,系统软硬件的配置,功能实现,多余度系统资源实现的最优配置等,已经成为系统组成与架构设计的重要工作。

3.5.1 飞控计算机

3.5.1.1 分布式与中央伺服式控制架构

分布式架构中飞控计算机将数字部分与模拟部分分开,一台数字计算机发生故障后,系统功能不降级,且舵面的控制余度不降低;中央伺服式架构中飞控计算机将数字部分与模拟部分集成在一起,计算机发生故障后,系统功能不降级,但是舵面的控制余度降低,详细介绍如下。

1) 中央伺服式控制架构

中央伺服式控制架构的飞控计算机综合了操纵面作动器控制回路的电子部件,能够完成控制律的计算和作动器控制功能,飞控计算机以模拟信号直接与作动器伺服阀进行控制信号交互,空客系列飞机一般采用这种架构,如图 3-5 所示,中央伺服式控制也被称为集中伺服式控制。这种控制架构需要飞控计算机与作动器之间使用较多模拟电缆,增加线缆重量,但设备组成相对简单,由于这种控制架构的飞控计算机一般布置在电子设备舱内,从而拆装相对容易。

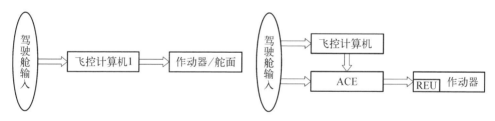

图 3-5　中央伺服式控制架构　　　　图 3-6　分布式伺服控制架构

2) 分布式伺服控制架构

分布式伺服控制架构将数字式飞控计算机和作动器模拟电子控制部件(ACE)、远程电子控制终端(REU)在物理上分开,在靠近作动器处安装功率伺服专用终端(如 ACE/REU)分别控制一组作动器或与 REU 一对一控制,数字式计算机对驾驶员操纵指令进行解算,FCC 指令经数据总线传送给 ACE/REU,而 ACE、REU 负责操纵面的伺服控制,如图 3-6 所示,波音系列飞机一般采用这种分布伺服式架构,这种架构设计因大量使用数字接口会减轻重量,设备组成复杂,拆装难度相对增加。

3.5.1.2 非相似设计

自 1988 年空客 A320 采用数字电传飞控系统开始,随后的 A330、A340、A380、

A350 和波音公司的 B777、B787 等大型民用飞机均采用了数字电传飞控系统,为了充分缓解系统构架中的共模故障,飞控系统一般采用非相似策略最大化地缓解共模故障对系统的影响。为了提高余度飞控系统对外部环境和共模故障的抑制能力,余度通道在物理上分离,独立的电气单元封装起来,建立部件之间的故障传染屏障,把物理损坏降至最小。

非相似技术包括硬件非相似和软件非相似,硬件非相似技术包括采用不同的传感器,采用不同的计算机控制不同的操纵面,采用不同生产厂家的处理器,以避免硬件共模故障带来的风险。软件非相似通常不同的软件模块完成相同的软件任务,每个软件包使用不同的编程语言,把软件的共模故障减至最少。当然,非相似设计也大大地增加了开发成本,因此,在飞控计算机系统中,在保证系统可靠性的基础上,可只对软件中安全性要求较高的控制律部分和余度管理部分进行非相似设计,以减少开发和生产成本,又能缩短开发周期。

(1) A330 余度非相似设计。

以 A330 飞控计算机为例,系统结构如图 3 - 7 所示,主飞控系统包含 3 台主飞控计算机(PRIM)和 2 台辅助飞控计算机(SEC),控制飞机的滚转、偏航和俯仰。每台计算机由两个通道组成,分成指令通道和监控通道。指令通道完成分配给计算机的功能,监控通道保证指令通道的操作正确,其不必和指令通道的功能一致。只要一台计算机的指令和监控通道是同时有效、故障或是同时等待从备份状态进入工作状态即可。

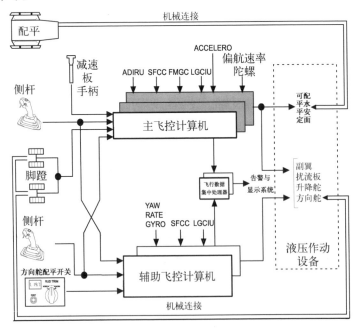

图 3 - 7　A330 飞控计算机系统结构

A330 飞控计算机主要采用的非相似技术见表 3-3。主飞控计算机的两个通道均采用 16 MHz 的 80386 处理器,但软件不同,指令通道采用汇编语言,监控通道采用 PL/M 语言。PRIM 硬件及其软件由 Aerospatiale 提供。PRIM 中的软件部分采用了自动编程工具,该工具有两个不同的代码编译器,分别用于指令和监控通道。辅助飞控计算机均采用 12 MHz 的 80186 处理器。指令通道采用汇编语言,监控通道采用 Pascal 语言。硬件由 Sextant Avionique 提供,软件由 Aerospatiale 提供,采用手动编程,实现 SEC 软件非相似要求。

表 3-3   A330 余度非相似技术

比 较 对 象	主飞控计算机	辅助飞控计算机
处理器	80386@16MHz	80186@12MHz
处理器供应商	不同的供应商	不同的供应商
计算机生产厂商	Aerospatiale	Sextant Avionique
软件供应商	Aerospatiale	Aerospatiale
软件开发小组	不同的开发小组	不同的开发小组
软件开发工具	指令通道和监控通道采用不同的自动编码工具	手动编码
软件开发语言	指令通道采用汇编语言,监控通道采用 PL/M 语言	指令通道采用汇编语言,监控通道采用 PASCAL 语言

PRIM 和 SEC 的计算机模块由不同的生产商提供,以减少软件或硬件产生共模故障的可能性。开发团队隔离,不允许交叉,防止团队之间的代码污染。计算机内的监控支路和指令支路的硬件模块采用统一的功能规范独立开发,软件由不同的独立团队开发以减少共模故障的可能。部分复杂软件(更可能产生错误)的开发,强制采用非相似设计。

(2) B777 余度非相似设计。

B777 是波音公司推出的第 1 架电传飞机,其飞控计算机系统与空客相比,最大的不同是采用分布式计算机架构,即计算机(PFC)+作动器电子控制装置(ACE)+数据总线的结构,将飞控计算机系统数字部分和模拟部分分离,如图 3-8 所示。

主飞控计算机系统包含 3 台完全相同的计算机(PFC),其结构如图 3-9 所示。每台 PFC 包含 3 个非相似的支路,分别采用 AMD29050、MOTOROLA 68040、INTEL 80486 处理器。每个支路的处理器不同,处理器的硬件接口及其外围电路也不同,消除了使用相同厂家生产的硬件设备而带来的共模故障。每个支路的软件采用非相似的编译器,各个通道之间采用 3 条 ARINC 629 数据总线通信,避免了使用相同编译器产生的共模故障,处理器和编译器的对应关系如表 3-4 所示。

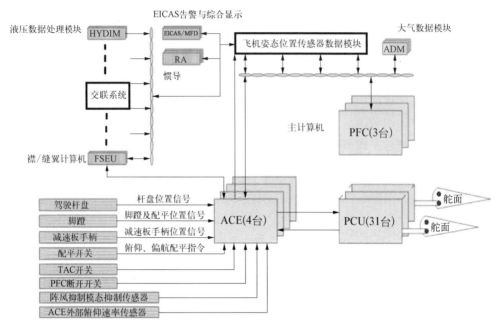

图 3-8 B777 电传飞控系统架构

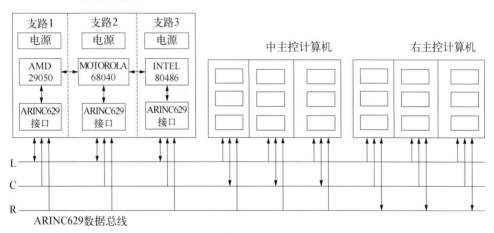

图 3-9 B777 主飞控计算机结构

表 3-4 处理器和编译器的对应关系

处理器	AMD 29050	Motorola MC68040	Intel 80486
编译器	VerdixVADS	ScionXDADA	DDC-I DACS80×86

　　每台主 PFC 的 3 个支路分为指令支路、备用支路和监控支路。指令支路将全部作动器控制和系统状态数据传送到它指定的 ARINC 629 总线,而其他 2 个支路

则主要执行监控功能和支路余度管理任务。当指令支路失效，其任务由备用支路取代，剩下 2 个支路任意一个再次发生故障，PFC 将断开输出。每台 PFC 都计算并接收所有主操纵舵面作动器、配平系统和驾驶员控制指令。3 台 PFC 通过左、中、右 3 条总线连接进行数据通信，每台 PFC 同时监听 3 条总线，但只能向其中一条总线传送数据。

3.5.1.3　冗余设计

按照当前工业水平，计算机的故障率可按照 $10^{-4}/\mathrm{Fh}$ 进行预估。因此在单台飞控计算机可实现全部飞控系统功能的前提下，为了达到飞控系统全功能状态的故障率不低于 $10^{-7}/\mathrm{Fh}$，至少需要 2 台飞控计算机，为了达到飞控系统全功能状态的故障率不低于 $10^{-9}/\mathrm{Fh}$，至少需要 3 台飞控计算机。

为提高计算机功能的可用性，设计上应采用下列方式：

(1) 系统部件。

(2) 支持系统。

(3) 鲁棒性强的监控器。

(4) 系统部件的物理隔离。

(5) 支持系统的物理隔离。

(6) 电气分开或隔离。

(7) 功能分开。

(8) 消除隐蔽故障。

3.5.2　作动系统设计

3.5.2.1　电液伺服作动器

电液伺服作动器(EHSA)主要由电液伺服阀、电子控制组件、液压作动筒、位移传感器、压力传感器等元件组成，是一种常规的电控液压作动器，重量相对较轻。目前支线客机上普遍采用这一类型作动器，这种作动器的组成、工作原理与安装技术详见本书第 5 章。

3.5.2.2　功率电传作动器

功率电传作动器是指由飞机次级能源至作动系统各执行机构之间，通过电导线以电能的方式传输能量的作动器。功率电传作动器主要有两种形式，即电动静液作动器(electro hydrostatic actuator，EHA)和机电作动器(electro mechanical actuator，EMA)。在 EHA 的基础上，考虑作动器的可靠性，增加系统安全余度，在使用传统的液压能源系统的同时，增加可切换使用电力作为能源进行驱动的电备份，形成电备份液压作动器(electrical back-up hydraulic actuator，EBHA)。

1) 电动液压作动器(EHA)

电动液压作动器是一种分布式的小型电动和电控液压作动器，主要由独立的变速电动马达、液压泵、液压油箱和蓄压器、动力电子控制装置等组成，使用三相交流电作为动力输入,具备自供给的液压作动能力,作动器本身相对于传统液压作动器重量大,如图 3-10 所示。EHA 与飞机的电力系统连接,而不是与液压系统相连,因此采用 EHA 不需要外部液压管路,减轻了重量,避免了对电源/液压余度配置要求的重复,提高飞机的维修性、可靠性,增强了飞机的生存能力。

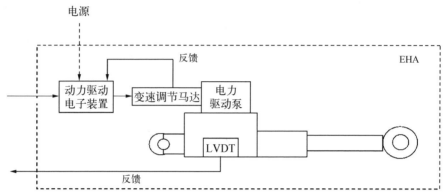

图 3-10　电动液压作动器(EHA)

2) 电备份液压作动器(EBHA)

电备份液压作动器是飞机机电系统多电技术发展的产物,就是把传统液压作动器的伺服控制阀和 EHA 的电动机泵组合在一起共用一个作动筒和活塞,用正常的伺服控制阀通过液压系统为作动器提供功率,也可通过电力系统为其供给功率,如图 3-11 所示。

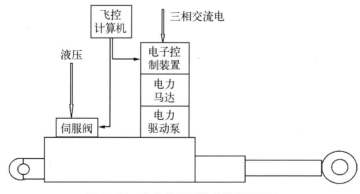

图 3-11　电备份液压作动器(EBHA)

3) 机电作动器(EMA)

机电作动器主要由动力电子控制装置、电动马达、齿轮机构和螺杆机构等组成,目前的商用飞机上使用 EMA 最多的是水平安定面配平作动器(HSTA)。如 ARJ21-700 飞机水平安定面配平作动器由电机驱动减速齿轮带动滚珠丝杠旋转,进而通过丝杠螺母来驱动水平安定面,两个无刷直流电机形成余度配置,两套机械机构保证丝杠螺母或丝杠失效后水平安定面固定在 HSTA 失效瞬间的位置。

随着新型磁材料的发展、无刷电机技术的进步,微控制器和功率电子器件的发展,EMA 的性能将会继续提高,EMA 的关键技术主要包括:

(1) 高性能永磁材料。

(2) 高效无刷直流电机及其驱动系统。

(3) 飞控系统相关余度控制、监控技术、差动和同步控制。

(4) 机械执行驱动机构设计。

3.5.2.3　作动器的工作模式

作动器根据其自身状态和工作条件在几种不同的工作模式中切换,以适应不同的工作需求。在使用液压油作为工作介质的作动器上,按照每个作动器工作时的状态划分,通常会有工作、阻尼、旁通和锁止这几种工作模式。ARJ21 - 700 飞机飞控系统升降舵、方向舵、副翼作动器各设置了两种工作模式。升降舵和副翼作动器设置为工作模式和阻尼模式,方向舵作动器设置为工作模式和旁通模式。

工作模式:作动器根据前端接收到的指令驱动,操纵面偏转,这是作动器的正常工作模式。

阻尼模式:作动器不再对前端发来的指令做出响应。作动器在随操纵面偏转时被驱动,并通过作动器内部两腔间的阻尼小孔提供阻尼。作动器阻尼模式的设计主要目的是在作动器失效后抑制操纵面颤振。

旁通模式:作动器不再对前端发来的指令做出响应,作动器可在操纵面偏转时被带动,两腔直接沟通,仅由活塞杆的摩擦而提供很小的阻尼。如果在一个由两个作动器驱动的操纵面上,其中一个作动器进入了旁通模式,则另一个作动器对操纵面拥有完全的控制权限。

锁止模式:作动器不再对前端发来的指令做出响应。而且通过封闭作动器两腔进行锁止,此时作动器被锁定而不能运动。

3.5.2.4　作动器的余度工作方式

一般民用飞机升降舵、副翼和方向舵都会配置多个作动器,以提高系统可靠性,如一块副翼、升降舵往往配置两个作动器,一块方向舵配置两个或三个作动器,而水平安定面一般配置双马达的机电作动器(EMA)。正常工作情况下,同一个操纵面配置多个作动器时,有主-主工作模式和主-备工作模式两种余度工作方式。以两余度作动器为例,在主-主工作模式下,该操纵面两个作动器同时处于工作模式,而主-备工作模式下一个作动器工作,另外一个作动器处于备用状态,不提供操纵面驱动力。

上述两种余度工作模式都被广泛应用,但各有优缺点。主-主工作模式,因两个或三个作动器同时工作,当检测到其中一个作动器故障时,只需要关闭相应控制通道即可,无须进行控制通道的切换。另外,当其中一个作动器发生非指令运动故障时,如瞬态急偏,因另外一个作动器仍然处于工作状态,能够在一定程度上缓解这类故障影响。ARJ21 - 700 飞机副翼、升降舵和方向舵的作动器采用的是主-主工作模式。

主-主工作模式的缺陷是,同一操纵面多个作动器因在工程上无法实现绝对的同步,必然导致作动器之间出现力纷争,目前技术上可以通过零位调整和力纷争监控、补偿方式缓解力纷争的影响,其中零位调整主要是降低初始安装误差导致的通道之间不一致,力纷争补偿监控是通过实时监控作动器的液压压力值,对作动器的伺服阀输出进行微调,确保作动器的输出力差异尽量小,简称力纷争补偿设计,而当作动器之间的输出力超出一定门限时,将触发力纷争监控器,并通过相关故障隔离信息通知地面维护人员,以便及时对两个作动器通道进行调整维护。

主-备工作模式在正常情况下一个作动器处于工作状态,另一个作动器为阻尼模式或旁通模式,只有在特定情况下如处于工作状态的作动器发生故障时,阻尼模式的作动器才会转为工作状态,主-备工作模式不需要进行力纷争的监控与补偿设计。主-备工作模式的缺点是,当主通道发生故障时备份通道可能不能及时接入,甚至出现主-备转换瞬态,但是主-备工作模式不存在力纷争问题,系统故障监控和隔离难度小。

3.5.3　驾驶杆/盘与侧杆的选择

俯仰、滚转轴的操纵有驾驶杆/盘操纵和侧杆操纵两种形式,波音系列飞机都是采用驾驶杆/盘操纵,空客飞机一般采用侧杆操纵,下面对杆/盘式操纵与侧杆式操纵进行介绍。

3.5.3.1　杆/盘式操纵

驾驶杆/盘操纵是一种传统的操纵形式,能够提供双手操纵,左右驾驶杆/盘能够联动,且具有器件的操纵位移大易于被观察的特点,因其操纵方式具有传统性,能够向驾驶员提供直观的操纵感受而得到很多驾驶员的青睐,ARJ21-700飞机也采用杆/盘式操纵,而波音公司在其最新的B787飞机上仍然采用杆/盘式操纵形式。

3.5.3.2　侧杆式操纵

侧杆整合了俯仰轴和滚转轴操纵器件的位置传感器,实现俯仰和滚转操纵。相比传统驾驶杆/盘,减少了很多机械连接件,降低了系统的重量和维护成本。采用侧杆布置还可以改善驾驶舱空间布置,为驾驶员提供了更大的视野,使驾驶员易于观察前方显示器,在机动飞行时可以提高驾驶员的观察能力,从一定程度上可缓解驾驶员疲劳。同时,侧杆常常与臂托结合使用,臂托可以将驾驶员前臂相对固定,以阻断或者减小生物力学感应性振动沿着驾驶员手-臂-肩的传递,以及由此造成的操纵不利影响,以达到减小驾驶员的惯性振动影响的目的。当然,侧杆也存在一定的缺点,只能单手操纵,器件位移较小不易于被观察,巡航飞行时容易产生不经意的航向偏离。

3.5.3.3　主动侧杆与被动侧杆

随着飞控技术的发展,侧杆技术根据需要也在发展,现存在两种侧杆技术,即主动侧杆与被动侧杆,主动侧杆比被动侧杆有更多的功能。主动侧杆除了和被动侧杆一样具有视觉通知机组操作权限及提示音通知机组两个人在同时操纵飞机外,还用电机代替弹簧提供可变梯度的感觉力,并实现了左右联动功能,可使驾驶员感知是否左右侧在同时操纵飞机。主动侧杆也提供自动驾驶仪工作时侧杆跟随移动的感觉提示。与被动式侧杆依靠弹簧提供固定梯度的力感不同,主动式侧杆还可以接收飞机响应(包括操纵面的气动载荷等)的反馈信息。它是通过作动器将这些反馈信息以反作用力的形式施加到操纵杆上,以便于接受驾驶员能更真实地感受飞机飞行状态,但由于主动式侧杆引入了力反馈作动器,同时也带来了力反馈作动器出现卡阻、失控和非指令运动甚至引起急偏的风险。表 3-5 为传统中央驾驶杆/盘,被动式侧杆和主动式侧杆的比较。

表 3-5 传统驾驶杆/盘,被动、主动式侧杆指标比较

参 数	传统驾驶杆/盘	被动式侧杆	主动式侧杆
外形尺寸	大	小	中
重量	高	低	中
体积	大	小	中
复杂程度(零件数)	较多	多	少
正副驾驶联动	是	否	是
启动力	固定	固定	可变
对驾驶员视野影响	大	小	小
驾驶员活动空间	小	大	大
机械系统复杂性	高	中	低
取证风险	低	中	高
维修性	一般	好	最好

3.5.4 总线设计

民用飞机电传飞控系统的数字式计算机通信总线种类很多,一般推荐使用成熟的产品而不使用新研的总线技术,历史上成熟的总线产品包括 1553B,ARINC429、ARINC629、CAN 以及 ARINC664 等。

总线种类选择的权衡,主要是在考虑安全性、成熟性、飞控系统部件之间通信的负荷、系统架构需求的基础上,综合考虑总线的传输速率、带宽、传输距离、重量等因素,根据不同的应用场合进行选择。一般计算机之间的通信总线对传输距离要求不高,但对带宽要求较高,而计算机与 ACE、REU 之间的通信总线则对总线的传输距离要求比较高,而对带宽要求较低。

ARJ21-700 飞机采用的数字式通信总线包括 CAN 总线、ARINC429 总线以及 ASCB 总线,其中 ARINC429 总线用于与外部交联计算机进行信号交互,CAN 总线用于计算机与 ACE 之间的通信,而 ASCB 总线用于飞控计算机之间的通信,ASCB 总线是霍尼韦尔公司自己开发的一种航空专用通信总线,在 ARJ-700 和 ERJ 系列飞机上都已采用。

3.6 备份系统设计

电传飞控系统技术使用的初期,人们出于对新技术成熟性的担忧,在控制方案中配置了备份方案,典型代表是波音公司 B777 飞机。B777 飞机是波音公司的首架电传控制系统飞机,由于研制年代较早,大家担心其安全可靠性。出于对传统机械操纵成熟性的信任,故以牺牲重量为代价,通过钢索操纵水平安定面、一对扰流板来实现机械备份系统,但是这种备份不能保证飞机连续安全飞行,仅可用于空中系统短时故障恢复。

现代电传飞控系统根据系统备份配置的不同,对飞机飞行控制的能力也不相同,其控制能力可分为以下两类:

(1) 可用于短时控制飞机的飞行。

最早使用电传飞控系统的 A320 和 B777 飞机均配置了机械备份,但机械备份的控制能力低于飞机最小控制能力。这种低控制能力的备份操纵可在主系统异常情况下维持短时间的稳定飞行。这种稳定飞行仅限于水平飞行和平静气流的情况下,飞机不具有机动能力,经受不起阵风或紊流的干扰。

(2) 可完全控制飞机的飞行。

从 B787、A380 飞机开始,机械备份的概念已弱化,代之以模拟电路备份控制系统。从 A380 飞机开始,备份控制能力大大加强,A350 飞机更是将备份控制能力提升到新的水平,已具备安全着陆能力。A380 和 A350 飞机飞控系统采用双体制结构,使用了功率电传技术,在能源部分备份、作动器重构和使用完全独立的备份电子的基础上实现了飞机的姿态完全控制的备份控制,高端商务机 G650 也具备完全的备份控制能力。完全控制能力的系统备份在方案设计、硬件制造、软件编制和系统验证与适航方面,需要投入大量的人力、物力和时间,而且这种投入并非仅在硬件的制造和软件的编制上,对系统的前期研究亦需要大量的时间和资金投入。因此,在追求尽可能低的成本、最大化的盈利和高可靠性的一般民用运输机上,实现完全的备份控制应当综合考虑投入资金、研发进度和单机成本等因素。

按照电传飞控系统控制原理,备份系统具体实现可从两个方面考虑,包括能源备份和控制系统备份,其中能源备份包括电源备份和液压能源备份,控制备份主要考虑实现独立的控制通道,表 3-6 给出了几种机型系统备份的使用情况及其备份形式。

表 3-6　系统备份的应用情况

电传飞机	系统备份	备份能力
B777	机械液压助力操纵水平安定面、扰流板	平静气流中水平飞行的短时控制
B787	电子马达控制单元(EMCV)提供了 1 对扰流板和水平安定面的控制	平静气流中水平飞行的短暂控制

（续表）

电传飞机	系统备份	备份能力
A320/330/340	机械液压助力操纵方向舵,水平安定面手动备份控制	可以实现安全的连续飞行和着陆
A350/380	双体系结构,使用电驱动作动器作为液压操纵的备份	可以实现安全的连续飞行和着陆
Gulfstream G650	单独的计算机和总线	所有操纵面的完全控制

3.7　与其他系统接口设计

民用飞机电传飞控系统常见的外部接口系统包括电源系统、液压系统、大气数据系统、惯导系统、告警显示和维护系统、起落架刹车系统等,这些交联系统接口的设计至少应包括如下几个方面工作。

（1）交联系统架构设计,对接口系统设备与飞控系统的交联关系进行定义,物理上尽量能直接与信号源设备进行互联。

（2）交联系统信号功能定义,需要提供必要的信号产生机理、传输方式、数据定义。

（3）交联系统功能信号精度定义,需要明确定义接口功能数据的误差、延迟特性,多余度信号往往还需要对信号间的跟随性定义。

（4）交联信号电气特性定义,明确交联信号的总线规范,对于离散信号,还需要明确离散信号的不同状态的电气特性。

（5）交联系统设备/信号上电特性,需要明确交联系统设备热启动、冷启动性能参数,必要时明确定义数据延迟特性和热保护功能等,以及在地面维护或待飞时自动断电的要求,这些特性的定义会直接影响飞控系统对交联设备的监控。

（6）交联系统信号可靠性数据,需要定义交联系统信号/设备的故障概率、失效模式等。

除了上述几点外,下面重点对告警显示与中央维护系统接口特殊需求、电源系统对飞控系统的供电策略、液压能源供压方案以及空速与惯导系统接口的余度配置方案进行介绍。

3.7.1　告警显示与维护系统

飞控系统的告警、显示和维护功能的设计是通过与告警显示与维护系统交联实现,可分为机组告警、简图页显示与中央维护三个部分。下面分别作一定说明:

1）机组告警

机组告警是通过发动机和机组告警显示屏向机组提供视觉及听觉指示,告警信息需要在清晰准确的前提下提供尽量多的信息,告警信息的设计主要考虑如下几个方面因素。

(1) 告警信息等级设计。由于不同故障对系统功能与性能的影响不同,告警显示的等级、信息详细程度均有不同。以 ARJ21 - 700 飞机为例,机组告警信息包含四个等级,即警告、警戒、提示和状态。根据故障等级而定,警告级为最高等级告警信息,需要驾驶员立即知晓并采取措施,告警信息颜色为红色;警戒级告警需要驾驶员知晓,可以稍晚采取措施;而提示和状态信息不需要驾驶员立即采取措施。

(2) 告警信息名称的设计,需要保证告警信息字符的标准化,以最少的字符,尽量简洁的缩略语,简单易懂且不易与其他信息混淆。

(3) 故障衍生与告警信息的抑制设计。在实际设计过程中可能存在同一个故障会导致多个功能或部件失效,导致多条告警的触发条件同时满足,这些告警信息同时显示会对驾驶员造成干扰,这就要标识出需要驾驶员优先处理的告警信息,抑制优先级低的告警信息。

2) 简图页显示

飞控简图页显示最通常的方式是提供模拟和数字数据并结合图像显示。图像显示应包括简单的系统架构,并与其在飞机的布局一致,向机组提供易于理解的信息。简图页的颜色设计需要满足全机的规范要求,图 3 - 12 为 ARJ21 - 700 飞机主飞控系统简图页显示。

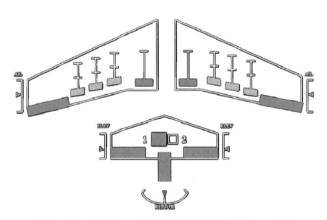

图 3 - 12　ARJ21 - 700 飞机主飞控系统简图页显示

3) 飞控系统维护接口设计

民用飞机飞控系统主要通过维护系统提供如下功能和信息。

(1) 飞控系统内部参数和状态显示,包括驾驶舱操纵器件位置信息、操纵面位置信息、作动器内部传感器信息、系统收到外部系统信号等。

(2) 存储和显示系统故障诊断信息,并提供初步的故障隔离建议,提供系统内部监控器、传感器状态等。

（3）提供系统自检测、电子调整、定检等功能的操作界面，并实现与飞控计算机之间信息的交互。

（4）提供系统构型信息查询，如软件版本信息查询等。

3.7.2　电源系统

3.7.2.1　供配电架构

民用飞机电传飞控系统直流配电方式可分为两种：集中式配电和分布式配电。分布式配电是由飞机电网多条汇流条及蓄电池为多个分散的飞控系统用电设备直接供电；集中式配电通过集中配电设备接收多余度电源输入，经选择和处理后，按照相关原则分配给各个飞控直流用电设备。空客系列飞机电传飞控系统通常采用分布式配电方式，如 A350 和 A380，波音系列飞机电传飞控系统采用集中式配电方式，如 B777 和 B787。飞控系统交流配电指飞机电网交流汇流条按照一定配置原则为电功率作动器供电。

电传飞控系统一般采用余度供电的方式，保证在电源系统正常供电、非正常供电及应急供电时，飞控系统均可以正常工作。所有发电机故障，仅蓄电池供电时，可保证飞控系统最小可接受控制构型。

飞控用电设备与电源之间应设置断路器，便于维护和故障隔离。配电线缆布置需考虑特殊风险要求和区域安全性要求。除此之外，飞控系统还应实时监控用电设备的供电状态。

以 ARJ21 - 700 飞机飞控系统供电方案为例，飞控系统采用分布式配电方式，所有直流用电电子设备直接连到相关电源系统的汇流条上，该方案中对电源系统供电品质有较高要求的设备需要配备单独的电源模块。水平安定面作动器两个电机，由包括交流重要汇流条在内的两路交流汇流条供电。

3.7.2.2　负载分析

在确定供配电方案的同时，需要完成系统所有用电设备的供电负载分析，并综合考虑电源系统不同工作状态下，包括正常供电状态下，非正常供电和应急供电情况下的飞控系统用电设备电气负载。

按照 CCAR25.1351(d) 要求，在可视飞行规则的条件下失去有效电源，安全操作至少保持 5 分钟，一般以飞机双发失效为典型案例来做分析。在飞机失去两个发动机的情况下，首先是飞控专用蓄电池为系统提供电力，但是提供电力的时间是有限的，供电时间应根据总体的要求进行设计和配置。飞控专用蓄电池电流容量的确定除考虑保证飞控系统最小可接受控制构型外，还需考虑冲压空气涡轮（RAT）的工作情况和飞控专用蓄电池的重量和体积，使飞机在供电安全的基础上，达到最优的性能和效率。

3.7.2.3　电源特性分析

电源接口设计需规定电源与用电设备的电气接口特性，保证输入电源与用电设备电源特性的匹配性。主要考虑的电源特性有不同情况下的电压范围、电压脉动、瞬态电压、电压尖峰、纹波电压、畸变和供电中断等。电源特性分析可参考 DO - 160G,同时也要考虑飞控系统特定的用电要求。

3.7.3　液压系统

　　飞控系统的能源配置,必须综合考虑液压和电源的配置方案,从飞控系统架构上确保在部分能源失效后飞控系统依然具备必需的操纵能力,以双发失效为例说明,即在丧失左右发动机泵供压的工作情况,确保飞控系统仍能保持最小可接受控制构型,这就需要对系统供压和供电方案进行综合。以 ARJ21 - 700 飞机为例,ARJ21 - 700 飞机共有 3 套液压系统,分别为主飞控系统的液压作动器(PCU)提供液压能源,如表 3 - 7 所示,当双发失效时飞机仅通过 RAT 为 3 号液压系统供电,根据 3 号液压供压的作动器控制通道来进行供电方案的配置,以确保在双发失效时飞控系统的控制能力。

表 3 - 7　飞控系统各 PCU 的液压配置方案

操纵面	液压系统 1♯	液压系统 2♯	液压系统 3♯
副翼	左外侧副翼 PCU 右外侧副翼 PCU	左内侧副翼 PCU	右内侧副翼 PCU
升降舵	左外侧升降舵 PCU	左内侧升降舵 PCU 右内侧升降舵 PCU	右外侧升降舵 PCU
方向舵	上方向舵 PCU	中方向舵 PCU	下方向舵 PCU
扰流板	多功能扰流板 1♯(一对 PCU)	多功能扰流板 2♯(一对 PCU); 地面扰流板(一对 PCU)	多功能扰流板 3♯(一对 PCU)

3.7.4　空速与惯导系统

　　民机空速系统与惯导系统的配置方案比较成熟,一般配置 3 套空速系统计算机和惯导数据计算机。但人们对空速系统计算机和惯导计算机与飞控计算机之间的关系是各自独立还是高度集成存在不同的意见,主要存在如下三种配置方式:

　　(1) 各自独立方案,即空速系统、惯导系统具有独立的计算机,空速、惯导传感器信号经计算机处理后,经过数据总线发给各用户使用,包括飞控系统、航电系统等,ARJ21 - 700 飞机就是采用的这种方案,如图 3 - 13 所示。

　　(2) 高度集成方案,即所有的大气数据和惯导传感器,直接由飞控计算机进行处理和分发,飞控系统能够直接使用来自传感器的原始数据,降低了失效的概率,如 B787 就是采用这种方案。

　　(3) 混合方案,即配置两套独立的空速系统和惯导系统配置计算机,另外一套仍由飞控计算机直接对传感器数据进行处理和使用。

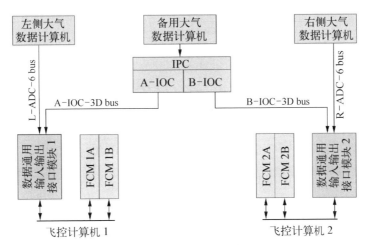

图 3-13　空速系统与飞控计算机交联

4 飞控系统安全性评估

飞控系统曾导致许多灾难性事故,除人为因素外,系统故障是导致灾难事故的主要原因。系统安全性评估的目标之一就是评估复杂系统冗余及独立性,并且对故障影响及系统架构、定量定性指标进行评定。

目前,在民用飞机设计领域中,安全性评估已成为检查飞机安全性的重要手段。实践经验证明,近几十年商用飞机失事概率明显降低,特别是在 20 世纪 80 年代以后,几乎没有一起空难事故是由于系统故障导致的。这与工业水平逐渐提高有很大关系,同时也与安全性评估方法逐渐成熟密不可分。

本章以飞控系统安全性设计方法为研究对象,进行系统功能危险性评估(FHA)、初步系统安全性评估(PSSA)、系统安全性评估(SSA)和共因故障分析(CCA)。在分析过程中涉及各个分析方法的工作范围及工作目的。

4.1 安全性评估顶层要求

概括地说,安全性评估按照不同的分析思路经历了四个阶段:

(1) 完整性阶段(1900—1930 年)。

(2) 完整性加上有限的冗余设计概念(1930—1940 年)。

(3) 单故障概念(1945—1955 年)。

(4) 故障安全设计概念(1955 年至今)。

1955 年美国政府部门用"故障安全概念"取代了单故障概念,在设计飞机时不仅要考虑任一单故障,还需要考虑与任何可预知故障的组合。任何一次飞行期间,单故障和可预知的故障组合不会阻止飞机的继续安全飞行和着陆。

随着安全性设计水平不断提高,空难事故总体上呈现逐年递减的趋势,如图 4-1 所示。

现代民机已成为可靠的交通工具。适航规章中规定,飞机的灾难级故障率要等于 1×10^{-9}/飞行小时,假设系统存在 100 个灾难级故障,按照一天乘坐 3 h 计算,那么一个人若要赶上一次由于系统造成的空难,需等待 9 132.42 年。空难事故并非主要由系统故障造成,驾驶员的操作失误、天气等各方面因素也是空难的主要原因。

在各类民用交通工具中,飞机的安全性需求远高于其他种类交通工具。飞机安全性评估的最终目的是在设计阶段开始考虑降低飞机发生事故的可能性,采取

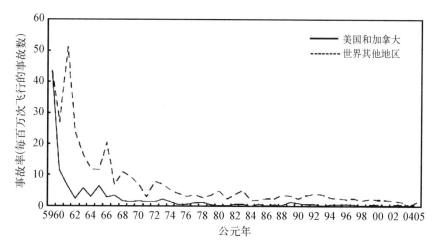

图 4-1 飞机空难事故率趋势图

有效的技术措施防止故障的发生。飞机安全性评估通过零部件故障概率计算全机故障概率,通过全机故障概率评定飞机飞行的安全性。

飞控系统是飞机的关键系统,当飞控系统不能正常工作时就危及飞机的飞行安全。故在进行飞控系统设计时必须重视安全性评估,对飞控系统各种故障情况提前做出评估,降低发生事故的概率。

安全性设计与可靠性设计是两种完全不同的概念。

(1)安全性:产品故障危及飞机乘员人身安全的可能性。

(2)可靠性:产品无故障工作的能力。

可靠性主要体现在对经济性的影响,可靠性越高,系统维护成本越低,是一个相对的标准;而安全性主要体现在对人身安全的影响,是一个绝对的标准。所有系统设计必须满足最低标准。可靠性与安全性处于对立统一的地位。系统为了提高安全性,必须提高系统冗余度,但提高冗余度的同时也提高了系统的复杂度,从而降低了系统的基本可靠性。

4.1.1 适航条款 25.1309 要求

现代民用飞机安全性设计必须满足适航规章需求。飞控系统安全性在适航规章中集中体现在 FAR25.1309 条和 CCAR25.1309 条中,该条款定义了系统在发生故障时不能违背的一系列准则。CCAR25.1309 中与安全性评估相关的条款原文内容如下:

第 25.1309 条设备、系统及安装

(a)凡航空器适航标准对其功能有要求的设备、系统及安装,其设计必须保证在各种可预期的运行条件下能完成预定功能。

(b)飞机系统与有关部件的设计,在单独考虑以及与其他系统一同考虑的情况下,必须符合下列规定:

（1）发生任何妨碍飞机继续安全飞行与着陆的失效情况的概率极小。

（2）发生任何降低飞机能力或机组处理不利运行条件能力的其他失效情况的概率很小。

（c）必须提供警告信息，向机组指出系统的不安全工作情况并能使机组采取适当的纠正动作。系统、控制器件和有关的监控与警告装置的设计必须尽量减少可能增加危险的机组失误。

（d）必须通过分析，必要时通过适当的地面、飞行或模拟器试验，来表明符合本条(b)的规定。这种分析必须考虑下列情况：

（1）可能的失效模式，包括外界原因造成的故障和损坏。

（2）多重失效和失效未被检测出的概率。

（3）在各个飞行阶段和各种运行条件下，对飞机和乘员造成的后果。

（4）对机组的警告信号，所需的纠正动作，以及对故障的检测能力。

随着我国航空工业的发展，CCAR - 25 部一直在不断地进行修改。

适航规章对故障率的需求与危险影响等级存在反比关系，当故障情况造成的影响越严重，要求的故障率越低。故障率与危险影响等级的关系如图 4 - 2 所示。

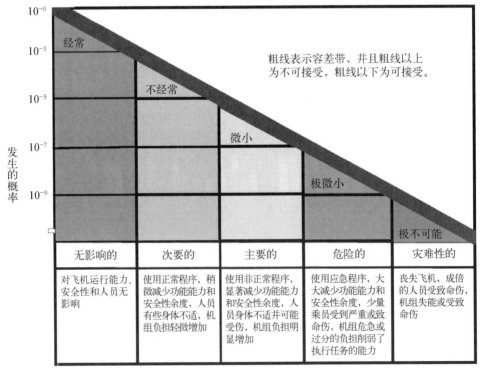

图 4-2　故障发生概率与危险影响等级反比关系图

从反比关系图可以看出,危险影响等级分为五个等级,即灾难性的、危险的、主要的、次要的和无影响的。五个等级分别对应五个故障发生定性概率,即极不可能、极微小、微小、不经常和经常,其中极不可能、极微小和微小三种情况在安全性评估中需要重点分析。

(1) 极不可能:预计故障在该型号所有飞机的总的整个使用寿命期间不会发生,发生的平均概率等于或小于 1×10^{-9}/飞行小时。

(2) 极微小:预计故障在每架飞机的总寿命期间不会发生,但在该型号所有飞机总的使用寿命期间可能发生很少几次,发生的平均概率等于或小于 1×10^{-7}/飞行小时。

(3) 微小:故障在每架飞机的总寿命期间不可能发生,但在该型号许多飞机的总的使用寿命期间可能发生几次,发生的平均概率等于或小于 1×10^{-5}/飞行小时。

(4) 不经常:故障在每架飞机的总寿命期间可能发生几次,发生的平均概率等于或小于 1×10^{-3}/飞行小时。

(5) 经常:故障在每架飞机的总寿命期间时而发生,没有明确的发生概率定量指标要求。

五个危险影响等级的定性概率指标要求定义如下:

(1) 无影响的:故障情况下不产生任何妨碍飞机营运能力或增加机组工作负担的飞行安全性影响。

(2) 次要的:故障情况下不会明显地降低飞机飞行的安全性,机组的操作仍保持在其能力范围内,轻微地降低飞行安全裕度或功能能力,轻微地增加机组的工作负担,需要更改飞行计划,个别乘客或客舱机组身体略感不适。

(3) 主要的:故障情况下降低飞机的飞行性能,降低机组操作的应对能力,明显降低飞行安全裕度或飞机的功能能力,明显增加机组工作负担,降低机组的工作效率,使飞行机组身体感觉不适,乘客或客舱机组身体感到不适甚至受到轻微伤害。

(4) 危险的:故障情况下会降低飞机的飞行性能,降低机组操作的应对能力,包括:极大地降低飞行安全裕度或飞机的功能能力;飞行机组人员身体不适或过重的工作负担导致不能准确地或完全地完成操作任务;个别乘员会遭受严重伤害或危及生命安全。

(5) 灾难性的:故障情况下会影响安全飞行和着陆,导致绝大部分或全部乘员伤亡以及飞机损毁。

CCAR25.1309 与 FAR25.1309 要求设计人员按照相应条款对故障情况进行分析,并按照条例的各项要求设计系统。反比关系图为设计提供了定性和定量依据。

4.1.2 千分之一判据要求

因为飞控系统对于飞机安全至关重要,在通用适航要求外,局方针对飞控系统提出了更为严酷的千分之一判据要求,通过定量指标限定飞控系统在发生一个故障后,剩余安全的定量分析结果不应低于 0.001。

针对最小割集中由两个故障组合导致灾难级故障的情况,每个故障的故障概率不应低于 0.001;对于三个或三个以上故障组合导致灾难级故障的情况,在任何一个故障发生后,其余故障的组合概率不应低于 0.001。需要重点说明的是,在千分之一判据分析中,隐蔽故障的故障概率应采用最高故障概率,而不应该采用平均故障概率。

$$最高故障概率 = \lambda * T$$
$$平均故障概率 = 0.5 * \lambda * T$$

故障树分析应采用平均故障概率,详见 ARP4761 附录 D11.1.5.1 章节。

4.2 飞控系统安全性设计

ARP4761 作为指南性文件,为故障-安全设计理念提供了可行的分析方法。ARP4761 作为业界通用的安全性评估方法,得到了广泛的认可和采用,通常来说,业界的飞控系统安全性评估均采用 ARP4761 中提供的分析方法。

飞控系统安全性设计过程包括系统设计过程和安全性评估过程。系统设计过程起始于系统需要实现的功能和拟定的基本架构,安全性评估过程起始于系统级顶层安全性需求 SFHA。系统设计确定功能和基本架构后,通过安全性评估确定控制架构和接口信号安全性要求,设置系统冗余和监控以满足系统安全性要求。

现代民用飞机飞控系统的发展已进入较为成熟的阶段,具有诸多可供选择的成熟的飞控系统架构,包含可基本满足安全性要求的系统冗余和监控。但需要说明的是,针对不同型号的飞机,顶层的安全性要求可能不同,因此在采用成熟的安全性架构时,需要逐一确认系统架构满足所有安全性目标,并适当修改系统。图 4-3 为飞控系统安全性设计过程。

为确保系统设计的安全性,引入故障-安全设计理念,为此使用了以下安全性设计原则或技术。仅使用以下某一项原则或技术很难满足要求,通常需要使用两个或更多的组合来保证故障-安全设计。

(1)设计完整性:包括寿命极限,以保证预期的功能并且防止产生故障。设计上全面地考虑各种可能的故障情况,将对安全性的影响最小化,例如在高速爬升时扰流板或减速板自动收回。

(2)冗余或备份系统:当任何单个(或其他规定的数目)故障发生后仍有能力保持功能。例如控制通道冗余、接口信号冗余、终极备份。

(3)系统、组件和元件的隔离和/或分离:当其中一个故障发生时不会引起另一个故障发生,保证余度之间的独立性,包括电气、物理或空间隔离或分离。例如,确保控制同一操纵面不同控制通道间的相互独立,并且确保设备、EWIS、液压管路

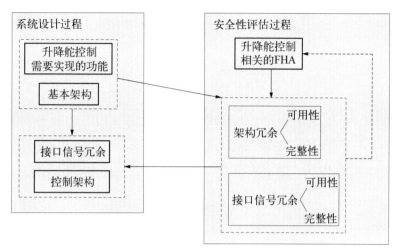

图 4 - 3　飞控系统安全性设计过程

的相互隔离。

（4）已被证明的可靠性：在设计/验证过程中，预计、验证系统、设备的安全性/可靠性指标。例如：当一台或多台发动机发生故障、液压系统发生故障后飞机仍能继续飞行。

（5）故障告警或指示：对于需要设置机组操作程序的故障情况（除非机组人员能够立刻感知），或者需要明确向地面维护人员提示系统状态的情况，需设置故障告警或提示。

（6）飞行机组程序：在系统发生故障后，需要机组操作有效缓解故障影响或需要对机组操作进行限制，必要时应明确机组操作程序。

（7）可检查性：可检查系统、组件状态的能力，包括机内自检测（Built-In Test，BIT）、维护检查，以此限制故障存在的时间。

（8）设计的故障影响限制：包括故障监控后的逻辑重构、水平安定面作动器备用传力路径等。

（9）裕度或安全系数：监控门限设计、结构强度安全系数。

（10）容错：考虑在系统的设计、试验、制造、运行和维修过程中可预见的差错。系统本身导致的错误，仍能提供预期的（或最低的）服务。例如防差错设计、地面维护告警等。

飞控系统的系统安全性设计起始于飞控系统需要执行的功能和能满足系统功能的基本架构，其中系统需要执行的功能来源于飞机级分配/协调，并进行系统级分解。基本架构不考虑系统冗余度、系统监控要求，其冗余度要求、监控要求、非相似要求、独立性要求均来源于安全性评估。图 4 - 4 为飞控系统安全性设计过程。

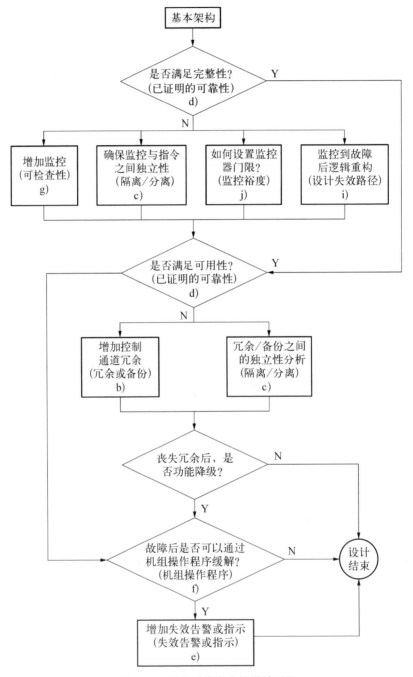

图 4-4 飞控系统安全性设计过程

4.3 系统安全性评估

飞机安全性设计已逐渐成熟,民用飞机安全性设计必将进一步迈向成熟。

现代民用飞机采用的故障安全概念已经能满足民用航空的需求,但空难事故仍时有发生。需要创新安全性设计方法,用全新的观念对飞机进行审查、检查,以求得到更高的安全性。例如,目前飞机设计还未针对误操作后的飞行品质进行审查,为了实现更高的飞行安全性,这项设计将成为提高飞机安全性的新的需求。

本节阐述民用飞机安全性设计方法,主旨在于整理出安全性设计方法的主线,对 FHA、PSSA、SSA 和 CCA 进行说明,在对 FHA 的阐述中着重于系统功能危险性评估(SFHA)。通过分析可以得出上述四项分析过程之间的关系,如图 4-5 所示。

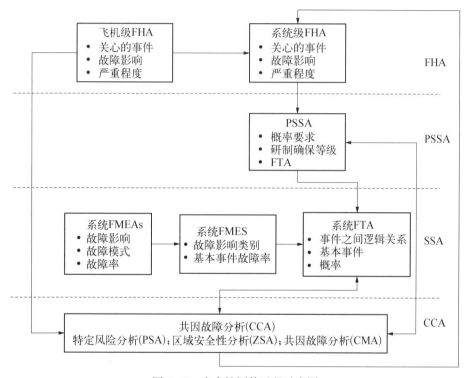

图 4-5　安全性评估过程示意图

从图 4-5 可以看出,SFHA 是 PSSA 的输入,PSSA 是 SSA 的输入,CCA 与 SFHA、PSSA 和 SSA 互为输入/输出关系,图中还体现出了迭代关系。

4.3.1　系统功能危险性评估(SFHA)

4.3.1.1　建立系统功能危险性评估的思路和方法

1) 系统功能分解

飞控系统功能的确定以飞机级功能分解为基础,飞机级功能分解到系统级。定义合理的飞控系统功能分解是建立 SFHA 的先决条件,飞控系统功能分解的层次性决定了飞控系统 SFHA 失效状态的完整性。

飞控系统功能清单中的功能并不能保证彼此之间的独立性,功能与功能之间可能存在相互补充或相互冗余的关系,如 A 与 B 两种功能,任一功能失效对飞控系统安全没有显著影响,但是 A 功能和 B 功能同时失效,则危险影响等级为灾难级或危险级。因此在建立飞控系统 SFHA 时,需考虑几种功能与功能失效的耦合。

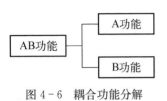

图 4-6　耦合功能分解

解决功能失效耦合问题的关键在于合理地进行飞控系统功能分解。对于相互耦合的 A 功能和 B 功能,需考虑相互耦合的综合功能即 AB 功能,A 功能和 B 功能为 AB 功能分解后的下一级功能,如图 4-6 所示。

对于耦合功能,首先需对 AB 功能进行分析,如有必要,再对 A 功能和 B 功能分别进行分析。对于重叠的失效状态,可覆盖至一种失效状态。

2）失效状态定义方法

（1）确保建立完整 SFHA 失效状态的系统方法。

建立飞控系统 SFHA 采用了系统的方法确保 SFHA 失效状态的完整性。在此分析方法中,需考虑系统功能可能的失效状态、失效状态场景及飞行阶段、通告失效状态的必要性。以此为基础按图 4-7 所示的流程建立完整的飞控系统 SFHA 失效状态。建立飞控系统 SFHA 的流程如图 4-7 所示。

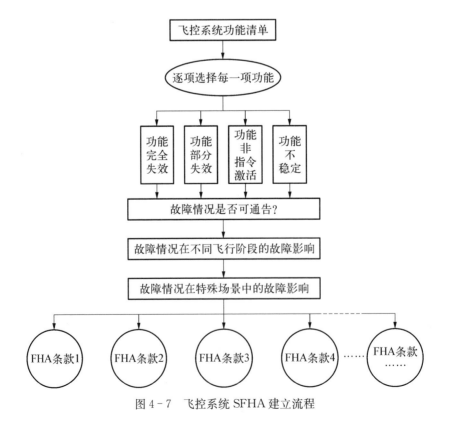

图 4-7　飞控系统 SFHA 建立流程

a. 可能的失效状态。

在分析飞控系统需要执行的系统级功能的基础上,建立合理的飞控系统功能清单作为进行完整、合理的 SFHA 分析的基础。在进行 SFHA 分析时,需按以下可能的失效状态对每一功能进行失效状态的危险性分析:

① 失控(全部或部分)、卡阻或游离;

② 功能完全失效;

③ 功能部分失效;

④ 功能不稳定或降低工作功效;

⑤ 意外工作或非指令的工作;

⑥ 特性改变(载荷、速率、刚性、延迟、振荡等);

⑦ 无失效指示/警告或有害的失效指示/警告;

⑧ 错误的数据输出或数据显示;

⑨ 其他。

以上方面覆盖了一项功能可能的所有失效状态,其中"功能完全失效"和"功能部分失效"为系统功能丧失可用性的范畴,"功能不稳定或降低工作功效"和"意外工作或非指令的工作"为系统功能丧失完整性的范畴。

b. 失效状态场景及飞机运行阶段。

在进行失效影响分析时,应考虑具体的环境因素,包括不同的飞行阶段和可能的运行场景。民机的飞行任务一般分 7 个阶段:地面滑行(G);起飞阶段(T);爬升阶段(F1);巡航阶段(F2);下降阶段(F3);进近阶段(F4);着陆阶段(L),如图 4-8 所示。

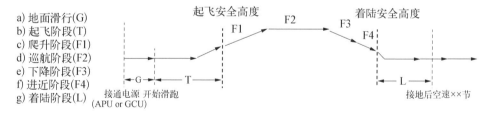

a) 地面滑行(G)
b) 起飞阶段(T)
c) 爬升阶段(F1)
d) 巡航阶段(F2)
e) 下降阶段(F3)
f) 进近阶段(F4)
g) 着陆阶段(L)

图 4-8　民机的飞行阶段示例

对于同一失效状态,如果在不同阶段的失效影响不同,则应分解为不同的 SFHA 条款。例如故障描述均为"非指令性打开两块地面扰流板的地面破升功能",但对于不同的飞行阶段,其功能失效危险影响等级不同,因此分解为两条 SFHA 条款。在进行飞控系统安全性评估时,采用了矩阵式的分析方法,针对每一失效状态在 7 个运行阶段分别分析功能失效危险影响等级。

另外,失效状态应考虑特殊场景和紧急情况,例如丧失减速板功能为 Ⅳ 类故障,但是当考虑到飞机紧急下降的场景,其失效状态影响等级评估为 Ⅱ 类。对于民机电传飞控系统,考虑的故障特殊场景和紧急情况至少包括如下其中情况:① 复飞;② 中断起飞;③ 紧急下降;④ 液压系统失效;⑤ 单发失效;⑥ 飞控系统进入降级模式;⑦ 共模故障;⑧ 失效状态的通告性。

c. 失效状态是否可通告。

在建立飞控系统 FHA 时,还需着重考虑失效状态是否通告对故障危害等级的影响。失效状态是否通告对某些失效条件影响分级有较大影响。另外,指示系统的错误指示通常比指示系统故障或失效的影响更为严重。对于通告的故障情况,驾驶员可以按照确定的操作程序降低故障情况对飞机的危害,而对于驾驶员未知的情况,故障情况可能进一步恶化,造成系统失效影响加剧。因此在建立飞控系统 FHA 时,还需从以下两个方面考虑失效状态:

① 通告的故障;

② 未通告的故障。

(2) 确保 SFHA 失效状态完整的其他措施:

a. 相似性分析。

在完成 SFHA 后,与相似机型进行对比确认,明确初步的 SFHA 与相似机型 SFHA 之间的差异,重点对存在差异的条款进行对比分析,明确存在的差异的合理性。相似性分析是初步 SFHA 形成后的重要补充措施,也是确认 SFHA 完整性的重要手段。

b. 飞机级对比分析。

AFHA 来源于飞机级功能分解,SFHA 来源于系统级功能分解。由于系统级功能来源于飞机级功能分解、定义,因此 AFHA 与 SFHA 之间必定存在联系。通过系统级功能清单建立的 SFHA 应涉及 AFHA 中与飞控系统相关的部分,通过对比分析的方法,可从侧面检查飞控系统功能分解的完整性。

c. SFHA 完整性评审。

评审是一个迭代的过程,在 SFHA 完成相似性确认后,通过评审进一步判定 SFHA 的完整性。

3) 功能失效危险影响等级定义

根据 FAR、CCAR 的规定,故障分为五个危险等级,即无安全影响、较小的(Ⅳ)、较大的(Ⅲ)、危险的(Ⅱ)和灾难的(Ⅰ)。表 4-1 给出了各个等级与对飞机飞行的影响、对驾驶员的影响、对乘客的影响、允许的概率定性要求和允许的概率定量要求。

在确定功能失效影响等级时,可以参考以下原则:

(1) 指示系统出现错误指示,一般比指示系统失效或故障的影响更严重。

(2) 应了解并明确飞机对驾驶员操作与控制的要求,包括在各飞行阶段对驾驶员的工作要求,以便分析失效状态对驾驶员操作的要求和影响。

(3) 如果同一故障在不同阶段对飞机产生的影响不同,应在最终分析报告中予以说明。

(4) 驾驶员对故障情况的处理能力应以保证飞机飞行安全对驾驶员的要求为基础,个别驾驶员对故障的处理能力不能作为确定危害等级的重要因素。

表 4-1　失效状态的危害度与允许概率的关系

影响等级	无安全性影响	较小的（Ⅳ）	较大的（Ⅲ）	危险的（Ⅱ）	灾难的（Ⅰ）
对飞机的影响	对营运能力或安全无影响	轻微地降低功能能力或安全裕度	明显地降低功能能力或安全裕度	极大地降低功能能力或安全裕度	一般会损毁
对驾驶员的影响	对驾驶员无影响	轻微地增加工作负担	身体不舒适或明显地增加工作负担	身体很不适或过分的工作负担削弱了执行任务的能力	死亡或丧失执行任务的能力
对乘员的影响（包括乘务人员）	不便利	身体不舒适	身体很不适，可能出现受伤	个别乘客或乘务人员遭受严重伤害或死亡	绝大部分死亡
允许的定性概率	无概率要求	可能的	极少的	极端少的	极不可能的
允许的定量概率：每飞行小时的平均概率	无概率要求	<———> <10^{-3} 4.3.2	<———> <10^{-5} 4.3.3	<———> <10^{-7} 4.3.4	<———> <10^{-9} 4.3.5

（5）在不同的飞行状态下如果失效影响不同，则应在失效说明中予以说明。

（6）当评估给定的失效状态的影响时，应考虑所提供的警告的方式和内容、机组人员行为的复杂程度和受培训的程度。在一些情况下应该详细地说明培训要求。

（7）在定义危害等级时，通告的故障和未通告故障的危害等级应相对应。

（8）在定义危害等级时，应有相应的分析以表明定义的可信度和正确性。

通过系统安全性评估可从功能的角度分析得出系统设计的顶层安全性要求。表 4-2 为 SFHA 的典型样例。

表 4-2　SFHA 典型样例

危险说明	功能危险编号	工作状态飞行阶段	危险对飞机或人员的影响	影响等级
丧失单个副翼滚转控制功能	27-1-1a	T,F1-F4,L	飞机：维持正常飞行和着陆的滚转控制能力减弱。必须通过其他滚转操纵面克服失效带来的影响 机组：为保持飞机正常滚转姿态而明显增加驾驶员的工作负担 乘客：无影响	Ⅲ

（续表）

危险说明	功能危险编号	工作状态飞行阶段	危险对飞机或人员的影响	影响等级
丧失所有多功能扰流板辅助滚转功能	27-1-1c	T,F1-F4,L	飞机：可能导致单侧辅助滚转力矩不足，飞机能够正常滚转 机组：为保持飞机正常滚转姿态而明显增加驾驶员的工作负担 乘客：无影响	Ⅲ
单个副翼操纵面急偏	27-1-2a	T,F1-F4,L	飞机：产生突然的较大的滚转力矩，可能致使结构受损，飞机极难控制 机组：极难控制飞机，可能受伤 乘客：可能由于飞机的突然滚转而使个别人员受伤	Ⅱ
……	……	……	……	……

4.3.1.2　对系统功能危险性评估(SFHA)的确认

系统功能危险性评估(SFHA)是检查分析飞机及系统功能，以确定潜在的功能失效，并根据具体的失效状态对功能危险性进行分类的安全性评估方法，SFHA是开发飞控系统架构，驱动系统设计的最为关键的安全性需求源之一，也是进行系统安全性评估过程及系统研制过程的重要输入。通过本书第4.3.1.1节建立SFHA的思路和方法可知，建立的SFHA终究只是一个假设，无论是分析、计算，还是相似性分析，都是以前期的理论数据或设计经验为基础的，尽可能反映设计目标型号的真实状态。因此，在整个型号设计生命周期内，需采用分析、计算、相似性对比、工程飞行模拟器测试、飞行试验等方法，以一切现有可具备的条件尽早、尽可能真实地确认SFHA。据不完全统计，缺失一条Ⅰ类故障SFHA，可能型号进度推迟1～2年。

在建立SFHA的初期，确定的功能失效危险影响等级仅是通过经验、分析数据得到的初步结果，是建立SFHA的初步假设条件。随着飞机研制的成熟度的增加，在飞机设计具有足够数据后，可进一步对失效状态影响等级进行分析和确认，并可通过驾驶员在环试验进行评估和确认。驾驶员在环评估试验主要通过工程飞行模拟器进行试验。

1) 分析计算

在项目研制早期阶段，可通过仿真、分析计算的方法对系统失效状态影响等级进行评估。分析计算是型号设计初期，在确认手段不充分、飞机气动数据有限的情况下，完整捕获SFHA、合理设定故障影响等级的有效方法。在该阶段，操纵面气动效率、飞机气动参数初步明确的情况下，通过仿真、计算手段，可初步明确飞机可能的反馈状态，结合驾驶员在环人为因素影响，初步判定故障影响等级。SFHA的分析、计算是一个迭代的过程,其过程伴随飞机气动参数的成熟度提升而逐渐逼近真实。

当飞机气动数据分析完成后,对影响操稳、性能的失效状态进行计算确认;当载荷、强度分析完成后,亦对影响结构的失效状态进行计算确认。如 ARJ21 - 700 飞机飞控系统失效状态"襟翼/缝翼的单个操纵面偏斜超出结构限制"通过载荷强度计算,评估该条失效状态影响等级为Ⅰ级。

2) 相似性对比/工程评审

相似性对比是确保 SFHA 完整性的补充手段。在经过系统的分析过程捕获 SHFA 后,在理论上 SFHA 是完整的,但分析过程难免会有一定疏忽和缺陷。在这样的情况下,相似性对比就是一种非常有效的补充手段,通过对比其他相似机型飞机飞控系统 SFHA,并将对比差异反馈到分析过程中,进一步确保 SFHA 的完整性。

相似性对比可与分析过程并行开展,并可邀请本专业和相关专业及适航等方面的若干资深专家对系统的 FHA 进行工程评审,依据专家丰富的经验对系统 FHA 中失效状态影响等级的正确性进行判定,这是工程研制工作中较为常用和适用的确认方法。

3) 风洞试验

项目早期通过风洞试验对部分飞控系统 FHA 中失效状态的影响等级进行评估。如 ARJ21 - 700 飞机在一期风洞试验中规划了"地面扰流板在空中对称打开"失效状态的试验,正常情况地面扰流板在空中是不允许打开的,如果地面扰流板因故障非指令全部打开,其中升力系数和俯仰力矩系数均明显增加,在正常的飞行迎角范围内,将产生负升力和低头力矩,这在起飞和着陆阶段有安全隐患。根据风洞试验得出的升力系数和俯仰力矩系数的变化,在飞机不同构型下对飞行高度和飞行迎角的变化进一步分析,地面扰流板空中打开在起飞和着陆阶段是灾难级的,失效状态影响等级定为Ⅰ级,在襟翼收起的巡航状态是危险的,定为Ⅱ级。

4) 工程飞行模拟器试验

飞控系统 FHA 中失效状态的影响等级可通过工程飞行模拟器试验进行确认,随着项目进展,参数和模型、气动数据得到了调整、修正和优化后,通过工程飞行模拟器试验对系统 FHA 失效状态的影响等级进行确认。为目标型号建立的模拟器已极为接近飞机真实状态,同时能真实地反映出驾驶员在环的人为因素影响。需要说明的是,为了尽早发现 SFHA 可能存在的问题,在模拟器数据得到飞行试验数据修正前后都需要开展 SHFA 确认试验。模拟器试验是确认 SFHA 的主要手段,因此在设置模拟器试验时应包含所有的可能的试验项目和试验状态点。

工程飞行模拟器试验项目可覆盖系统失效状态影响等级为Ⅱ、Ⅲ、Ⅳ类。图 4 - 9 为通过模拟器试验方法对失效状态影响等级进行评定的流程图。

(1) 定量评估方法。

当某一功能失效发生后,飞机可能出现不安全的姿态变化及响应。因此,在充分考虑驾驶员操纵延迟时间的基础上,需要在飞控系统失效状态影响等级判定的

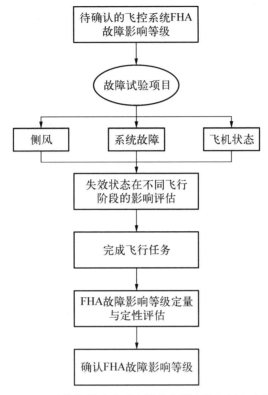

图 4-9　通过模拟器试验对失效状态影响等级评定流程图

定量因素方面引入飞机姿态变化等作为对失效状态影响等级细分的定量指标评判依据。

　　进行 FHA 影响分析时需考虑驾驶员操纵延迟时间,应包括意识延迟时间、反应延迟时间、脱开操作的延迟时间。故障试验时,意识延迟时间为故障出现到驾驶员感知应当采取操纵动作的时间,识别故障可能是通过飞机的表现或通过可靠的故障警告系统进行的。反应延迟时间为驾驶员意识到应当采取操纵动作的时间点到驾驶员开始采取操纵动作以抵消故障影响的时间。反应延迟时间一般如表 4-3 所示。

表 4-3　驾驶员反应延迟时间

飞行条件	反应延迟时间
在地面	1 秒(*)
在空中(<1 000 ft AGL)	1 秒(*)
手动飞行	1 秒(*)
自动飞行(>1 000 ft AGL)	3 秒

(*)如果需在正副驾驶员之间转换控制权,反应延迟时间为 3 秒。

试验通过在某一飞行阶段下模拟某功能失效且等待一定延迟时间后,对飞机姿态的变化按图4-10流程进行影响等级细分的定量判断。评判方法为:将某一飞行阶段下的滚转角、过载、俯仰角、空速、高度损失、迎角、下沉率等参数,与对应飞行阶段各类影响等级(Ⅳ~Ⅰ类)的定量判断指标比较,确定该失效状态在某飞行阶段的影响等级。最终按最严酷的飞行阶段影响对该失效状态的影响等级进行确认。

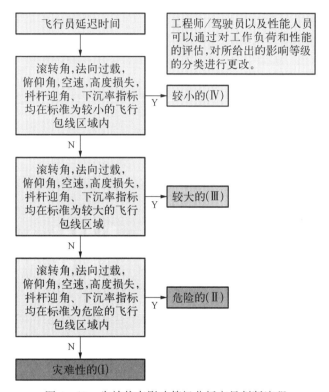

图4-10 失效状态影响等级分析定量判断流程

(2)驾驶员定性评估方法。

每项试验中,通过模拟发生功能失效且经过延迟时间后,驾驶员对飞机姿态变化进行纠正,并通过执行坡度转弯、推拉杆操作、侧风下操作等机动动作,从瞬态响应、操纵性、操纵力、飞机剩余操纵能力、工作负担等方面以检查单形式评估飞机继续安全飞行和着陆的能力,评估该功能失效状态对飞机和机组的影响。系统功能失效状态的影响要结合多次试验的结果、多名驾驶员的评价,以及通过工程人员对飞机剩余飞行能力的数据判定综合考虑。

5)飞行试验

飞行试验是真实确认SFHA的唯一手段,但限于成本、飞行安全等因素的考虑,不可能将所有可能的故障状态和极端状态点都通过飞行试验完整的确认。为了解决该问题,可有限地在工程飞行模拟器试验项目中挑选部分试验状态点,通过飞行试验数据与工程飞行模拟器试验数据的对比,确认工程飞行模拟器试验结果的真实性。

4.3.2　初步系统安全性评估(PSSA)

PSSA 在安全性评估中对系统设计起指导作用,提出系统安全性需求,并初步判定系统设计与安全性目标一致性。同时,PSSA 为系统提出需求并校验需求的合理性,自上而下为系统各个设备、部件分配故障率,直到分配到软件、硬件为止。在进行故障率分配时,采用故障树法自上而下进行分配。

在安全性评估过程中,可通过 PSSA 在系统设计初期有效判定系统架构是否满足安全性的要求,完善架构冗余,并针对共模故障减缓提出非相似、研制保障等级要求。

4.3.2.1　架构合格性要求

随着民用航空技术水平的提升,飞控系统由简单的机械传动发展为当前的电传飞控系统,系统集成程度越来越高,可实现的系统功能也越来越复杂。电传飞控系统在为民用航空带来革命性发展的同时,也直接为系统设计带来新的挑战,主要包括:

(1) 对于机械传动系统,不需要考虑共模故障导致系统完全丧失可用性的问题,但电传飞控系统计算机,特别是数字计算机,不能做到完全可测试、可分析,不得不考虑系统共模故障的问题。

(2) 对于机械传动系统,在解决颤振、闭环模态耦合的问题后,不需要过多考虑操纵面非指令性极偏/振荡问题,但对于电传飞控系统,同样是由于计算机不能做到完全可测试、可分析,计算机的运行在理论上存在一定的不确定性,需重点考虑操纵面的非指令性极偏/振荡故障。

为了既能发挥电传飞控系统的优势,又能有效遏制其带来的弊端,在设计电传飞控系统时需着重从架构的角度解决共模故障的问题。通常来说,安全的电传飞控系统架构,需满足以下几个要求:

(1) 满足定量指标要求。通过冗余手段,保证在部分电传飞控系统失效后,剩余部分仍然具有足够的控制能力,保证飞机继续安全飞行和着陆。

(2) 系统间的冗余协调匹配。在定量的安全性评估过程中,已综合考虑功能相关系统的影响。

(3) 具备非相似特征。通过非相似手段,防止所有包含复杂电子硬件的计算机同时失效。需要说明的是,现在已完全认可模拟计算机为简单硬件,即使采用的计算机完全相同,也不需要考虑共模故障的影响。

(4) 故障和对应的监控之间具备独立性,防止故障发生后,监控器不能有效隔离故障。为了有效实现其独立性,指令和监控之间通常采用非相似设计。

（5）复杂软/硬件的研制保障等级 DAL(包括 FDAL 和 IDAL)满足对应的安全性等级要求。

4.3.2.2　PSSA 执行过程

PSSA 是一个自上而下的分析方法,明确导致系统功能危害的可能故障,并明确满足 SFHA 提出的安全性需求的技术措施。

1) 定量指标分配

为满足顶事件定量指标要求,应针对故障树底事件合理分配定量指标;同时为了保证故障树中"与"门计算结果的可信度,要求故障树最小割集的底事件之间相互独立。

在开展 PSSA 的阶段,飞控系统已初步确定系统架构,针对 SFHA 可进行故障树分析,并依据经验数据对故障树分配定量指标和提出独立性要求。需要说明的是,在顶事件不满足要求的情况下,如果不能进一步降低底事件故障率,只能通过增加冗余等方式满足顶事件定量要求,而增加的冗余之间应相互独立。

以图 4-11 所示的故障树为例,简要说明了通过故障树分析分配 SFHA 安全性需求的过程。

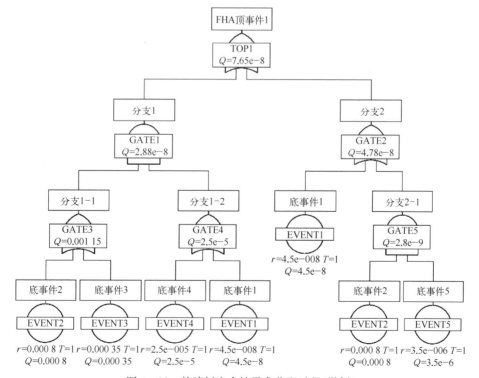

图 4-11　故障树安全性需求分配过程(举例)

通过故障树定量分析可知,在保证故障树底事件故障率合理的前提下,系统设计可以满足定量指标要求。但通过故障树分析亦可知,故障树中存在"与"门,需进一步对故障树最小割集中的"与"事件提出独立性需求。

最小割集的计算过程为逻辑运算过程,如下所示:

$$
\begin{aligned}
TOP1 &= (EVENT2 + EVENT3) * (EVENT4 + EVENT1) \\
&\quad + EVNET1 + EVENT2 * EVENT5 \\
&= EVENT2 * EVENT4 + EVENT2 * EVENT1 \\
&\quad + EVENT3 * EVENT4 + EVENT3 * EVENT1 + EVENT1 \\
&\quad + EVENT2 * EVENT5 \\
&= EVENT2 * EVENT4 + EVENT3 * EVENT4 \\
&\quad + EVENT1 + EVENT2 * EVENT5
\end{aligned}
$$

通过上述逻辑运算可得到表 4-4 所示的最小割集列表。

表 4-4　故障树最小割集列表

Num.	底事件编号	最小割集描述	阶　数
1	EVENT1	底事件 1	1
2	EVENT2 * EVENT4	底事件 2 底事件 4	2
3	EVENT2 * EVENT5	底事件 2 底事件 5	2
4	EVENT3 * EVENT4	底事件 3 底事件 4	2

综上所述,通过上述故障树分析及后续的最小割集分析,可得出安全性需求列表(见表 4-5)。

表 4-5　通过故障树分解的安全性需求列表

Num.	需　求　描　述
Rqmt. 1	底事件 1 的故障概率应小于 4.5×10^{-8}
Rqmt. 2	底事件 2 的故障概率应小于 8×10^{-4}
Rqmt. 3	底事件 3 的故障概率应小于 3.5×10^{-4}
Rqmt. 4	底事件 4 的故障概率应小于 2.5×10^{-5}
Rqmt. 5	底事件 5 的故障概率应小于 3.5×10^{-6}
Rqmt. 6	导致底事件 2 发生的故障诱因和导致底事件 4 发生的故障诱因应相互独立
Rqmt. 7	导致底事件 2 发生的故障诱因和导致底事件 5 发生的故障诱因应相互独立
Rqmt. 8	导致底事件 3 发生的故障诱因和导致底事件 4 发生的故障诱因应相互独立

上述分析过程分析了 SFHA 顶事件 1 的需求分解过程,而完整的分析过程包括对所有Ⅰ类、Ⅱ类 SFHA 条款的分析结果。

需要说明的是,故障树中的定量指标要求不仅局限于飞控系统本身,还应为接口系统提出定量指标要求。另外,独立性不仅反映在系统软硬件上,同时也反映到飞机设备安装上。软硬件设计方面的独立性要求通过共模分析(CMA)体现,安装方面的独立性可通过区域安全性评估(ZSA)及特殊风险分析(PRA)体现。相关分析过程详见本书第4.3.4节"共因故障分析(CCA)"。

综上所述,通过故障树提出安全性设计指标的步骤可归纳如下:

(1) 针对所有Ⅰ类、Ⅱ类SFHA顶事件建立故障树。

(2) 为故障树底事件合理分配定量指标要求,在不能满足要求的情况下,考虑为系统增加冗余或监控。

(3) 计算故障树的最小割集,提出底事件独立性需求。

2) 为系统分配研制保证等级DAL

随着复杂电子软、硬件引入民用飞机,原有的分析方法不能充分保证系统所有可能性都被覆盖到,因此引入研制保证等级的概念,从过程上充分保证覆盖系统所有可能性。本书第7.3节"系统研制保证等级"中描述了系统研制保证等级分配的原则和方法,本节基于第7.3节中描述的原则和方法举例说明FDAL及IDAL分配过程。

FDAL和IDAL分配基于SFHA中的故障危害等级,遵循自上而下的分配过程。在功能分配到子功能的过程中,FDAL和IDAL也应自上而下地分配。图4-12体现了FDAL和IDAL的分配过程。

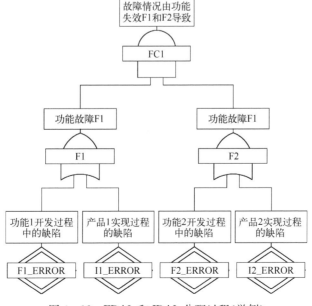

图4-12　FDAL和IDAL分配过程(举例)

以 FC1 为灾难级故障为例,则要求系统的 DAL 为 Level A。为了清楚表示各种分配情况的合理性,采用表 4-6 的形式进行分析。

表 4-6　FDAL 和 IDAL 分配分析(举例)

FDAL 分配		IDAL 分配		说　　明
F1	F2	I1	I2	
A	C	A	C	可接受
		B	B	不可接受,F2 Level C 和 I1 Level B 不能支持顶层功能 Level A 要求,同时 I1 Level B 不能支持 F1 Level A
		C	A	不可接受,F2 Level C 和 I1 Level C 不能支持顶层功能 Level A 要求,同时 I1 Level C 不能支持 F1 Level A
B	B	A	C	不可接受,F1 Level B 和 I2 Level C 不能支持顶层功能 Level A 要求,同时 I2 Level C 不能支持 F2 Level B
		B	B	可接受
		C	A	不可接受,F2 Level B 和 I1 Level C 不能支持顶层功能 Level A 要求,同时 I1 Level C 不能支持 F1 Level B
C	A	A	C	不可接受,F1 Level C 和 I2 Level C 不能支持顶层功能 Level A 要求,同时 I2 Level C 不能支持 F2 Level A
		B	B	不可接受,F1 Level C 和 I2 Level B 不能支持顶层功能 Level A 要求,同时 I2 Level B 不能支持 F2 Level A
		C	A	可接受

以上为针对一个故障顶事件的 IDAL 分配,在对所有 SFHA 中的失效状态的分析完成后,将对所有对应的 FDAL 及 IDAL 的最高要求合并后即为系统研制所需的 DAL 要求。

通常,飞控系统作为飞行关键系统,与保证飞行安全相关的 DAL 均为 A 级。另外,为了证明独立性满足相应等级要求,也将付出很大代价。

4.3.2.3　总结

综上所述,PSSA 的主要工作目的是分析系统顶层安全性指标,为系统设计提出安全性需求,并且确认系统设计能满足系统安全性要求。PSSA 与系统架构设计紧密结合,架构更新后需重新执行 PSSA 过程,因此 PSSA 是与系统设计迭代最频繁的过程。

4.3.3　系统安全性评估(SSA)

4.3.3.1　安全性验证

安全性验证的任务是明确系统设计满足安全性顶层要求,验证该系统在 PSSA

和 CCA 中提出的安全性需求已得到满足,包括:

(1) 系统的定量指标满足要求(对应故障影响等级的定量指标要求和千分之一判据)。

(2) 保证系统安全性必需的独立性要求,包括设备研制独立性、设备安装独立性、能源独立性等要求及共因故障分析结果等。

(3) 系统实现过程的 FDAL 及 IDAL 等级要求。

综上所述,安全性确认和安全性验证工作的差异主要体现在:

(1) 安全性确认主要目的是保证 SFHA 及基于此在 PSSA 分解出的安全性需求的正确性。

(2) 安全性验证主要目的是验证系统设计确实符合安全性设计要求。

4.3.3.2 安全性评估过程

系统安全性评估(SSA)的评估对象为已建立的系统,其过程和初步系统安全性评估过程相似,但分析对象和目的不同,初步系统安全性评估的分析对象为构思中的系统,分析目的是验证各种已提出的需求得到满足,而系统安全性评估的分析对象和分析目的如下:

1) 对已知故障情况建立故障树,明确故障发生机理

以 FMEA 和 FMES 为基础,建立系统安全性评估(SSA)故障树,故障树中的底事件均可在 FMES 中得到。FMEA 中包括设备可能出现的所有形式的故障,在对 FMEA 底事件进行归纳时,应将设备造成相同影响的故障归为同一类,即 FMES,故在 FMES 中包含了各种类型的故障影响。较低层次的 FMES 经过分析、拓展后,即可成为下一层次分析的 FMEA。

在 PSSA 中,定性、定量需求一直划分到零部件中,PSSA 中的最底层需求无须建立故障树。与 PSSA 不同的是,SSA 中建立的故障树从最底层开始建立。建立故障树的顶事件为系统在 PSSA 中提出的除零部件级外的最底层需求。在最底层故障树建立完成后,逐步向上拓展,直到最顶层需求为止。

2) 通过故障树确认定性和定量需求已得到满足

在各个层次需求中,定量需求主要是确定故障率,定性需求包括是否存在单点故障等。在故障树建立完成后,通过求最小割集可了解到是否存在单点故障,最小余度也可从最小割集求出。通过计算故障率,求出该层次顶事件发生的概率,检查系统是否满足定量需求。

在进行安全性评估时,并非所有定量指标必须严格保证满足定量要求,如果系统的故障率超出不多,可认为满足定量设计指标。

为了简化定量分析工作,其安全性评估过程通常较为保守,主要体现在以下几个方面:

(1) 以保守的方法简化故障树。

(2) 在统计故障树底事件故障概率时,采用保守的方法确定定量指标,特别是

针对电子元器件,通常以平均故障间隔时间(MTBF)的倒数和作为某一特定故障模式的故障概率。

(3) 相关接口专业在统计接口数据故障概率时较为保守。

(4) 飞控系统部分 SFHA 条款故障影响等级偏高,如丧失方向舵偏航控制功能定义为Ⅱ类故障。

(5) 为了便于分析 EWIS 独立性,飞控专业在建立故障树时,以 EWIS 线束和 EWIS 连接器作为故障树底事件的基本单位,对于走相同路径的 EWIS 电缆(同一捆线束)使用相同的故障树底事件,线束内任一电缆失效概率为线束内所有线束失效概率之和。

通过上述说明可知,飞控系统的定量故障树分析是极为保守的,其目的是确保分析过程及分析结果具有较高可信度。

另外,AC25.1309 - 1A 和 AC25.1309 - 1B 均对故障树定量指标作了要求,均采用了"the order of",主要强调定量指标的数量级,而将系数放在其次。原文如下:

c. Quantitative Probability Terms. When using quantitative analyses to help determine compliance with §/JAR 25.1309(b), the following descriptions of the probability terms used in this requirement and this AC/AMJ have become commonly accepted as aids to engineering judgment. They are expressed in terms of acceptable ranges for the Average Probability Per Flight Hour.

(1) Probability Ranges.

(i) Probable Failure Conditions are those having an Average Probability Per Flight Hour greater than of the order of 1×10^{-5}.

(ii) Remote Failure Conditions are those having an Average Probability Per Flight Hour of the order of 1×10^{-5} or less, but greater than of the order of 1×10^{-7}.

(iii) Extremely Remote Failure Conditions are those having an Average Probability Per Flight Hour of the order of 1×10^{-7} or less, but greater than of the order of 1×10^{-9}.

(iv) Extremely Improbable Failure Conditions are those having an Average Probability Per Flight Hour of the order of 1×10^{-9} or less.

不仅如此,AC25.1309 - 1A 和 AC25.1309 - 1B 均以粗实线划分的区域区分故障树定量指标要求的可接受性,明确指出故障树的定量分析结果不强调系数,而重点强调数量级,如图 4 - 13 所示。

根据型号研制经验,在与 CAAC 和 FAA 讨论后,局方与设计团队制定了以

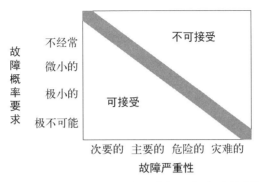

图 4 - 13　AC25.1309 - 1B 定量指标要求(粗实线判据)

下原则:对于系统的失效状态定量概率分析结果略超出 SFHA 的规定值的情况(量级相同,系数差别 2.5 倍以内),在保证故障树分析足够保守的情况下,亦可接受。

3) 通过定量分析确认一些隐性故障的维修间隔时间已得到满足

在执行 SSA 时,已得到所有实际故障概率。由于维修间隔时间通常比较长,故隐性故障的发生概率通常比较大。

在计算隐性故障维修间隔时间时,需要建立完整的故障树,即从底层故障树到最顶层故障树。在同一棵故障树中可能存在多个隐性故障,当此类故障要求的维修间隔时间一致时,需要对故障树进行解算,具体步骤如下:

(1) 检查同一棵故障树中包含隐性故障的数量。

(2) 假设维修间隔时间为 T,隐性故障每飞行小时故障概率为 $r_1,r_2,r_3\cdots$,则隐性故障在维修间隔时间内的故障概率为 $T*r_1,T*r_2,T*r_3\cdots$

(3) 将维修间隔时间内的故障概率代入故障树中,建立计算表达式,求维修间隔时间 T。

如故障树分析以图 4 - 14 所示的故障树为例,该故障树包含 3 个隐性故障 A,C,F。

通过以上故障树可以建立如下故障率表达式:

$$(r_4 + T*r_5)*T*r_3 + r_2 + T*r_1 < 10^{-n}$$

在该表达式中,仅有维修间隔时间 T 为未知量,通过解算一元二次不等式可以得到最大维修间隔时间。通过线性分析,当维修间隔时间越大时,顶事件的故障概率也越大,而一元二次方程中存在两个根,由于系数均为正,一个根必定为负,在工程上负根是不存在的,正根是欲求的最大维修间隔时间。

以上仅是一元二次不等式的例子,在有更多隐性故障的情况下,可能出现阶数更高的一元多次不等式,由于系数均为正,故在 $(0,\infty)$ 范围内,一元多次不等式为一个增函数,而当 $T=0$ 时,$r_i + \cdots + r_m < 10^{-n}$,不等式满足(假如不满足,则系统

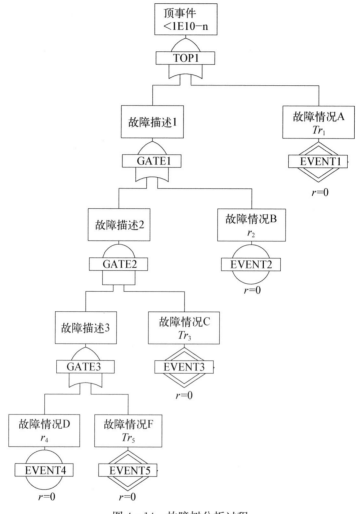

图 4-14 故障树分析过程

设计不满足要求),故在(0,∞)范围内必定存在一个正实根。假设一元多次不等式
的最大根为 T_m,则维修间隔时间取 $(0, T_m)$ 均能满足要求。也就是说,对于存在
多个解的情况,其中最大的正根即为所求的最大维修间隔时间。

   需要指出的是,维修间隔时间需要留有一定余量,例如取常数 0.67,则最终确
定的维修间隔时间可确定为 $0.67T_m$。

   在计算出维修间隔时间后,以 SSA 维修间隔时间与需求中的维修间隔时间比
较,确认是否满足要求。

   4) 确认研制保证等级(DAL)符合需求

   DAL 研制保证等级是 PSSA 中根据设备最严酷故障情况对系统乃至全机带来
的影响程度确定的。在安全性评估 SSA 阶段,通过检查软、硬件的研制过程,确保

系统设计已按照规定或不低于要求的 DAL 开展系统研制。

5）确认各项需求满足 CCA 和系统功能中提出的需求

检验系统需求文件和 CCA 中提出的各项需求已经得到满足。系统需求文件对系统提出了各项技术指标，在系统满足各项技术指标后，飞机才能具备充分的性能指标以完成各项任务。CCA 包含 PRA、ZSA 和 CMA，在 CCA 中的需求，通常是在飞机设计过程中提出的，该需求主要集中在安装、防护上。

通常使用四种方法确认各项需求，即测试、分析、示范证明和目击检查。在确认过程中，有时某种方法可能不能达到确认目的，而需要多种方法结合进行。如对冗余的确认，首先需要通过分析了解冗余的结构、原理，再通过目击检查确认安装、防护。

4.3.4　共因故障分析(CCA)

共因故障分析包括 3 个方面：

（1）特殊风险分析(PSA)：关注飞机可能遇到的特定风险，如转子爆破、鸟撞、火山灰等。

（2）区域安全性评估(ZSA)：关注设备安装环境。

（3）共模分析(CMA)：关注系统研制过程及故障树最小割集事件之间的独立性。

4.3.4.1　特殊风险分析(PSA)

特殊风险分析的研究对象为系统和设备外的一些危险源，但这些危险源将直接影响到飞机飞行的安全性，成为灾难级或危险级的单点故障。

特殊风险分析与区域安全性评估的区别在于，特殊风险分析的危险源的影响范围不受区域限制，而区域安全性评估中的危险源通常只局限在指定的区域内。典型的危险源包括：

（1）区域/设备起火。

（2）高能器件。

a. 发动机转子爆破。

b. 风扇。

c. 高压筒。

（3）冰雹、机翼结冰、下雪。

（4）鸟撞。

（5）轮胎爆破。

（6）闪电防护。

（7）HIRF。

在整个飞机研发过程中都应进行特殊风险分析，在对已有机型进行修改时，也必须严格执行。在飞机设计的最初阶段，PSA 建立在模型、图纸上，随着研制过程的进展,可供利用的资源与信息越来越多,建立的模型会更加精确。在资源、信息的采用上能够利用的信息都应该加以利用。

在列出所有危险源后,应分别对每个危险源单独进行分析。分析的最终目标为确保所有危险都得到解决,或者这些危险都处于可以接受的范围内。

特殊风险分析必须建立在危险源的模型和相应假设上。例如发动机转子爆破,必须明确转子碎片(包括叶片)被高速甩出后,碎片的运动轨迹和能量分布。假设转子在运动时无阻碍运动,如碎片打到某个设备或蒙皮上时,设备和蒙皮不会阻碍转子碎片的运动,能量分布只与建立的模型有关,在碰到设备和蒙皮后能量不会发生突变。

由于现代飞机系统众多,在进行特殊风险分析时,必须经过分析和综合的过程。根据所确定的模型和假设分析各系统在该种危险源下对系统造成的影响,进而检查该故障模式对飞机造成的影响,最后提交给相关部门,由该部门汇总各系统提交的故障影响,综合分析在该故障模式下影响是否处于可接受的范围内。如不可接受,则进行设计更改。

4.3.4.2　区域安全性评估(ZSA)

以往在进行系统安全性评估时,严重忽略了由于物理安装导致的独立性问题。因此,提出了一种能够评估在同一区域内相邻设备相互影响的方法,即区域安全性评估(ZSA)。

在进行区域安全性评估时,首先将飞机划分为一些特殊的区域,其目标是确保设备安装满足基本安装、系统接口和维护等需求。当确定存在某个安全隐患时,需要着重对该故障隐患进行分析,在评估中确定该故障隐患是否处于可接受的范围内,若评估结果显示该故障隐患处于不可接受的状态,则需要对系统或安装进行重新设计。

新设计的飞机,或者对已有机型或新机设计方案进行重大修改时,都需要对飞机做区域安全性评估。区域安全性评估贯穿于飞机设计全过程,在不同设计阶段,都应对正在进行的和已完成的设计进行评估,确定在该阶段是否满足区域安全性需求。区域安全性评估是确定系统提需求,同时也是验证系统结构合理性的手段之一。

区域安全性评估的输入条件包括系统结构、系统的安装情况,其输出是为进行PSSA所确定的需求,同时为SSA报告提供素材。

1)区域划分

区域划分后就开始进行区域安全性评估,区域划分对后续区域安全性评估的评估复杂度、评估精度产生直接影响。划分区域过多,势必降低评估的准确度,导致一些潜在故障源被忽略;划分的区域过少,会大大增加工作负担和工作难度,导致一些潜在故障未被发现。故在划分区域时,应在保证清晰明了的情况下,尽量保证区域包含更多的信息量。通常按照物理区域划分,例如前货舱、后货舱、E/E舱都可以划分为单独的区域,机翼等也可作为整体进行检查。

　　在进行区域安全性检查时,由于检查局限在划分的区域内,在相邻区域的边界上,必须对设备之间的相互影响进行分析。在进行区域安全性评估时,需要对边界附近的设备单独进行分析,除非能确定区域边界附近的设备不存在不同区域设备之间相互影响的危险源,或危害处于可接受的程度。对区域边界验证并不严格,因为在共模故障分析中,所有Ⅰ类和Ⅱ类故障中的"与"事件都需进行分析,检查危险源是否能同时危害到"与"事件中的底事件。若能避免Ⅰ类和Ⅱ类故障的"与"事件同时被触发,则该种安装可以被接受。

　　图4-15给出了一个飞机区域划分的例子。

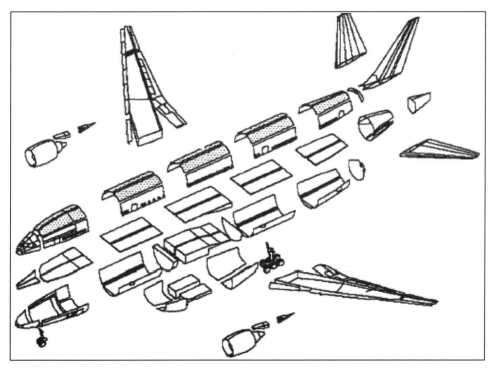

图4-15　区域划分举例

　2) 区域安全性评估过程

　执行区域安全性评估确保系统设计和安装满足以下安全性目标:

　(1) 准备设计、安装准则。

　设计、安装准则是飞机进行区域安全性检查的依据,必须逐步对安装进行检查。新型号研制,进行区域安全性评估首先应确定设计、安装准则。而针对飞机的衍生系列,尽量采用原型号飞机的设计、安装准则,减少出现新的不可预知问题的可能性。

　设计、安装准则需要分析各个等级的需求和PSSA中的各种考虑和假设,同时充分考虑维修的各种需求。由于 ZSA 与 PSSA 均为循环迭代过程,故两者互为输入。

（2）检查区域内设备的安装。

确定用于区域安全性评估的设计、安装准则后,应检查该区域内设备的安装情况。在该步骤中,设备安装的安全性,例如设备离高压管路太近,在高压管路爆裂后是否会冲击该设备,或者高压的气体或液压油是否会腐蚀该设备等情况。还需要检查每一设备是否易于维修,包括拆装和维护过程中的目视检查。飞机上的每一设备通常都安装有维护口盖,在设备确定好安装位置后,只需检查通过维护口盖检查设备的可达性,只要不出现难于接近设备或者在接近设备时可能会影响其他设备的情况均可接受。

在进行安装检查的过程中,为了防止出现漏检的情况,首先需要确定该区域内的所有危险源,然后逐一确定各危险源对设备影响的情况。危险源主要包括高压管路、腐蚀性气体和液体、高能设备、运动件（如钢索）等。在确定了各种危险源后,依次检查各危险源对该设备会造成影响的程度,在检查出某危险源可能成为该设备的故障隐患后,提出解决方案。

（3）检查系统/设备接口。

对区域内设备安装情况检查后,将在每个区域内检查设备之间的接口情况。根据系统/设备功能与系统框架进行检查不能仅靠目击检查,需要查阅安装图、样机和设备之间的通信等资料,在确定设备的故障时,还需要参考 FMEA 和 FMES 等文件。

在进行设备安装时,具有软件的设备应尽量避免将相互存在接口关系的设备安装在同一区域中,只有在无法避免的情况下才安装在同一区域中。

检查系统/设备接口时,其检查步骤与检查区域内安装的步骤相似。检查步骤如下:

a. 确定区域内所有设备,并依次序进行编号。

b. 选取序号中的首个设备,确定区域内所有在功能上与该系统存在接口关系的设备。

c. 假设该设备故障,检查该故障对存在接口的设备造成的影响。当确定出该设备故障对某个存在接口的设备有影响时,需要确定该故障影响在可接受的范围内,否则需要重新对设备进行设计。记录接口存在影响的设备。

d. 选择下一个设备,直到该区域内所有设备均已检查完毕。

e. 分析结果,对于存在接口的设备,还需分析受影响设备对接口设备的影响,如 A 设备会对 B 设备造成影响,B 设备会对 C 设备造成影响,如此类推。虽说 A 设备与 B 设备之间的故障可接受,B 与 C 设备之间也可接受,但经过综合后则需要重新评判。需要一直分析下去,直到确定出最后一个设备在被影响后不会对其他设备造成影响为止。

4.3.4.3　共模故障分析(CMA)

共模故障分析贯穿于安全性评估的全过程,是一种定性分析方法,目的在于确定系统满足独立性需求。共模故障分析的对象包括从系统到软硬件单元的各个层次,并分析软硬件单元是如何嵌入更高层次中去。由于共模故障分析是一种定性分析方法,所以工程设计经验占有非常重要的位置,没有明确的共模故障分析的指标衡量系统设计的质量。

共模故障分析的输入来源于 SFHA 和 PSSA。SFHA 为 CMA 提供顶层故障影响,PSSA 为 CMA 提供分析素材。在 PSSA 中存在很多"与"事件,这些"与"事件就是共模故障分析的目标。这可以通过检查 PSSA 中的故障树将所有"与"事件列成清单,确定清单中的底事件具有独立性。CMA 的目的就是确定所有冗余和监控都满足独立性原则。例如某项功能和针对该功能的监控器需要相互独立,具有相同软件、硬件的组件(冗余)不能因为同一故障而导致该项功能丧失。

共模故障的核心工作包括以下三个方面,如图 4-16 所示。

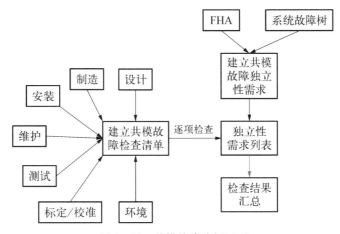

图 4-16　共模故障分析过程

(1) 建立检查清单。

(2) 确定 CMA 需求。

(3) 根据检查清单分析设计的系统并提交检查结果,确定符合性。

4.4　一个子系统的安全性评估实例——升降舵控制系统

4.4.1　系统设计输入

飞控系统需要实现的功能是系统基本架构的输入条件,同时在后续控制律设计之前提出基本的接口信号需求。

飞控系统在俯仰轴上需要实现的功能如下:

（1）驾驶杆俯仰控制：驾驶员操纵驾驶杆发出控制信号，该信号经过控制律运算，发出升降舵偏转指令实现飞机的俯仰姿态控制。

（2）俯仰人工配平：驾驶员操纵俯仰配平开关发出控制信号，控制水平安定面偏转，实现俯仰姿态控制与配平。此功能仅在地面状态和降级模式下可用。

（3）俯仰自动配平：为减轻驾驶员的工作负荷，飞控系统提供俯仰自动配平功能，驾驶员在松杆状态下保持飞机的俯仰姿态，且实现飞机在空速变化、构型变化或推力变化的情况下，驾驶员无须操纵驾驶杆就可以通过升降舵的偏转保持飞机的俯仰姿态。

由于系统故障可能导致飞控系统或接口信号不完整，飞控系统可以设置两套或两套以上控制律，考虑到过多的控制律模式可能导致驾驶员出现人为因素错误，因此通常只设置两套控制律，一套为全功能、高品质的控制律模式，另一套为最简单、保证飞行安全的降级模式控制律模式。

4.4.2　基本架构

根据飞控系统需要实现的功能，假设选择如图 4-17 和图 4-18 所示的基本架构。图 4-17 所示为正常模式下的升降舵控制，系统通过传感器将驾驶杆位移转化为电信号指令，FCC 用于运算正常模式的增量增益，并叠加到 P-ACE 主控制路径中，实现对升降舵的控制。

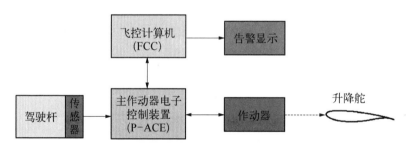

图 4-17　飞控系统基本架构（正常模式）

图 4-18 为直接模式下的升降舵控制，系统通过传感器将驾驶杆位移转化为电信号，P-ACE 根据简单的飞机构型信号计算升降舵控制指令，实现对升降舵的控制。

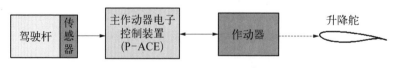

图 4-18　飞控系统基本架构（直接模式）

4.4.3　安全性设计输入

SFHA 为系统安全性提出了顶层设计要求，与升降舵控制相关的部分 SFHA

如表 4-7 所示。

表 4-7 升降舵控制 SFHA

故 障 描 述	飞 行 阶 段	故 障 编 号	影 响 等 级
丧失两块升降舵	T,F1-F4,L	27-F02-01	灾难性的 I
丧失一块升降舵俯仰控制	T,F1-F4,L	27-F02-02	较大的 III
一块升降舵卡阻	T,F1-F4,L	27-F02-03	较大的 III
一块升降舵急偏或振荡超过可接受限制	T,F1-F4,L	27-F02-04	灾难性的 I
一块升降舵丧失颤振抑制能力	T,F1-F4,L	27-F02-05	灾难性的 I

如图 4-17 和图 4-18 所示,在基本架构中,系统设计无冗余、无监控。根据经验,设备的可用性、完整性指标预估如下:

(1) 驾驶杆:

可用性:1×10^{-6}。

完整性:$< 1 \times 10^{-9}$。

卡阻:1×10^{-7}。

(2) 驾驶杆单个 RVDT:

可用性:1×10^{-4}。

完整性:1×10^{-6}。

(3) 飞控计算机 FCC:

可用性:1×10^{-4}。

完整性:1×10^{-5}。

(4) 作动器电子控制装置 P-ACE:

可用性:1×10^{-4}。

完整性:1×10^{-6}。

(5) 作动器:

可用性:5×10^{-5}。

RAM LVDT(线性可变差动传感器 linear variable differential transformer)完整性:1×10^{-6}。

卡阻:1×10^{-7}。

4.4.3.1 安全性需求分析

(1) 一块升降舵急偏或振荡超过可接受限制,I 类。

由于升降舵急偏/振荡超过可接受限制为灾难级故障,因此系统发生该故障的故障率必须小于 1×10^{-9}。图 4-17 所示的基本架构,驾驶杆旋转可变差动传感器(RVDT)故障、FCC 故障、P-ACE 故障、作动器故障以及接口信号故障均有可能导致升降舵发生急偏或非指令振荡。

通过图 4-19 单块升降舵急偏/振荡故障树分析可知,基本架构设计不能满足升降舵急偏/振荡的要求,在基本架构基础上还应为飞控系统设计提出以下安全性设计需求:

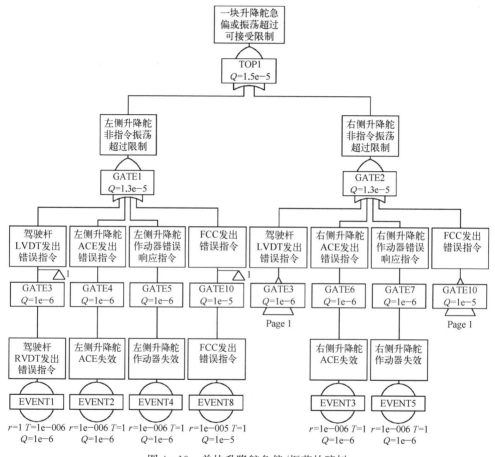

图 4-19 单块升降舵急偏/振荡故障树

需求 1:飞控系统应为驾驶舱输出 RVDT 设置比较监控,确保信号输出的完整性,并且 RVDT 信号应保持相互独立。

需求 2:飞控计算机 FCC 至少应设计两个相互独立的支路,且两个支路之间相互独立。

需求 3:作动器电子控制装置 P-ACE 至少应设计两个相互独立的支路,且两个支路之间相互独立。

需求 4:远程电子终端至少应设计两个相互独立的支路,且两个支路之间相互独立。

需求 5：飞控系统应为作动器控制设计监控器，确保作动器能准确按照指令工作，在作动器不能正常工作时，监控器应切断故障作动器工作。

需求 6：飞控系统应为接口输入信号设置监控，在接收到的信号无效或错误时，监控器应剔除故障信号。

（2）损失一块升降舵俯仰控制，Ⅲ类。

损失一块升降舵俯仰控制为Ⅲ类故障，定量故障率要求小于 1×10^{-5}。驾驶杆故障、驾驶杆 RVDT 故障、P-ACE 故障、作动器故障均有可能导致控制通道失效。

通过图 4-20 单块升降舵失效故障树分析可知，升降舵 P-ACE、作动器不能满足冗余度要求，需通过增加冗余度提高升降舵控制的可用性。为此提出以下需求：

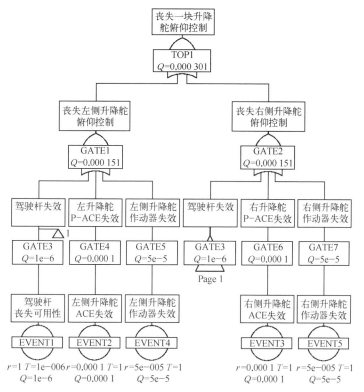

图 4-20 单块升降舵失效故障树

需求 7：同一块升降舵应设置冗余通道。

需求 8：升降舵各控制通道之间应相互独立。

（3）损失左、右升降舵，Ⅰ类。

损失左、右升降舵俯仰控制为Ⅰ类故障，定量故障率要求小于 1×10^{-9}。系统损失一块升降舵的定量要求小于 1×10^{-5}，只需保证左右升降舵相互独立，可满足定量要求。

需求9：左、右升降舵俯仰控制应相互独立。

需求10：驾驶杆应采用冗余设计，且两个驾驶杆之间应相互独立。

（4）一块升降舵卡阻，Ⅲ类。

根据预估的故障率，单个升降舵卡阻的故障率约为 1×10^{-7}，可满足Ⅱ类故障定量要求。

（5）一块升降舵丧失颤振抑制能力，Ⅰ类。

可以通过动刚度或阻尼实现升降舵的颤振抑制。根据预估的故障率，在实现冗余的情况下，单个升降舵失效的故障率约为 1×10^{-7}，不能满足丧失颤振抑制能力的Ⅰ类故障定量概率要求，因此在丧失动刚度的情况下，还需要作动器设置阻尼。

需求11：在升降舵作动器不能有效提供刚度时，作动器应为升降舵控制提供独立的阻尼。

4.4.3.2　安全性需求落实

在系统设计过程中，需将安全性需求反馈到系统设计过程中，根据前一节所述，实现所罗列的系统安全性需求从需求1到需求11，将逐步扩充和完善系统架构，系统架构完善后，如图4-21和图4-22所示。

需要说明的是，系统设计与安全性设计是一个迭代的过程，在完成图4-21和图4-22所示的系统架构后，需重新放到安全性评估过程中进行安全性评估，若不

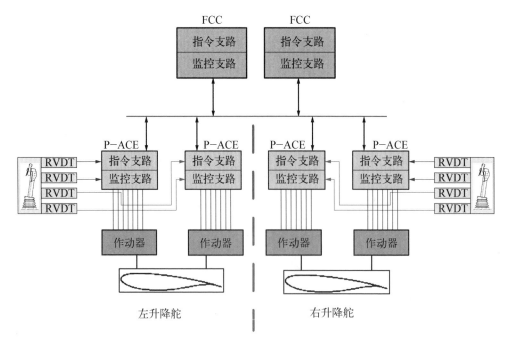

图4-21　完善后升降舵控制架构（正常模式）

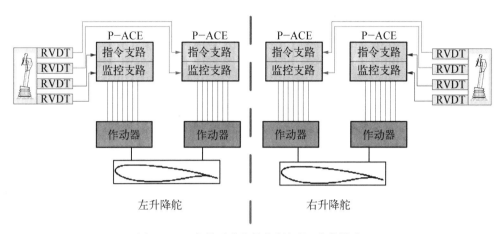

图 4-22 完善后升降舵控制架构（直接模式）

能满足安全性目标，系统架构将进一步更新、迭代。

5　飞控系统设计及其布置和安装

飞控系统设备类别繁杂,包括与驾驶员紧密相关的驾驶舱操纵器件,设计研制保证等级要求非常高的飞控计算机、作动器控制电子等复杂电子硬件,以及与载荷、强度、操稳紧密相关的操纵面作动设备,襟/缝翼系统的动力与传动装置等。涉及学科众多,体现了飞控系统的高度综合性和复杂性。由于飞控计算机、作动器控制电子等复杂电子硬件与系统架构关联性相对较高,在第3章有相应的介绍,本章节主要对机械设备的设计进行介绍。

5.1　驾驶舱操纵器件设计

5.1.1　操纵器件分类

飞控系统驾驶舱操纵器件主要包括:

（1）驾驶杆/盘/侧杆。

（2）脚蹬。

（3）减速板手柄。

（4）襟/缝翼手柄。

（5）方向舵配平开关。

（6）副翼配平开关。

（7）水平安定面配平开关。

（8）水平安定面配平切断开关（按需配置）。

这些操纵器件的设计和布置要具有良好的人机功效,尽量减轻驾驶员的操纵负荷,各操纵器件的设计要具有良好的辨识特征,防止驾驶员误操作。操纵器件的机构设计尽可能的简单,减小传动间隙,便于设备安装。

ARJ21-700飞机除了配置了以上常规的操纵手柄和开关外,还配置了地面扰流板解除开关以及襟/缝翼超控开关。

ARJ21-700飞机为发动机尾吊布局,若出现地面扰流板错误地在空中被打开,则将影响发动机的进气通道。因此,专门设置了地面扰流板解除开关,通过操作此开关,将地面扰流板一键收回。

襟/缝翼超控开关能够在襟/缝翼手柄发生故障时,将缝翼下放,将襟翼下放到三卡位,保证飞机的安全着陆。ARJ21-700飞机中央操纵台飞控系统设备布置如图5-1所示。

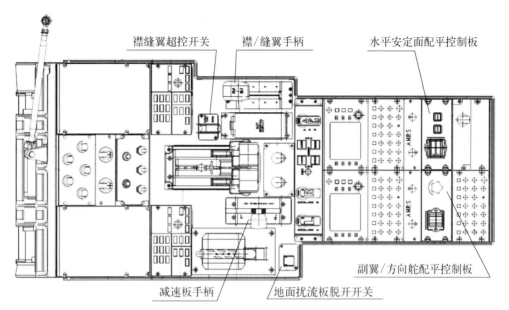

图5-1　ARJ21-700飞控系统操纵器件在中央操纵台上的布置

俯仰、滚转轴的操纵主要有杆盘式操纵和侧杆操纵两种方式,国际上波音系列飞机都采用杆盘式操纵,空客飞机一般采用侧杆操纵,无论是驾驶杆/盘还是侧杆操纵,对于飞机的操纵都是可用的,二者的主要特点详见本书第3.5.3节"驾驶杆/盘与侧杆的选择"。

驾驶舱操纵器件的设计和布置主要来自相关条款,以及驾驶员的操作舒适性的要求(驾驶员参与操纵器件的设计)。适航条款CCAR25.777(a)(c)(e)明确规定了关于驾驶舱操纵器件位置的要求:

(a) 驾驶舱每个操纵器件的位置必须保证操作方便并防止混淆和误动。

(b) 操纵器件相对于驾驶员座椅的位置和布局,必须使任何身高158厘米(5英尺2英寸)至190厘米(6英尺3英寸)的(按CCAR25.1523规定的)的最小飞行机组成员就座并系紧安全带和肩带(如果装有)时,每个操纵器件可无阻挡地作全行程运动,而不受驾驶舱结构或最小飞行机组成员衣着的干扰。

(c) 襟翼和其他辅助升力装置的操纵器件必须设在操纵台的上部,油门杆之后,对准或右偏于操纵台中心线并在起落架操纵器件之后至少254毫米(10英寸)。

因此在进行操纵器件的外形设计和布置时要对条款有针对性的研究。

驾驶杆相对地板的高度,向前操纵的极限位置应予以严格控制,驾驶杆与前仪表板必须保持足够的距离,防止触碰、遮挡。

驾驶盘相对地板的高度以及驾驶盘的半径要合理设计,既要保证对前仪表板无遮挡,也要防止驾驶盘在后极限位置时触碰驾驶员的腹部或腿部。

中央操纵台上每个操纵器件的外形要有明显的区别,以防止混淆和误动。适航条款 CCAR25.777(e)对飞控系统襟/缝翼操纵手柄的位置作了明确的要求。因此在进行操纵台的布置时要在充分理解条款要求的基础上,广泛调研典型机型的布置,合理布置襟/缝翼操纵手柄。

5.1.2　驾驶舱操纵器件

驾驶舱操纵器件是驾驶员与飞机交互的介质,适航要求作为飞控系统驾驶舱操纵器件设计的最基本要求,已经远远不能满足人们对现代民用飞机高品质的要求,为此在驾驶舱整体设计思想的基础上引入人机工程学的概念,综合考虑驾驶员、飞机和环境的影响,力求操纵器件简洁易控,以提供舒适的操作感觉,飞控系统驾驶舱设计一般从如下几个方面进行考虑:

(1) 操纵器件色彩设计应符合型号飞机驾驶舱整体的设计要求。

(2) 各操纵器件的外形设计要具备良好的人机工程学,使得驾驶员容易握持操纵。

(3) 中央杆盘的操纵力反馈应充分考虑人机工程学,避免出现杆盘力过大或过小,操纵力太大可能给驾驶员带来额外的体力负荷,感觉飞机对操纵的反应迟钝;操纵力太小可能导致误操作而引发意外或感觉飞机对操纵的反应过于灵敏。

(4) 副翼配平、平尾配平和方向舵配平需要配套提供配平位置的指示,让机组感知配平器件的操纵。

(5) 其他开关在设计时,应从机械位置、指示灯等方式上提供一定的反馈,如开关接通后可提供指示灯,或提供目视位置变化设计,让机组感知操纵器件的操纵。

(6) 驾驶舱内的操纵器件,表面应圆润,不能出现尖锐突起的部位,防止给舱内人员身体带来伤害。

(7) 驾驶杆/盘/侧杆、脚蹬机构设置必要的中立定位装置,以便设备安装、系统维护。

5.1.2.1　驾驶杆/盘/侧杆

不论是侧杆还是中央杆盘式操纵,实现飞机俯仰和滚转操纵的驾驶舱操纵器件都成为一个整体。

ARJ21-700 飞机驾驶杆操纵机构主要包括驾驶杆组件、推拉杆、升降舵模块、升降舵脱开机构、脱开机构扭力管等组件,如图 5-2 所示。驾驶员的俯仰操纵通过拉杆传递给升降舵模块,升降舵模块内部设有力感弹簧,给驾驶员提供操纵感觉力;模块内部同时设置有位移传感器 RVDT,将驾驶员的操纵位移信息转化为电信号,作为升降舵控制的驾驶员操纵指令发送给飞控计算机进行解算。模块的内部结构如图 5-3 所示。

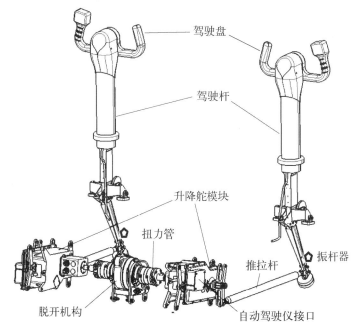

图 5-2 ARJ21-700 飞机驾驶杆操纵机构示意图

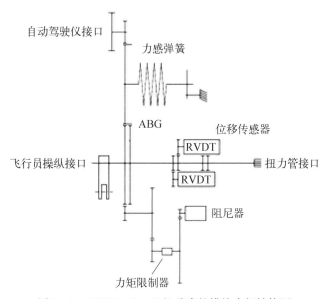

图 5-3 ARJ21-700 飞机升降舵模块内部结构图

脱开机构将左侧驾驶升降舵模块和右侧驾驶升降舵模块通过扭力管连接在一起,实现正副驾驶员的驾驶杆联动。当左侧驾驶杆操纵机构发生卡阻故障时,副驾驶员加大操纵力,使驾驶杆的操纵力大于脱开机构的连接力,使得左右侧脱开机构脱开,副驾驶员能够继续操纵非卡阻侧的系统,实现飞机的安全操纵。

驾驶杆机构上安装振杆器,当飞机接近失速状态时,向驾驶员提供振杆告警,同时自动驾驶仪通过升降舵模块提供推杆作用,以实现失速保护功能。

驾驶盘操纵机构基本原理与驾驶杆操纵机构类似,在此不再赘述。

侧杆与驾驶杆/盘机构功能类似,也是为驾驶员控制飞机的俯仰和滚转姿态而设置的操纵器件,其设计集成度高,操纵相对中央杆/盘更为舒适,拆装更为容易,详见本书第3.5.3节"驾驶杆/盘与侧杆的选择"。

5.1.2.2　脚蹬

ARJ21-700飞机脚蹬操纵机构主要包括脚蹬组件、方向舵模块、方向舵配平作动器等组件,如图5-4所示。驾驶员的脚蹬操纵通过拉杆传递给方向舵模块,方向舵模块内部设计与升降舵模块相似,通过力感弹簧给驾驶员提供操纵感觉力,模块内部同时设置有位移传感器RVDT,将驾驶员的操纵位移信息转化为电信号,作为方向舵控制系统的驾驶员操纵指令发送给飞控计算机进行解算,作为方向舵控制系统的驾驶员输入指令。

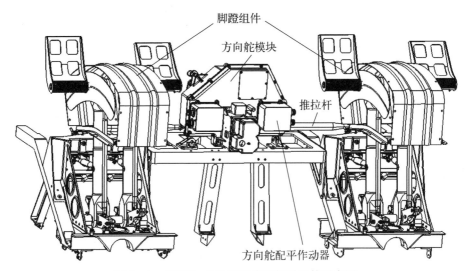

图5-4　ARJ21-700飞机脚蹬操纵机构示意图

脚蹬操纵机构的方向舵模块提供了方向舵配平接口。驾驶员通过设置在中央操纵台的方向舵配平开关操纵方向舵配平作动器,配平作动器通过齿轮传动直接驱动方向舵模块,实现航向配平。

5.1.2.3　襟/缝翼控制手柄

襟/缝翼控制手柄(FSCL)是襟/缝翼系统在座舱内的操纵器件,用于控制襟翼和缝翼的伸出和收回,FSCL通常安装在中央操纵台上。

襟/缝翼操纵手柄一般由握杆、传动齿轮系、卡挡机构、力感单元、传感器等部分组成。驾驶员操纵握杆,通过齿轮系将机械位移传递给传感器,传感器将机械位移信号转换成电信号输送给飞控计算机。力感单元为驾驶员提供操纵感觉力。卡位机构是为防止驾驶员的误操作而设置的襟/缝翼卡位保持机构,以满足适航条款 CCAR25.697 的要求。

襟/缝翼系统既属于飞机的升力系统,也属于飞机的阻力系统。适航条款 CCAR25.697 要求:

(a) 每个升力装置操纵器件的设计,必须使驾驶员能将该升力装置置于 §25.101(d)中规定的起飞、航路、进场或着陆的任一位置。除由自动定位装置或载荷限制装置所产生的运动外,升力和阻力装置必须保持在这些选定的位置上而无须驾驶员进一步注意。

(b) 每个升力和阻力装置操纵器件的设计和布置必须使无意的操作不大可能发生。

根据需要,襟/缝翼系统一般设置有 4~7 个卡位。为防止对襟/缝翼操纵手柄的错误操作,在手柄的行程范围内对每个卡位设置了相应的卡槽,仅当驾驶员主动操纵手柄时,驾驶员需先提起手柄才能移动手柄实现操纵,如图 5-5 所示。

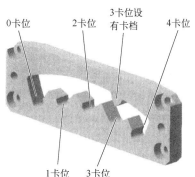

图 5-5　襟/缝翼手柄卡位设计

卡挡是一种必需有一个明显不同的独立运动(提起手柄)才能移动操纵手柄的装置,其目的是防止驾驶员误动作而使增升装置操纵手柄越过卡位。

根据修正案 25-98,美国航空管理局(FAA)建议明确规定,从任何经批准的着陆形态开始执行复飞机动时,无论操纵手柄处于哪个卡挡位置飞机都不应该掉高度。FAA 建议增加如下说明,即明确规定在移动增升装置操纵手柄通过卡挡位置时,必须在那个卡挡位置做一个"明显不同的独立运动"。民用飞机襟/缝翼操纵手柄的卡挡设计如图 5-5 所示。

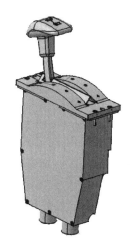

图 5-6　襟/缝翼手柄示意图

襟/缝翼操纵手柄外形的设计需符合适航条款 CCAR25.781 驾驶舱操纵手柄形状的一般要求,但不必要完全一致。图 5-6 为一般民用飞机襟/缝翼操纵手柄的示意图。手柄形状设计以及操纵力设置可参考目前主流民用飞机的手柄设计,但是要经过足够多的驾驶员评估确定设计的合理性。

为满足系统安全性需求,襟/缝翼操纵手柄内部的传感器应有足够的余度配置。一般在手柄内部配置有 4 个独立的传感器。

5.1.2.4　减速板操纵手柄

减速板操纵手柄为操纵扰流板实现空中减速的驾驶员操纵手柄。减速板手柄通常安装在中央操纵台上。减速板操纵手柄一般由握杆、传动齿轮系、提起机构、力感单元、传感器等部分组成。驾驶员操纵握杆,通过齿轮系将机械操纵位移传递给传感器,传感器将机械位移电信号输送给飞控计算机。力感单元为驾驶员提供操纵感觉力。提起机构的设计是为了防止驾驶员误操作。减速板手柄也应符合适航条款 CCAR25.697(a)(b)的设计要求。

适航条款 CCAR25.697(a)(b)升力和阻力装置及其操纵器件的阻力操纵器件要求:

每个升力和阻力装置操纵器件的设计和布置必须使无意的襟/缝翼操作不大可能发生。仅供地面使用的升力和阻力装置,如果在飞行中工作可能会造成危险,则必须有措施防止飞行中对其操纵器件进行误操作。

因此在进行减速板手柄设计及布置位置必须使无意的操作不大可能发生。

减速板手柄在正常状态下处于“0”位(对应减速板收起位置)。为防止驾驶员的错误操作,设置了提起装置。仅当驾驶员有意识地去提起操作手柄时,手柄才能移动。操纵力的设计需符合适航条款 CCAR25.405 次操纵系统的操纵力要求。该条款规定的是最大操纵力的设计要求,手柄的强度应当符合该条款的要求,以防止驾驶员过大的操纵力使手柄发生有害的结构形变。具体的实际操纵力的大小要经驾驶员评估后才能确认。

在实际的设计中,提起力的设置不必太大,以免给驾驶员造成不必要的负担。

当驾驶员操纵减速板手柄置于某一位置时,应有足够的摩擦力使得手柄能够保持当前位置。多功能扰流板将偏转到相应的位置,无须驾驶员特别的注意或操纵。操纵力的设置要与提起力相适应(不必要完全一致)。

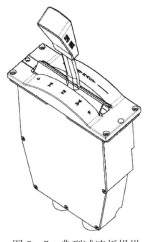

图 5-7　典型减速板操纵手柄示意图

同襟/缝翼手柄类似,减速板手柄外形的设计也要符合适航条款 CCAR25.781 驾驶舱操纵手柄形状的一般要求,不必要完全一致。图 5-7 为典型民用飞机减速板手柄示意图。手柄形状设计可参考目前主流民用飞机的手柄设计,但是也要经过足够多的驾驶员评估确定设计的合理性。

同襟/缝翼手柄类似,为满足系统安全性需求,减速板手柄内部的传感器同样要有足够的余度配置。一般在手柄内部配置有 4 个独立的传感器。

5.1.2.5　配平开关

民用飞机配平系统一般包括副翼配平、方向舵配平以及水平安定面配平。副翼与方向舵的配平操纵器件一般都设置在中央操纵台,供正副驾驶员使用。为方便驾驶员的操纵,对于杆盘类俯仰操纵机构来说,一般在驾驶盘上设置俯仰配平开关。由于侧杆的操纵手柄较小,一般不设置水平安定面配平开关,而是设置在中央操纵台上。

根据适航条款CCAR25.677(a)(b)(c)操纵面-配平系统的要求(条款详细内容见本书第8.4节),配平操纵器件的设计必须能够防止无意的或者粗暴的操作,且操作方向与飞机的运动直感一致。

为满足该适航条款要求,ARJ21-700飞机的配平操纵器件都设置为自动回中式的双排开关。只有当驾驶员有意识的操纵双排开关才能实现飞机配平。无意的或者粗暴的操作使得双排开关同时接通的概率较小,可有效地保证防止误操作的可能。该设计理念为目前主流民用飞机广泛采用。

适航条款CCAR25.677还规定"在配平操纵器件的近旁,必须设置指示装置以指示与飞机运动有关的配平操纵器件的运动方向。此外,必须有清晰易见的设施以指示配平装置在其可调范围内所处的位置。该指示装置必须在一定范围内清晰标记,在该范围内对于经批准的所有起飞重心位置都能保证起飞安全"。

这就要求在操纵器件的近旁要设置文字或者符号指示,以使驾驶员了解操纵器件的功能及操纵方向。图5-8为ARJ21-700飞机横/航向配平板示意图。图中清晰标记了开关的功能以及操纵方向。

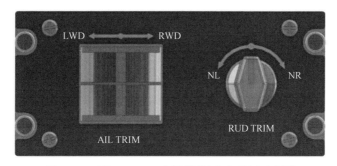

图5-8 ARJ21-700飞机横/航向配平板示意图

设置在驾驶杆/盘上的水平安定面配平开关,为防止驾驶员的误操作,可在正副驾驶员驾驶盘上的配平开关处设置保护措施,如图5-9所示。

为了满足适航条款关于"必须有清晰易见的设施以指示配平装置在其可调范围内所处的位置"以及"起飞安全"的要求,ARJ21-700飞机在发动机指示和机组告警系统(EICAS)页面设置了配平位置指示。在俯仰配平位置显示处设置了绿色单,在副翼和方向舵的配平显示设置了字

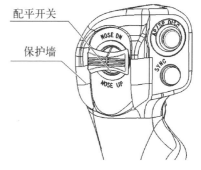

图5-9 驾驶盘水平安定面配平开关与保护措施示意图

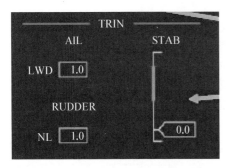

图 5-10　ARJ21-700 飞机配平
显示示意图

体变化功能。当副翼和方向舵的配平量超过起飞安全的要求,配平量的字体颜色将发生变化,如图 5-10 所示。

水平安定面的位置对于飞机的安全飞行至关重要。ARJ21-700 飞机不仅设置了目视提示,同时还设置了音响提示。在传统的水平安定面机械操纵系统中,当操纵驾驶舱内的手轮时,会发出清晰的操纵声音。ARJ21-700 飞机通过航电音响系统模拟了水平安定面配平时的操纵声音,使得水平安定面的位置发生变化时,飞机能够给驾驶员提供清晰的提示音,提请驾驶员关注水平安定面的位置变化,进一步保证了飞机的飞行安全,提示音的音响类型和音量要设置合理,避免给驾驶员带来负面影响。

为防止水平安定面发生不期望的非指令运动,飞控系统从安全性设计的角度保证了发生此故障的概率小于 1×10^{-9}。

为进一步增强飞机的安全性,ARJ21-700 飞机设置了水平安定面切断开关(见图 5-11)。驾驶员通过操纵该开关,能够及时切断水平安定面作动器控制电子的电源,阻止水平安定面的进一步非指令运动。

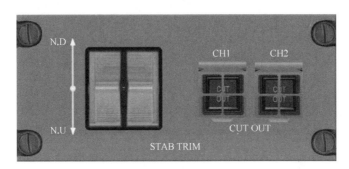

图 5-11　ARJ21-700 飞机水平安定面配平开关(左)与切断开关(右)

5.1.3　人工感觉和配平

目前,飞机飞控系统大多为电传操纵系统。驾驶舱操纵器件与操纵面作动系统没有直接的机械连接,消除了力的传递。为使驾驶员获得与机械操纵系统相当的驾驶舱操纵特性,在驾驶舱操纵器件里需设置人工感觉机构,为驾驶员提供操纵感觉力。

ARJ21-700 飞机驾驶舱飞控系统操纵机构与以往其他机型相比,一个重要的不同点为使用了集成式的飞控系统驾驶舱控制模块。控制模块内设置位移传感器、传动齿轮机构、阻尼器等部件。集成模块的设计能够有效防止异物的入侵,提供了系统的可靠性。但是由于众多设备集成一体,这样航线可维护件数量减少,如果模块内某个单元故障,需更换整个模块,但维修成本相对较高。

国外杆盘类飞机,包括干线飞机和支线飞机等,其驾驶舱升降舵/副翼操纵机构多采用分散式设计,即力感装置、阻尼器、传感器等关键设备为单个设备,如图 5-12 所示。这种分散式设计将付出较大的重量代价。机构容易受外界入侵物的影响,可靠性相对较低。由于零件较多,不方便维护。不过这种设计的好处是,航线可更换单元(LRU)较多,能够单独对某个 LRU 进行更换,相对地降低了维修成本。

图 5-12　国外某支线飞机驾驶盘操纵机构示意图

5.1.3.1　力感装置

为给驾驶员提供合适的操纵力,需在驾驶舱内部设置力感装置。力感装置通常采用弹簧,参见图 5-3 中的升降舵模块内部结构图。

应根据驾驶杆/盘的结构形式进行扭转弹簧扭矩特性的设计。驾驶杆/盘的驾驶员操纵力特性由飞行品质专业根据飞机的操纵品质要求确定,并应符合适航条款 CCAR25.143 的要求。当前民用飞机已广泛使用电传飞控系统,驾驶员的操纵力与操纵面气动铰链力矩无关。因此,与机械式操纵系统相比,驾驶员的操纵力已大幅降低。在飞机设计初始阶段,确定驾驶杆/盘、脚蹬操纵力时需在工程飞行模拟器上进行充分的评估。图 5-13 为驾驶盘操纵机构示

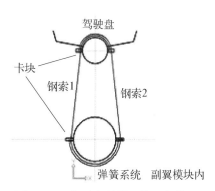

图 5-13　驾驶盘操纵机构示意简图

意图。

由图 5-14 可知,驾驶盘本身并无任何力感设备,所有的力源均来自钢索连接处的副翼模块内的弹簧系统。

对于驾驶盘操纵力产生的钢索合力 F,如图 5-14 所示。

$$F = F_1 - F_2 \tag{5-1}$$

根据力矩平衡得到驾驶盘处的操纵力:

$$F_{盘} * r_{盘} = F * r \tag{5-2}$$

式中 $r_{盘}$——驾驶盘握点处的有效半径;r——驾驶盘滑轮的有效半径。

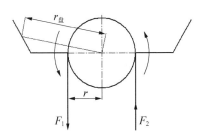

图 5-14　驾驶盘受力图

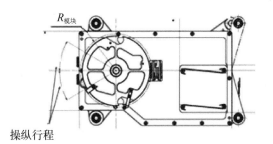

操纵行程

图 5-15　副翼模块外形图

因此,副翼模块(见图 5-15)力感弹簧设计输入扭矩为

$$T_{am} = \frac{(F_{盘} * r_{盘})}{r} * R_{模块} /2 \tag{5-3}$$

基于适航条款 CCAR25.143 规定的操纵性和机动性总则提出驾驶盘操纵力名义值的设计要求以及基于经验提出驾驶盘启动力设计要求。

根据以上设计输入以及传动比计算得到副翼模块内部力感弹簧的力-位移特性曲线如图 5-16 所示。

5.1.3.2　阻尼器设计

为避免驾驶员操纵动作过猛诱发振荡以及飞机振动等不稳定因素导致的模块输入位移的振荡,在模块内部设置涡电流阻尼器。该阻尼器为三相绕组发电式阻尼器,阻尼器运动时产生发电效应,发电电流流经电阻从而产生阻尼力矩。为避免阻尼器卡阻、操纵速度过大导致阻尼力矩过大,以及瞬时操纵加速度过大导致惯性力矩过大,在阻尼器和传动齿轮之间设置了力矩限制器,如图 5-3 所示。模块内的阻尼特性如图 5-17 所示。

5.1.3.3　三轴配平

ARJ21-700 飞机横航向配平由连接到副翼/方向舵模块的配平电机控制。配平电机通过花键驱动模块内部的齿轮机构驱动模块内部的 RVDT,从而向副翼作动器/方向舵作动器发出控制指令,副翼作动器/方向舵作动器驱动操纵面,实现横航向配平。配平电机内部设置有位移传感器，将配平位移信号发送给航电显示系统，如图 5-18 所示。

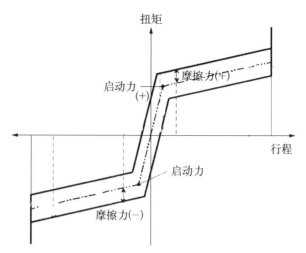

图 5-16　副翼模块力感弹簧特性曲线示意图

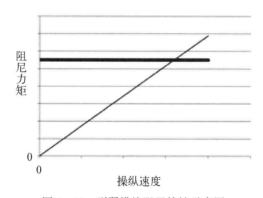

图 5-17　副翼模块阻尼特性示意图

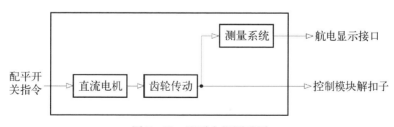

图 5-18　配平电机原理图

俯仰人工配平控制链路如图 5-19 所示。驾驶员操纵驾驶舱配平开关，平尾配平作动器控制电子接收配平开关的信号后，驱动平尾配平作动器运动，实现俯仰配平的目的。

图 5-19 俯仰人工配平链路图

5.1.3.4 指令传感器 RVDT

在升降舵/副翼模块内部设置了多对 RVDT(如图 5-3 ARJ21-700 升降舵模块内部原理图所示),用于升降舵/控制多功能扰流板和副翼。

RVDT 传感器的工作原理类似于可变差动式变压器的工作原理。RVDT 传感器的两个次级绕组采用反向串接的方式,以差动方式输出电压信号。典型的 RVDT 传感器电气原理如图 5-20 所示。

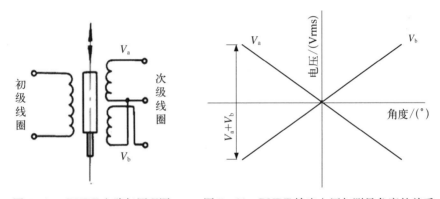

图 5-20 RVDT 电路气原理图　　图 5-21 RVDT 输出电压与测量角度的关系

根据 RVDT 传感器的输出电压幅值的大小和极性可以检测机械运动的位移和方向,如图 5-21 所示。

此外为了保证飞控系统的安全性,RVDT 采用余度设计,数字式电传飞控系统通常采用四余度或六余度 RVDT 设计。即每个操纵面由四个或六个独立的、相互隔离的 RVDT 组成,各 RVDT 的电源和电气输出都是相互独立的。飞控计算机对余度驾驶员操纵传感器的信号进行解调、表决和监控,通过余度管理功能隔离故障的传感器信号。

驾驶员操纵驾驶杆/盘通过传动机构带动 RVDT 旋转,操纵面作动器通过传动机构带动 RVDT 旋转将机械位移信号置转化为电信号,输入飞控计算机进行运算,基本的 RVDT 信号流程如图 5-22 所示。

5.1.4　驾驶舱操纵器件的人机工效设计

5.1.4.1　概述

根据美国国家航空航天局对重大飞行事故调查发现 80%~90%以上的飞机事故与驾驶员操纵的失误有关,人的因素成为制约飞行安全的主要因素。

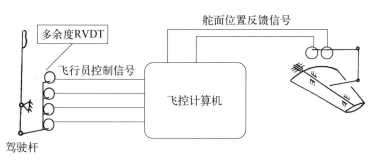

图 5-22　RVDT 信号流程示意图

中国民航总局已明确将人为因素写入适航条款,作为飞机设计中的强制法令。人机工效是研究人和机器及其环境的相互作用等问题的学科。驾驶舱是人机接口最突出和集中的地方。

波音、巴西航空工业、庞巴迪等知名飞机厂商均把人机工效作为驾驶盘设计中的重中之重,并逐步形成了各自的设计理念。我国由于民用飞机设计起步较晚,在驾驶盘设计方面主要借鉴苏联的设计理念,而且各个型号之间设计规范也不统一,基于人机工效的统一设计标准有待形成。

在驾驶盘式的民航客机中,驾驶盘是用于控制副翼和升降舵的操纵机构,通过驾驶员握盘转动和推拉动作控制飞机操纵面偏转。同时在驾驶盘上还配有俯仰配平开关、按压通话开关、自动飞行断开开关等控制开关,以便驾驶员随时可以控制飞机的状态,这些是最常使用的操纵器件。驾驶盘的外形和开关的布置直接影响到驾驶员的操纵感觉和飞行安全。

因此,本章节以 ARJ21-700 飞机驾驶盘人机工效的评估过程为例,说明如何开展基于人机工效理论的民用飞机驾驶舱操纵器件的设计与评估,以做参考。

5.1.4.2　驾驶盘设计中的人体工程学分析

1)驾驶盘的整体设计

根据统计数据,我国成年人体标准坐姿尺寸,在自然坐姿下,50%~90%男子的身高在 167~175 cm 之间,肩宽在 375~397 mm 之间,前臂和上臂的设置符合 GB/T4856-2003《中国男性飞行员人体尺寸》的统计数据要求,按照图 5-23 中所示的手臂角度的约束设置,上臂旋转范围在 0~12°之间,则双臂的开度在 320~400 mm 范围内。

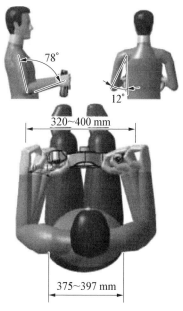

图 5-23　标准坐姿尺寸

因此将驾驶盘直径定为 340 mm,握柄部分采用牛角式向上收拢设计,倾斜角度约为 12°,高度约为 150 mm,将数模与假人运动包络结合后,可以得到基本符合人体运动包络范围。

根据相关要求,驾驶盘在转动和推拉操纵时分别需要承担约 100 N 和 300 N 的操纵力,因此驾驶盘握点的直径需保证手掌能够与握柄紧密贴合,拇指和其余四指形成的圆弧近似于整圆以保证有足够的抓握感。其中拇指与其余四指抓握的圆弧形状尤为重要。据图 5-24 成年人手掌握姿示意图,拇指与其余四指相离太远和太近都会影响其长时间的操纵感受。根据多年驾驶员评估数据、其他机型调研经验以及参考美国军方人机工效标准后确定,握柄直径在 30~40 mm 之间比较适合我国成年人的手形,所以将驾驶盘握柄横截面直径设为 35 mm。由手型数模包络可以得到图 5-25 所示的用于设计的基本包络范围。

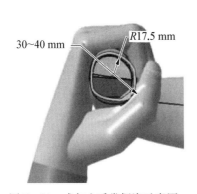

图 5-24　成年人手掌握姿示意图

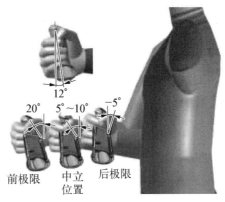

图 5-25　自然坐姿的手掌掌面角度

由于在自然坐姿下手臂进行操纵时,掌面角度并不垂直,而是向前呈一定角度倾斜,因此要保证驾驶盘与掌面完全贴合,需按一定的倾斜角度进行设计。根据多次驾驶员评估所统计的驾驶员掌面握姿的数据,一般的握姿掌面角度在 5°~10°之间,但这仅仅是未施力操纵的情况下,若考虑驾驶盘前后极限推拉的情况,掌面角度可达-5°(后倾)~20°(前倾)。因此综合考虑驾驶盘的操纵范围、人体肌肉的弹性变形及手掌所需的支撑,驾驶盘盘面的倾斜角度以 5°~10°左右为宜。在设计时将握柄轴线与驾驶盘安装垂直参考面之间的角度定为 12°,利用人体运动仿真可以看出在该角度下掌面与握柄贴合较好。

2) 驾驶盘细节设计

由于驾驶员双手操纵驾驶盘时,可施加较大的操纵力,另外还需考虑单手操纵情况,所以驾驶盘的防滑性特别重要。首先,该驾驶盘在手指抓握处设计指槽,指槽宽度需保证手指中间指节和上下指节 1/3 部分包裹在指槽中,如图 5-26 所示。其次,由于抓握时拇指受其运动半径的约束,指面并非与其余四指平行,而是向侧下方倾斜,因此为左右手拇指设计了虎口的卡槽,如图 5-27 所示。驾驶员在握盘时可以放松拇指肌肉,以缓解手掌疲劳,大大提高操纵的稳定性和精确性。再次,驾驶盘上所有转角、相贯线部分都做圆滑过渡设计,消除尖锐部位的存在,以免驾驶员感到不适。最后,因驾驶盘采用航空铝材铸造而成,不利于防滑也降低了握感,在极端温度(特别是低温)下还会刺痛皮肤,因此在握柄的外表面喷涂一层树脂,大大提高了防滑性,而且由于其材质温润,也提高了抓握的舒适性。

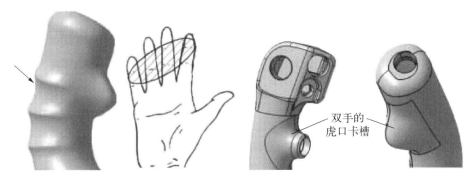

图 5 - 26　指槽设计示意图　　　　图 5 - 27　虎口卡槽设计示意图

3) 开关的布置

通常在民用飞机驾驶盘上设置 4 个开关即俯仰配平开关、按压通话开关、自动飞行断开开关和前轮转弯切断开关。

(1) 俯仰配平开关:该开关控制水平安定面运动,驾驶员用外侧手掌拇指上下拨动,由于需要经常操纵,因此将其设置在拇指可达范围内。该开关一般位于拇指关节上部 40～50 mm,左右 0°～20°之间的范围内,如图 5 - 28 所示。

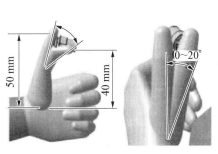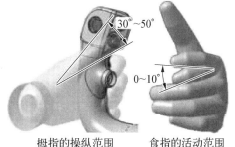

图 5 - 28　配平开关拇指运动包络面　　　图 5 - 29　通话开关拇指和食指运动包络面

(2) 按压通话开关:此开关控制机组舱内和空管通话,驾驶员用外侧手掌拇指上下拨动,由于需要频繁操纵,因此不能与俯仰配平开关相互干扰,一般布置在拇指 30°～50°位置间,如图 5 - 29 所示。

(3) 自动飞行断开开关:该开关用于断开自动驾驶仪,一个飞行架次使用约 1～2 次,为避免误触发,需布置在手指可达但又不常触碰的位置,所以将其布置在拇指摆动半径的下部 70°～80°范围内与上述 1、2 项中开关距离较远的虎口卡槽的凸缘上,以避免产生干扰,如图 5 - 30 所示。

(4)前轮转弯切断开关:该开关使用频率不高,为瞬通开关(可自动复位),故将其布置在靠座舱内侧手掌拇指位置触及处,如图 5 - 31 所示。

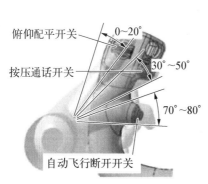

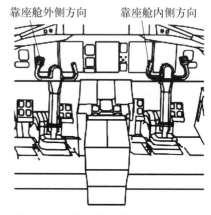

图 5 - 30　自动飞行断开开关位置关系图　　图 5 - 31　驾驶盘在驾驶舱内的布置

布置上述开关时,考虑到在驾驶盘操纵过程中,拇指主要起稳定作用,并非主要的操纵飞机飞行姿态的施力点,而其余四指是抓握核心,故均将开关布置于拇指可达位置,从而保证飞行安全。

5.1.4.3　驾驶盘设计的人机工效评估

在驾驶盘人机工效验证过程中,一个重要依据就是驾驶员评估,而进行驾驶员评估所使用的器件和环境应尽量和真实飞机一致,才能保证评估的正确性和合理性。验证驾驶盘的人机工效特性具体工作如下:

(1)根据驾驶盘数模,利用快速成型技术制作工程样件。

(2)评估基于某型号飞机的飞控铁鸟台,所使用的杆力装置、航空仪表、飞机其他操纵器件均与真实飞机一致,而实景仿真系统、飞机模型则采用真实机场航拍图片和气动数据。

(3)邀请驾驶员、业内专家参与评估,信息如表 5 - 1 所示。

表 5 - 1　评审人员信息表

编　号	性　别	年　龄	身高/cm	飞行时间/h	曾飞机型
A	男	30	181	5 500	A320
B	男	34	172	7 000	A320
C	男	40	175	5 000	B737
D	男	49	170	12 000	B737、B777
E	男	58	176	行业专家	Y - 8、Y - 10、B737
F	男	56	171	行业专家	Y - 10、B737

（4）利用国际上评估操纵品质常用的库伯-哈伯 Handling Qualities Rate (HQR)准则进行打分，将评估原则分为满意（1～3分）、需要稍做修改（4～6分）和完全不能接受（7～10分）3个等级，如图5-32所示。

（5）评估项目如表5-2所示，评估期间评估人员需通过驾驶盘操纵飞机进行一次派遣任务并安全返场，"飞行"任务完成后对驾驶盘进行打分。评估结果如表5-2所示。

表5-2 评审项目及打分表

编 号	盘握感舒适性	俯仰配平开关		按压通话开关		自动飞行断开开关		其他开关	
		舒适性	可达性	舒适性	可达性	舒适性	可达性	舒适性	可达性
A	2	2	3	3	2	2	2	2	2
B	3	3	2	4	3	2	2	3	2
C	3	2	2	4	3	3	2	2	2
D	4	3	2	5	2	2	3	3	3
E	2	3	3	4	3	2	2	2	3
F	2	3	3	3	2	2	2	2	2

表5-2中，A和B认为驾驶盘握感舒适，开关可达性均不错，但希望将俯仰配平开关再降低一些，已保证向上操纵时的可达性；D认为握盘时中指会搭在开关上，需要再做细微修改；E认为该驾驶盘设计符合国际常见机型的操纵习惯，通用性的设计将大大降低适航取证的风险；F认为按压通话开关外形尖锐，比较扎手，这也是所有评估人员的一致意见，因此按压通话开关的外形需要做圆滑修改。

评估完成后，对表5-2中所打分值进行分析统计，统计结果如图5-33所示。

根据统计结果可以看出：评估中对于样件的手感、开关布置等方面平均分数为2.5～3分（满意），驾驶员意见普遍认为驾驶盘整体感觉较好，盘面圆润饱满，有较强的抓握感，长时间操纵疲劳感较小，盘上各个开关布置可达性和操纵性良好，没有出现干涉、局促、易误触发等缺陷。

同时众多驾驶员认为该工程样件与国外同类机型驾驶盘操纵习惯近似，容易上手，在驾驶盘握感上符合中国人的手形，同国外同类飞机的驾驶盘相比又有鲜明的特点，比较适合我国自主研发的民航客机。

利用该设计方案制作得到的驾驶盘样件通过驾驶员评估证明其人机工效特性较好，操纵较舒适，其评估结果证明了所述观点的合理性和正确性。

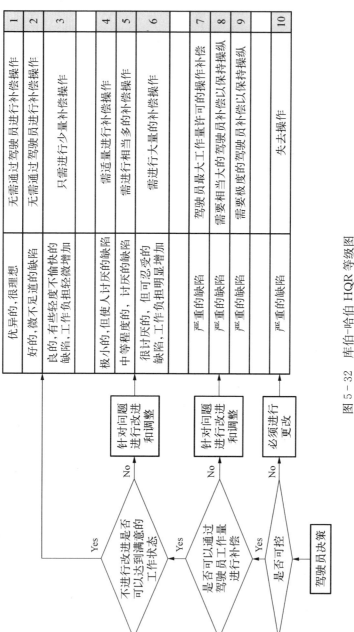

1	无需通过驾驶员进行补偿操作	优异的,很理想
2	无需通过驾驶员进行补偿操作	好的,微不足道的缺陷
3	只需进行少量补偿操作	良的,有些轻度不愉快的缺陷,工作负担轻微增加
4	需适量进行补偿操作	极小的,但使人讨厌的缺陷
5	需进行相当多的补偿操作	中等程度的,讨厌的缺陷
6	需进行大量的补偿操作	很讨厌的,但可忍受的缺陷,工作负担明显增加
7	驾驶员最大工作量许可的操作补偿	严重的缺陷
8	需要相当大的驾驶员补偿以保持操纵	严重的缺陷
9	需要极大程度的驾驶员补偿以保持操纵	严重的缺陷
10	失去操作	严重的缺陷

图 5 - 32　库伯-哈伯 HQR 等级图

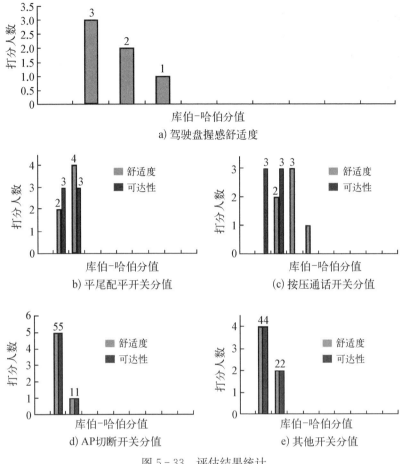

图 5-33　评估结果统计

5.2　主飞控作动器设计

主飞控操纵面作动器的布置要充分考虑安装空间、载荷分布、操纵特性等要求。一般单块副翼、升降舵安装两个作动器，方向舵安装两个或三个作动器。主飞控作动器在机翼和垂平尾上的展向站位的确定比较复杂，涉及气动布局、布置、操稳、结构等专业，需进行充分协调。同一操纵面的其他作动器的位置在考虑载荷分布的基础上，充分考虑作动器的大小，使得作动器之间以及作动器与结构之间的距离符合相应要求。扰流板只有一个作动器驱动，一般处于操纵面的展向中间位置。

为确保系统的安全性，同一个操纵面的两个或三个作动器需使用不同的能源系统，例如单块升降舵的两个液压作动器使用 1♯ 和 2♯ 液压系统。

飞控液压作动系统分别由 1♯、2♯ 和 3♯ 液压系统提供工作压力。当前飞控作动系统已研制出电作动器，如电静液作动器（EHA）、电备份液压作动器（EBHA）、机电作动器（EMA）。使用电作动器能够减少一套液压系统，为飞机节省重量，同时增加了飞控作动系统能源的多样性,从而提高了系统安全性。本书主要介绍支线飞机普遍使用电液伺服作动器。

根据飞控系统的物理架构选定作动器之后,需结合安装空间、载荷大小及系统稳定性等因素选择作动器的结构形式,根据选定的作动系统工作模式考虑作动器所应具备的几种工作模式。

5.2.1　作动器安装形式

电液伺服作动器的安装方式,一般分为法兰式、点对点式以及返力杆式。需要根据不同的安装环境和要求确定采用的作动器形式。法兰盘式作动器安装方式如图 5-34 所示,点对点式作动器安装方式如图 5-35 所示,返力杆式作动器如图 5-36 所示。

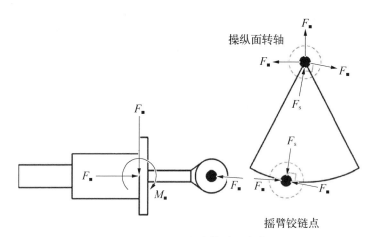

图 5-34　法兰盘式作动器安装

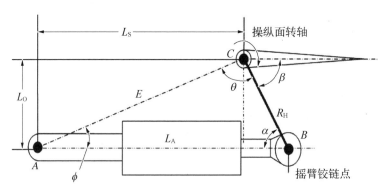

图 5-35　点对点式作动器安装

5.2.1.1　法兰盘式作动器

法兰式作动器通过作动器法兰盘用 4 个螺栓将作动器固定在机翼/尾翼安定面的后梁上,法兰盘式作动器的作动筒不运动,作动器的液压、电气接口固定,可以

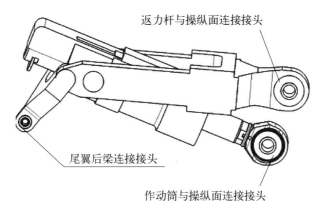

图 5 - 36　返力杆式作动器

布置在机翼/尾翼安定面盒段内,该类型作动器适用于机翼、尾翼后缘舱较小的飞机。缺点是作动器需要一个连杆连接到操纵面,操纵面驱动多一个连接环节(小连杆),增加了操纵面间隙控制的难度,不利于防颤振设计。另外增加的小连杆使活塞杆和作动筒之间产生侧向力,从而使活塞杆受到弯矩,这对于作动器的疲劳与磨损带来不利影响。该结构形式的作动器适用于后缘舱空间较小的飞机。

5.2.1.2　点对点式作动器

点对点式作动器是目前普遍使用的作动器形式。点对点式作动器省略了小连杆的存在,相对于法兰盘式作动器有更好的受力状态和防颤振性能。但是该类型作动器需要一定的运动空间,液压管路和电缆都要随作动器运动,液压端口必须采用旋转接头或软管、螺线管等形式的液压导管,电气端口随作动器的连接也需要一定的运动空间。

5.2.1.3　返力杆式作动器

从图 5 - 36 中可以看出,返力杆式作动器的结构复杂程度远大于点对点式作动器和法兰盘式作动器。返力杆式作动器具有点对点式作动器所拥有的所有优点和缺点。返力杆与点对点式作动器的一个最大的不同之处在于引入了返力杆。返力杆能较为明显地减轻作动器作用于机翼/尾翼安定面上的作动器载荷,为结构重量带来较大的收益。但是相对于点对点式作动器,该类型作动器同样引入了较多的机械环节,提高了控制间隙的难度,给颤振带来不利的影响。同样,要求更大的运动空间,给机翼/尾翼安定面后缘舱的设计带来困难。

我国新支线飞机 ARJ21 - 700 扰流板选用点对点作动器,而副翼、升降舵和方向舵则选用法兰盘式作动器。

5.2.2　典型液压伺服作动器

本节对典型飞控液压伺服作动器的主要功能及工作原理进行基本介绍。

一个典型的主操纵面液压作动器应至少具备以下几种功能:

（1）正常工作模式。

（2）阻尼/旁通模式。

（3）地面突风保护功能。

（4）颤振抑制功能。

（5）操纵面止动功能。

本章以升降舵作动器为例，对如何实现以上几种功能予以说明。

（1）正常工作模式。

图5-37所示为升降舵作动器正常工作模式的液压原理图，液压系统的高压油经过单向阀后通过相应端口进入电磁先导阀（简称先导阀）和电磁伺服阀。

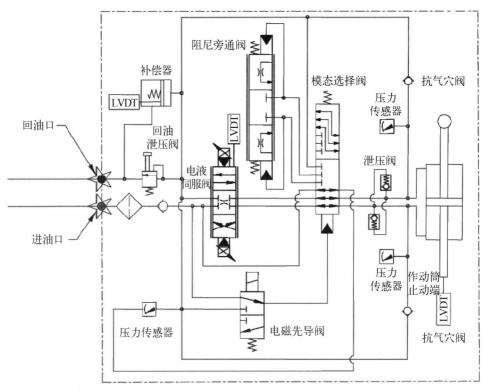

图5-37　升降舵作动器正常工作模式的液压原理图

先导阀用于控制模态选择，先导阀被激励后将高压油引入模态选择阀的操作端，并在模态选择阀两端产生压力差，该压力差将模态选择阀推到正常工作模式的位置。在正常工作模式下，活塞杆由电液伺服阀（EHSV）驱动。

先导阀被激励后活塞杆运动的方向和速率取决于EHSV、活塞杆LVDT和相对应的作动器控制电子所组成的控制回路，同时通过压力传感器测量液压系统的输入压力。

作动器上装有两个载荷限制卸压阀，在系统故障状态下可以通过降低由作动筒一腔施加到另一腔的过大压力来避免对作动器自身结构造成的过载伤害。不论作动器的状态如何,泄压阀始终处于工作状态。

(2) 阻尼模式。

液压系统高压油经过单向阀后通过相应端口进入先导阀和电磁伺服阀,由于阻尼模式下先导阀未被激励,因此模态选择阀切断控制操作端口所接入的系统压力,并接通回油压力,从而模态选择阀两端的压力均为回油压力。

由于模态选择阀阀芯两端的压力均为回油压力,阀芯在弹簧力的作用下固定在作动器阻尼模式位置。在阻尼模式位置,模态选择阀将连通作动筒的两腔,同时隔绝电磁伺服阀与两腔的联系,所以,无论电磁伺服阀处于通电或断电状态均使作动器脱离伺服阀的控制。

作动器处于阻尼模式时,在由活塞和弹簧组成的油液补偿器的压力作用下作动器两腔总是充满回油管路的液压油,补偿器预设的压力小于泄压阀的压力,因此在泄压阀打开之前回油压力会推动活塞和弹簧以蓄积压力。

模态选择阀处于阻尼位置后,当操纵面有外部载荷作用时沟通回油管路的液压油通过阻尼节流阀在已沟通的作动器两腔之间流动。

(3) 地面突风保护。

适航条款 CCAR25.679 条规定了对操纵系统突风锁的要求,原文如下:

a. 飞机必须设置防止飞机在地面或水面时因受突风冲击而损坏操纵面(包括调整片)和操纵系统的装置。如果该装置啮合时会妨碍飞行员对操纵面的正常操纵,则该装置必须满足下列要求之一:

(a) 当飞行员以正常方式操纵主飞行操纵器件时能自动脱开。

(b) 能限制飞机的运行,使飞行员在开始起飞时就获得不致误解的警告。

b. 突风锁装置必须具有防止它在飞行中可能偶然啮合的措施。

配备电传飞控系统的飞机大多没有设置专用的突风锁,而是通过作动器内部的阻尼功能实现。作动器在进行阻尼功能设计时,需满足两种要求:一是操纵面的两个作动器都失效后,操纵面进入阻尼模式,要具有完全的防颤振能力;二是在地面上要能抵抗根据适航条款 CCAR25.415 计算的地面突风载荷,防止在地面突风载荷情况下结构遭受破坏。

(4) 颤振抑制。

作动器除了对操纵面的位置进行控制以外,还有一项非常重要的功能就是抑制颤振。如上所述,作动器可以通过两种途径提供颤振抑制:在正常工作模式下任何一个作动器均可以利用自身的阻抗特性抑制颤振,当作动器失去液压能源并且两个作动器中的一个与操纵面脱开时,剩下的一个作动器还可以利用阻尼满足抑制颤振的要求。

阻尼回路的工作原理是通过吸收机械能,对小幅振荡提供最大的阻尼。当操纵面上的气动载荷作用于作动器并且操纵面产生运动(振荡)时,保存在阻尼回路中的液压油在外力的驱使下在作动器两腔之间通过阻尼节流孔往返流动。同时往返流动的液压油在作动器活塞两侧形成压力差,从而对活塞运动产生阻尼力。

当液压油中混入游离的气体时,活塞两侧的压差将明显下降,阻尼效果会迅速衰减,为此采用下述措施将存在游离气体的可能性降至最小。

补偿器设置一个蓄压器、一个入口单向阀和一个回油溢流阀,由于补偿器回路内部始终保持一定的压力,而混入液体的游离气体量与油液压力成反比,所以会保证当液压系统失效时阻尼回路中的液压油不含大量的游离空气。

液压系统的蓄压器和回油溢流阀也起到与补偿器相同的作用,蓄压器主要由弹簧和活塞组成,在回油溢流阀打开之前,活塞在回油压力作用下压迫弹簧,以便在泄压阀打开之前蓄积足够的压力。当液压系统丧失压力后,由于作动器其他部分均由橡胶密封圈密封,因此液压油仅能从单向阀和回油溢流阀泄漏,而蓄压器的设计容量可以在几个小时以内弥补作动器的泄漏。

补偿器中的人工放卸阀可以使液压油快速的流入回油管路,这样可以节省定期维修时检查补偿器所需的时间。

(5) 操纵面止动。

根据适航条款 CCAR25.675 中止动器的要求,每一个操纵面都需要配置相应的止动器。不过,当前大部分飞机的操纵面止动已不设置专门的止动器,而是通过作动器设置相应的止动来实现,主飞控作动器的作动筒的两端可作为主飞控作动器的止动装置(防撞底的缓冲止动装置)来使用。

5.3 襟/缝翼系统动力与传动机构设计

襟/缝翼系统动力由集中配置的动力驱动装置产生,通过齿轮箱将动力传递给扭力管。扭力管在动力驱动装置的驱动下,旋转带动缝翼作动机构和襟翼作动机构,实现缝翼和襟翼的收放,其架构如图 5-38 所示。

襟/缝翼系统动力与传动机构沿机翼翼展方向布置,对于襟/缝翼系统动力与传动机构的设计必须充分考虑机翼变形的影响。

飞机在飞行过程中受外部的气动载荷作用,或在地面停留时受内部的自身重量与载油量作用,都会使飞机机体与机翼产生变形,表现为机身框及长桁的纵向伸长或缩短,机翼上翘或下垂,并伴随一定的扭转。当翼肋随机翼变形时,襟/缝翼系统动力与传动机构的扭力管如果不能作相应的伸长或缩短,将产生很大的应力而发生弯曲或折断,不能驱动作动器,从而导致襟翼或缝翼不能运动。

由于襟/缝翼系统的传动机构主要是由扭力管以及各种形式的联结构成的,可以认为扭力管的变形就是传动系统的变形。扭力管随机翼弯曲变形而产生轴向变形,飞机机翼的理论变形曲线如图 5-39 所示。扭力管发生变形前、后的情况如图 5-40 所示。

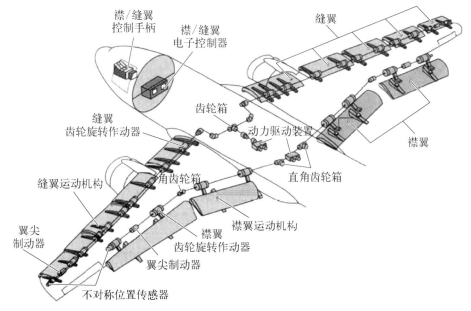

图 5-38 典型的高升力控制系统架构

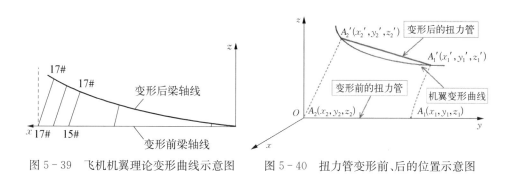

图 5-39 飞机机翼理论变形曲线示意图　　图 5-40 扭力管变形前、后的位置示意图

　　襟/缝翼系统传动机构扭力管、作动器等零部件的轴向最大补偿量 δ 应保证大于其在预期的最大载荷情况下所产生的变形量,使传动机构具有足够的补偿余量以避免机翼变形所带来的影响,从而保证传动系统受到限制载荷的情况下不会出现卡阻、过度摩擦和过度变形的现象。

　　本书以 ARJ21-700 飞机的缝翼齿轮传动机构中的齿轮齿条的设计以及传动机构的补偿设计为例,简述襟/缝翼系统动力与传动机构设计所需重点考虑的方面。

5.3.1　齿轮-齿条

　　当前民机一般配备可动前缘缝翼和后缘襟翼。ARJ21-700 型飞机是国内第 1 种同时包括前缘缝翼和后缘襟翼的民用飞机。前缘缝翼和后缘襟翼相互配合,在飞机起飞与着陆阶段,在低速下为飞机提供较大的升力,以保证飞机合理的滑跑距离和安全的起飞速度,同时提高飞机爬升速度、降低进场速度及保持良好的进场姿态。

齿轮-齿条机构是实现缝翼运动的重要传动机构。其运动一般由旋转式的缝翼作动器带动齿轮齿条运动,齿条安装在缝翼上,带动缝翼运动。

ARJ21-700 型飞机共有 6 块缝翼,对称地分布在左右机翼上。每块缝翼上安装有两个齿轮旋转作动器及与之连接的齿轮-齿条机构,因此共有 12 组齿轮齿条机构。齿轮-齿条机构是缝翼的主要承载和传动部件,由齿轮(包括轴连接)和齿条两部分组成。缝翼作动系统的零部件布局见图 5-41。缝翼动力驱动单元(PDU)布置在机身的中央位置,向外输出旋转扭矩,通过轴承、扭力管等传动线系部件将动力传递到两侧机翼的旋转齿轮作动器,进而带动齿轮-齿条作动机构,驱动两侧的缝翼同步运动。

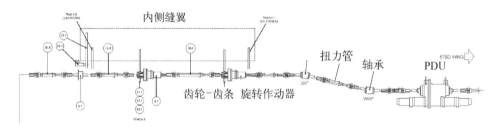

图 5-41　缝翼作动系统传动线系布局

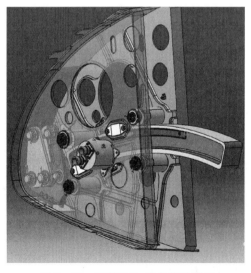

图 5-42　缝翼齿轮-齿条作动机构

缝翼作动机构具有低速运转、承载情况复杂的特点,因此缝翼齿轮-齿条装置综合采用大压力角、非标准模数齿轮传动,具有少齿数、无根切、大传动比、高强度收放控制机构的设计特点,以解决安装空间狭小和作动机构体积大之间的矛盾,如图 5-42 所示。

在齿轮齿条的设计过程中,需对齿轮-齿条机构的承载情况进行完整地分析。齿轮-齿条机构所承受的正常载荷包括缝翼最大操纵载荷和缝翼巡航载荷,故障载荷包括作动器脱开载荷、旋转作动器扭矩限制器预设的最大转矩以及旋转作动器失效时的有效限制力矩。缝翼作动机构的设计载荷(强度限制载荷)应取自上述三种故障状态载荷的最大值,在该载荷状态下,作动器结构不应出现破坏或永久变形。

5.3.2　传动机构的补偿设计

由于机翼存在较大的变形,必须采取一定的措施来缓解变形对传动机构运动的影响。襟/缝翼系统系统传动机构一般可采用花键、万向节和球轴承等多种联结方式,从长度和角度两个方面对主要传动零部件的纵向伸缩与侧向位移等进行补偿。

（1）扭力管的变形补偿设计。

在襟/缝翼系统中,主要的传动机构为扭力管,因此扭力管的补偿设计尤为重要。扭力管的变形补偿可采用长度补偿和角度补偿相结合的方式。

（2）扭力管的长度补偿。

襟/缝翼系统传动机构中相邻的两根扭力管通过花键轴-花键套进行联结,如图 5-43 所示。

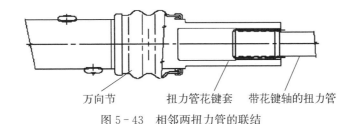

万向节　　扭力管花键套　带花键轴的扭力管

图 5-43　相邻两扭力管的联结

在扭力管端接处采用花键轴或花键套的形式,使相邻扭力管的花键轴和花键套相互啮合,来补偿因机翼变形导致的传动线系轴向的变形。

ARJ21-700 飞机以变形量较大的机翼上翘变形为设计输入,并考虑安全系数,适度加长扭力管端接处花键轴和花键套长度,提高扭力管补偿设计的安全裕度。

（3）扭力管的角度补偿。

扭力管两端使用了万向节的连接形式,能够实现较大角度的三自由度转动,如图 5-43 所示。这种设计保证了相连接的两根扭力管之间能够具有一定的轴向交错角度,解决了扭力管在安装和运动过程中因机翼变形或安装误差而造成传动机构轴向偏移的问题。

（4）间隙补偿。

在机翼变形过程中,扭力管会与相邻结构或系统一同发生弯曲变形。因为扭力管的跨度较长,所以扭力管与相邻结构或系统的间隙会发生变化。因此在零部件安装图纸的设计过程中,必须在扭力管与相邻结构或系统之间预留足够的间隙,才能保证不会发生运动干涉。

5.4　操纵面位置传感设计

5.4.1　主飞控操纵面位置传感器设计

操纵面位置传感器是感知操纵面位置、实现操纵面闭环控制的重要机载设置。操纵面位置传感器一般分集成式传感器和单独的操纵面位置传感器两种。集成式传感器是指集成于操纵面作动设备内部的传感器,如主飞控操纵面作动器内部都至少集成一个 LVDT,实现操纵面闭环控制。单独的操纵面位置传感器是一个独立的机载设备。如果仅仅是传感器发生故障,可不用更换作动器,仅对传感器进行更换,具有较好的维护性和经济性。

如 ARJ21-700 飞机的主飞控系统操纵面位置传感器的布置采用了单独的操纵面位置传感器和集成式操纵面位置传感器组合使用。图 5-44 为副翼作动系统的布置。每块副翼由两个副翼作动器(作动器内部集成一个 LVDT)驱动操纵面。每一个驱动面控制电子设备-作动器-传感器组成一个完成的作动系统。作动器内部的 LVDT 用于闭环控制,独立的操纵面位置传感器用作系统比较监控。假设当独立的操纵面位置传感器 A 的位置信号与作动器 A 内部的 LVDT 信号差值超过设定门限值,作动器控制电子设备将该作动器转入阻尼状态。此时,副翼只有作动器 B 驱动操纵面。

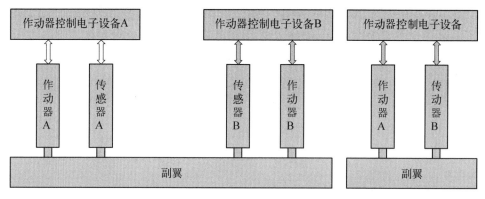

图 5-44　操纵面机载设备布置 1　　　　图 5-45　操纵面机载设备布置 2

在系统架构设计、配置传感器时也可不配置独立的操纵面位置传感器,如图 5-45 所示。副翼位置感知依靠作动器内部集成的 LVDT。作动器内部集成 LVDT,可根据系统架构设计需要集成 1 个或者 2 个。当作动器内部只有 1 个 LVDT 时,作动器控制电子将对作动器 A 和作动器 B 内部的 LVDT 所传送的操纵面位置信息进行比较,当差值超过所设定的门限时,作动器控制电子将该操纵面转入阻尼状态,不再具备操纵能力。

为提高操纵面的可用性,针对图 5-45 的架构方案,也可以在每个作动器内部集成 2 个 LVDT。每个作动器内部的 2 个 LVDT 进行比较监控。该方案既提高了操纵面的可用性,类似图 5-44 中的方案。也降低了机载设备的数量。但是该集成方案,作动器设计相对较为复杂。

5.4.2　襟/缝翼系统位置传感设计

对于襟/缝翼系统传感器包括位置传感器和襟/缝翼面倾斜探测传感器。

位置传感器为襟/缝翼控制计算机提供襟/缝翼操纵面的位置信息。位置传感器一般为旋转式的解算器,可安装于操纵面的作动器上或者传动线系的末端,如图5-46所示。

缝翼作动系统采用倾斜传感器被用来防止一旦同一个操纵面的一个作动器内部脱开而另一个作动器继续工作所引起的过大倾斜。倾斜传感器分为两个部分,分别安装于相邻的两个缝

图5-46 位置传感器示意图(安装于传动线系末端)

翼之间,用于探测两个操纵面的不一致性,如图5-47所示。

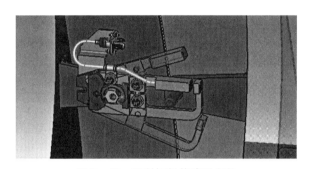

图5-47 缝翼倾斜传感器安装

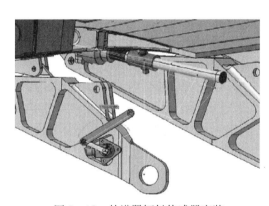

图5-48 外襟翼倾斜传感器安装

襟翼倾斜传感器的目的是检测操纵面倾斜从而避免外机翼操纵面隐蔽的作动器脱开故障。它是一个连接到外襟翼支臂的连杆驱动解算器。如图5-48所示。

当襟翼上两个传感器之间的不同位移超过预定的限制时,计算机将切断襟翼作动系统并通告故障。

襟/缝翼倾斜传感器的应用及门限设计非常重要,以防止系统发生故障时襟/缝翼继续运动,导致结构损坏。

5.5 细节设计

5.5.1 维修性设计

在进行系统机载设备维修性设计时,主要考虑以下几个方面:

(1) 可达性设计。

(2) 互换性设计。

（3）防差错设计。

5.5.1.1　可达性设计

设备在飞机上安装应具有很好的可达性，以便于进行检查调整。可达性需考虑以下几个方面：

（1）将飞控系统设备、零组件配置尽量做到检查或拆卸任一故障件时，无须拆卸其他设备、零组件。

（2）设计时考虑给维修人员在拆装设备、零组件时留有必要的维修空间。

（3）设计时尽量考虑将系统、设备的检查点、测试点、检查窗、润滑点布置在便于接近的位置。

（4）维护口盖的开口尺寸、方向、位置等都使操作者有比较合适的维修姿势，以保证一定的工作效率。

（5）接头、开关尽量布置在可达性较好的位置。

5.5.1.2　互换性设计

互换性在降低单机成本、维护成本方面起着重要的作用。系统设计要尽可能地做到降低零组件的种类，提高标准化、通用性和互换性。对于故障率高的、外场不易排除和修复的飞机机件及设备，应有良好的互换性；一些非永久性紧固件连接的装配件，应具有互换性；具有安装互换性的项目，必须具有功能互换性；飞机对称安装的部件、组件、零件应尽量设计成左右可以互换使用；同型号、同功能的部件、组件、零件也应尽量设计左右可以互换使用。设备零、部件设计和安装时优先选用标准化设计和标准件，有利于实现互换性要求。尽量采用标准维修设备进行系统维护，减少使用专用工具、设备和维修设施的需要，其维修条件要求不应过高。

5.5.1.3　防差错设计

为使系统设备由于装配不当而导致系统功能不正常的概率减至最小，系统所有设备在设计过程中，应考虑采取防止误装配的设计措施：在设备上做出明显可辨的永久性标记，对于相似元件采取不同的结构、不同形状、非对称设计或者特殊部位等防差错设计措施，使得设备在误装配时无法进行安装。

5.5.1.4　维修性设计其他考虑因素

人为因素及与维修有关的安全性设计要求：系统设计要尽量保证在维修、维护、保养、拆换、检查等工作时保证维护人员的人身安全，保证维护人员不会损坏产品，也不会对相邻的设备造成安全隐患。

5.5.2　紧固件保险

飞控系统操纵机构中紧固方式的设计对于系统安全具有至关重要的作用。

适航条款 CCAR25.607 对紧固件的安装设计提出如下要求：

（a）下列任一情况下，每个可卸的螺栓、螺钉、螺母、销钉或其他可卸紧固件，必须具有两套独立的锁定装置：

（1）它的丢失可能妨碍在飞机的设计限制内用正常的驾驶技巧和体力继续飞行和着陆；

（2）它的丢失可能使俯仰、航向或滚转操纵能力或响应下降至低于本部B分部的要求。

（b）本条（a）规定的紧固件及其锁定装置，不得受到与具体安装相关的环境条件的不利影响。

（c）使用过程中经受转动的任何螺栓都不得采用自锁螺母，除非在自锁装置外还采用非摩擦锁定装置。

该要求的核心思想为对操纵系统的紧固件的保险提出了明确的要求。飞控系统设备在安装时应充分考虑是否需要使用两套独立的锁定装置。特别是对经受转动的连接部位。

综合分析目前各种机型的操纵系统的连接设计，主要有以下几种防松措施可以选用：

（1）自锁螺母。

（2）开口销。

（3）防转挡片。

（4）防松托挡片。

（5）锁紧垫片。

在进行操纵接头连接设计时，根据实际情况合理选用，如图5-49和图5-50所示。

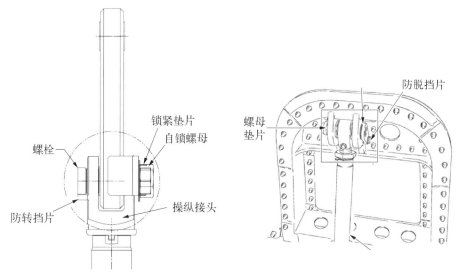

图5-49　紧固件连接示意图1　　　　图5-50　紧固件连接示意图2

5.5.3　安装环境

为保证飞控系统设备安全、持续的工作，其安装环境应充分考虑以下因素：

进行适当的保护,以防止使用中由于任何原因而引起性能或强度的降低,这些原因中包括气候、腐蚀、磨损等,在必须保护的部位有通风和排水措施。

以上要求在适航条款 CCAR25.609 中做了明确要求。

为满足该适航条款的要求,需在设计时给予必要的关注。

例如点对点(pin to pin)式作动器(如 ARJ21-700 飞机地面扰流板作动器),为防止作动器接头相对安装销偏转而与结构耳片磨损,需增加防磨垫片,如图 5-51 所示。

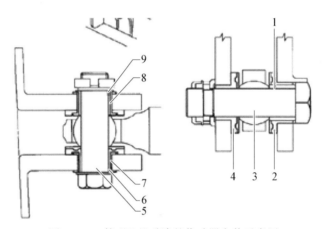

图 5-51　某型飞机升降舵作动器安装示意图

又如飞机主起落架舱、机翼前后缘、垂尾、平尾后缘等区域具有一定开敞性,飞控系统设备布置在该区域内容易受到灰尘、湿气等侵蚀。

所有部件的设计都应避免易积水的结构形式,以防止水、凝结潮气或者其他液体进入或聚集其中。系统设备与图中支架面贴合安装,为避免贴合面处积累水汽,可考虑在贴合面下部增加排水槽。

5.5.4　间隙控制

飞控系统部件和结构或其他部件之间应有必要的间隙,以保证在温度变化气动载荷作用、结构变形、振动、制造公差的积累或磨损等组合作用下,不使飞控系统的任何运动部分发生紧涩或卡阻。一般两个运动部件间的最小运动间隙应不小于25.4 mm,运动部件与固定部件间的最小运动间隙应不小于 12.7 mm。对于空间特别紧张的部位,在充分考虑不利影响的情况下一般应保证下列最小间隙:

除航线可更换部件内部零件间,或接触无有害影响的部位可保持较小间隙外,固定部件之间间隙应不小于 3 mm。

除航线可更换部件内部零件间,或接触无有害影响的部位可以保持较小间隙外,与同一结构或设备相连,彼此有相对运动的部件之间应不小于 3 mm;与不同的结构或设备相连,彼此有相对运动的部件之间间隙应不小于 12.7 mm。

5.5.5　带电设备电搭接

良好的电搭接是防电击、静电防护、闪电防护、电磁干扰防护以及 HIRF 防护的必要措施。飞控系统设备主要包括驾驶操纵器件、复杂电子硬件、作动器等，带电工作的设备需要与飞机结构之间实现良好的电搭接，从而为其提供稳定的低阻抗电气通路。飞控系统设备进行电搭接主要有以下两个目的：

（1）泄放故障电流，防止人员电击伤害。

（2）为电子硬件提供低阻抗的电搭接路径实现电流泄放，防止因为 RF 电流、闪电、沉积静电导致损坏或性能降级。

飞控系统复杂电子设备均包含电气线路，为消除电击危险，故需进行防电击搭接，为了降低 RF 辐射和干扰的影响，同时该类设备需进行防射频搭接；对于具有电气指令的伺服作动器，由于存在往复运动，并具有电气线路，需进行防静电和射频搭接。一个电搭接可能具有多个搭接目的，这种电搭接设计应采用要求最严格的电搭接类型，确保最终设计满足所有类别的要求。

关于电搭接的方法，需要依据设备的具体安装位置选定，一般采用直接搭接-面面搭接的方式，通过机械的方式将两个导电表面连在一起，提供电气导电连接。

对于无法进行面面搭接的可以使用间接搭接，通过搭接线或搭接条实现电搭接。搭接线在端部通过搭接端子与金属部件面面接触搭接。搭接条或搭接线通过紧固件连接到被搭接部件，如图 5-52 所示。通常情况下紧固件不属于搭接路径的一部分。紧固件提供机械夹紧力以确保金属与金属之间（实际的搭接表面）表面接触良好。

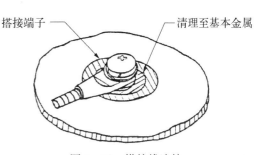

图 5-52　搭接线连接

为了保证其射频频段的有效性，搭接路径的电感应尽量低。搭接条应尽量短，理想情况下的长宽比应小于 5:1。射频搭接很难直接测量其有效性，因此一般采用标准直流搭接测量方法，要求设备机壳与结构之间或安装托架或安装平板之间的直流电阻值不大于 2.5 毫欧。

6 飞控系统实现的验证

6.1 概述

验证的目的是为了保证所设计的产品满足产品规范要求。对于飞控系统相关的设备、产品与子系统，所有的在设计规范列出的要求及功能都必须经过验证，要通过一系列的试验来证明研制的设备、产品、子系统符合设计要求。

由图 2-1 可以看出，验证活动位于双 V 的右边。因此，在产品的研制过程中，主制造商面对飞机用户和市场的任务，主要是飞机级和系统级的需求确认和系统综合、飞机级的验证。供应商面对主制造商主要是对需求的验证，特别是设备级和子系统的验证。

本章节将描述在飞控系统研制阶段的验证活动，偏重试验和评审方法。根据飞控系统研制的不同阶段，验证方法主要分为：设备级试验、系统级试验、综合试验与飞行试验。

6.2 实现验证过程

6.2.1 验证目的

试验验证过程的目的是表明每一层的实施都满足了对应层级的需求。它主要包括 3 个目标：

（1）确定预期的功能已经正确地实现。

（2）确定所有的需求都已得到满足。

（3）对于所实现的系统功能，确保安全性评估是有效的。

6.2.2 验证过程

6.2.2.1 验证活动的严酷度

验证活动的严酷度由飞控系统的功能研制保证等级（FDAL）和项目的项目研制保证等级（IDAL）来确定。对于 DAL 等级为 A 或 B 的需求，应有包含试验在内的两种方法进行验证。对于 DAL 等级为 C 的需求，至少应该有一种验证方法进行验证。对于 DAL 等级为 D 的需求，可以根据与局方协商确定。对于 DAL 等级为 E 的需求，可以不需要进行验证。针对不同 DAL 等级的需求验证方法如表 6-1 所示。

表 6 - 1　针对不同 DAL 等级需求的验证方法

方法和数据	DAL 等级			
	A 和 B	C	D	E
ASA/SSA	R	R	A	N
检查、评审、分析、建模或试验	R（试验及其他一个或几个方法）	R（一个或几个方法）	A	N
试验、非预期功能	R	A	A	N
相似性和工程经验	A	A	A	N

6.2.2.2　制定飞控系统需求验证计划

验证程序包括验证的需求、验证需要的条件、环境，验证的步骤和判据准则等。对于飞控系统的需求，必须验证或证实程序的正确性，并证实预期功能和非预期功能对安全性影响的置信度，还需要验证程序中的安全性需求。对于飞控系统的系统验证程序，应该按照 SAE ARP 4754A 中第一类构型控制文件（SC1）的要求进行管理。

6.2.2.3　执行实施验证活动并捕获验证证据

执行实施验证活动是指根据每条需求对应的验证方法验证产品需求的满足性。在执行验证活动中，应保存相关的资料作为验证的证据。

6.2.2.4　编制验证活动总结

该活动主要是对验证活动中产生的数据进行分析和总结，以确定通过验证活动所展示的产品性能对需求的符合性，并将这些信息记录到验证总结报告中。如果验证过程与验证计划有重大的偏离，应在验证总结报告中记录这些偏离。另外，对于有影响安全的开口项，应该记录跟踪这些开口项并评估其对安全性的影响。

6.2.3　验证方法

有 5 种方法用于飞控系统或设备的实施验证，包括：

1）检查或评审

检查或评审是指对过程文件、图纸、硬件或软件的检查或评审，以验证需求是否得到了满足。检查通常是采用不会对系统或设备产生不利影响的手段进行。

2）分析

分析通过对系统或设备进行详细的检查（如功能性、性能和安全性）获得符合性的证据，应评估系统或项目在正常和非正常状态下如何按照预期的要求运行。

3）建模仿真

应用仿真模型来验证系统的设计特征、系统的行为和性能。复杂系统的建模通常是由计算、仿真和试验相结合完成的。但是在系统行为是可以确定的情况下进行建模也可能是完全通过计算进行。为了获得系统早期的信息或达到其他目的,建模也可能用于对系统参数的评估。

4）试验或演示

试验是通过运行系统或设备以验证要求得以满足的方式,为正确性提供可重复实施的证据。对试验准备的评审确立了系统或项目要求试验样本的适用性。对于飞控系统设备级、系统级和飞机级验证的试验或演示,详见本书第 6.3、6.4、6.5、6.6 节。

5）相似性与工程经验

若有适用的工程经验,或对已得到文件证明的系统/设备进行设计更改,则可采用以往的使用经验支持系统或设备的合格审定。该方法允许通过比较相似设备或系统的要求来进行要求确认。适用的经验时间越长,相似性证明越合理。直到在使用过程中出现所有的重要问题都得以理解和解决,才可使用相似性证据。

6.3　设备级试验

当设备按照前期设计完成制造后,需对所设计的产品进行严格的试验认证,以保证设计、制造的产品达到交付飞机使用的要求。进行的试验包括验收试验、首飞安全性试验以及鉴定试验。若设备的验收试验、首飞安全性试验、鉴定试验中任一项不能达到设计指标要求,则需要对产品进行更改设计,并再次完成所有的试验内容。

6.3.1　验收试验

验收试验（AT）的目的,通常是对外观、重量等一般性技术指标进行确认,同时,对一些基本的性能进行测试,保证所交付的产品满足基本的功能特征,满足产品的功能需求。在产品交付之前,无论是试验产品还是最终产品,对于每一件产品都必须完成验收试验,严格完成各项试验是产品能够交付的先决条件。在向客户交付产品的同时,提供每件产品的验收试验报告。

6.3.2　鉴定试验

飞控系统的鉴定试验（QT）是验证飞控系统设备的环境适应性。鉴定试验一般包括设备的物理特性（尺寸、重量等）检测、功能和性能检测、电气特性试验、环境鉴定试验和电磁兼容性试验等。

主制造商对飞机设备的合格鉴定要求一般会以《飞机设备合格鉴定需求》文件的形式提出,它依据 CAAR/FAR 25 部适航标准的要求和一些专用条件,机载设备的安装位置分类和研制保证等级（DAL）分类,以及适用的 DO160 规范的版本,规定各种设备的自然环境、机械环境和电磁环境条件,通过试验向局方证明系统对各种试验条件的符合性。

6.3.2.1　环境试验/电磁兼容试验

DO160 是机载设备环境和试验程序的国际规范,它对设备连接与方向,测试项目之间的顺序逻辑、温箱大气温度测量,环境条件温度/湿度/气压及其容差,测试设备及其校准,电气电子设备敏感性测试下的构型设置等均作了要求,并根据设备分类(category)规定了试验的各种条件:

(1) 自然环境条件。

包括温度与高度、温度变化、湿度、防水性、流体敏感性、砂尘、霉菌、盐雾和结冰。

(2) 机械环境条件。

包括工作冲击、坠撞安全和振动。

(3) 电磁环境条件。

包括磁效应、电源特性、电压冲击、音频传导敏感度、感应型号敏感度、射频敏感度(辐射与传导)、射频能量发射、闪电感应瞬态敏感度、闪电直接效应和静电释放。

此外还包括防爆性、防火和可燃性等具体要求。

下面以 ARJ21‑700 飞机的缝翼作动器为例,说明需要实施的合格鉴定试验项目及其方法。

ARJ21‑700 飞机的每块缝翼由两个作动器驱动。缝翼作动器有 4 种不同构型。这些作动器有两种尺寸规格:A 型和 B 型尺寸相同,为小尺寸,C 型和 D 型尺寸相同,为大尺寸。外形尺寸相同的不同构型的作动器的区别在于扭矩限制器设定的最大扭矩值不同,最大扭矩值是根据不同的最大操纵载荷的要求设定的。在做合格鉴定试验时,因此选取了 B 型作动器和 D 型作动器作为试验件,试验的项目与方法如表 6‑2 所示。

表 6‑2　ARJ21‑700 飞机缝翼作动器设备鉴定试验项目表

设备鉴定项	试　验　件		鉴　定　方　法
	B 型作动器	D 型作动器	
操纵耐久性试验	T	T	试验
扭矩限制器(TL)耐久性试验	T	T	试验
疲劳试验	T	T	试验
限制载荷试验	T	T	试验
极限载荷试验	T	T	试验
高度试验	S	S	相似性分析
温度试验	T	T	试验
温度变化试验	S	S	相似性分析
湿度试验	S	S	相似性分析
防水试验	S	S	相似性分析
流体敏感性试验	S	S	分析
砂尘试验	S	S	相似性分析

（续表）

设备鉴定项	试 验 件		鉴定方法
	B 型作动器	D 型作动器	
霉菌试验	S	S	分析
盐雾试验	S	S	相似性分析
结冰试验-B 类	S	S	相似性分析
结冰试验-C 类	S	S	相似性分析
冲击、坠撞安全试验	T	T	试验
振动试验	T	T	试验
加速度试验	A	A	分析

注：T 表示试验鉴定方法，A 表示分析鉴定方法，S 表示相似分析鉴定方法。

6.3.2.2　疲劳耐久试验

疲劳试验（fatigue test）和耐久试验（endurance test）是两种类型的试验。

疲劳试验是指为了测试机载设备的抗疲劳强度，通常测试条件会采用交变载荷。例如当高升力系统的襟翼和缝翼翼面到达指令位置后，各个任务剖面使用情况下翼面的气动载荷一直在变化，这样就造成了高升力操纵机构上的支撑力矩发生变化，这种载荷也称为高升力操纵机构的疲劳载荷（又称为静疲劳载荷）。由于在疲劳载荷的各个使用情况中襟/缝翼翼面都不运动，疲劳载荷谱不受机构摩擦影响。

耐久试验是为了测试机载设备的综合运转时间。它基本依据实际使用的情况设置测试条件，一般是某一个工作状况运转一段时间，再在另一个工作状况条件下运转一定时间。例如高升力系统的耐久试验要施加起飞之前翼面放下、起飞之后翼面收起、着陆之前翼面放下与着陆之后翼面收起等 4 个工作状况中高升力操纵机构需要承受的载荷。耐久性载荷谱在操纵载荷的基础上编制。

6.3.2.3　首飞安全性试验

为支持飞机的首次飞行以及之后的飞行试验，需要在飞机首飞之前完成产品的首飞安全性试验（SOF）。

SOF 是合格鉴定试验的一个子集。因为在飞机的首飞及飞行试验过程中，会受到温度、振动、冲击等因素的影响，因此，SOF 试验需要对温度、振动、冲击、疲劳等以及其他一些项目进行试验，以验证产品满足最低水平的可靠性要求。在飞机首飞之前，供应商需要提供 SOF 试验报告，以证明装机的产品满足首飞要求，如果产品已经完成了鉴定试验，就可以不进行 SOF 试验。通过完成这些试验，能够有效地保证新研制飞机的飞行试验的安全。

SOF 的主要试验内容如下：

（1）各设备功能、性能试验。

（2）温度、高度、湿度试验。

（3）随机振动试验。

（4）电源和液压源的瞬变和降级效应。

（5）静力试验（限制载荷和极限载荷）。

a. 25％的耐久试验。

b. 液压设备的冲击试验。

c. 输入功率限制和功率瞬变试验。

当完成这些试验以后，还需要完成验收试验，以保证在完成试验以后，设备仍然能满足基本的功能需求。通过首飞安全性试验验证了设备满足最低水平的可靠性要求，保证装机的设备可以支持飞机首飞及其后续的飞行试验。

6.4　系统级试验

供应商、飞机厂商通常在实验室利用铁鸟（IB）台架或是工程飞行模拟器，在正常工作模式和各种故障模式下尽可能地完成飞控系统的验证试验。

6.4.1　供应商系统级试验

机载设备供应商依据在系统研制过程的职责的不同，分为设备供应商和系统集成供应商。作为系统集成供应商，就需要在向主机研制单位交付整个系统之前，除了完成必要的设备级试验外，还要完成一定程度的系统级试验。这些试验用于检查系统的正常功能与发生故障后的响应是否符合设计规范要求。

例如 ARJ21 - 700 飞机的高升力系统在试验台架上完成了 8 个系统级试验。该试验台架由右侧机翼的襟/缝翼零部件组成，在 PDU 的右侧安装真实的传动线系和作动器。传动线系由扭力管、角齿轮箱和轴承支撑座组成，能反映飞机真实构型下零部件所具有的特性，如长度、刚度、间隙、惯量和传动关系等。每个作动器所承受的载荷由液压伺服加载系统施加，加载载荷按照飞行状态施加相应的载荷；PDU 的左侧安装了轴向驱动测试设备（具有典型的惯量、刚度和间隙）、位置传感器以及模拟系统左侧载荷的伺服加载系统。

完成的试验项目如表 6 - 3 所示。

表 6 - 3　供应商系统级试验项目

序　号	试　验　项　目
1	系统伸出/收起试验-常温条件
2	系统伸出/收起试验-低温条件
3	系统非对称试验-静态脱开
4	系统非对称试验-动态脱开
5	作动器卡阻/过行程试验
6	电源输入
7	上电自检测时电机刹车脱开失效
8	电机绕组通路测试试验

6.4.2 铁鸟试验

铁鸟试验是综合化程度较高的系统综合验证试验,它往往由飞控系统、液压系统、起落架系统等组成,以进行多系统的综合验证试验,还包括电源、航电系统参与的接口试验,铁鸟试验是一种较高级别的飞机级系统综合试验,也是目前比较常用的试验模式。铁鸟试验台是型号飞机的专用试验设施,以全尺寸的实物模拟为主,为了确保系统验证试验的置信度,应使被试系统尽量接近真实,所以系统综合验证试验通常都必须安装真实的系统部件和设备,包括系统的真实导线/电缆和管路系统。

根据一般飞机设计经验,在飞机的详细设计阶段结束后,铁鸟综合试验台应完成交付验收,并在首飞前预留半年~1年的试验时间,在系统综合与试验阶段和飞行试验阶段使用,铁鸟综合试验台可持续使用到整个飞机的飞行试验过程结束。首飞前至少完成1 000飞行小时的试验。

ARJ21-700飞控系统的铁鸟台架是依据真实飞机1∶1全尺寸设计的飞控、液压、起落架共用的综合试验台,台架本体分段组成,上面安装有除水平安定面外的所有操纵面、飞控系统国内试验件和国外成品件、飞控加载系统以及飞控试验所需的测试系统及设备。

铁鸟试验台中的硬件设备采用的是与真实飞机相同的组件,包括飞行控制盒、作动器电子控制装置、飞控软件以及操纵面,这保证了试验台与真实飞机的一致性。

铁鸟试验主要是验证飞控系统在液压系统与电源系统的支持下的系统功能和性能是否能够满足设计要求并能够安全可靠的运行。铁鸟试验作为系统级鉴定试验,是飞机首飞和飞行试验前一切试验的基础和核心,为飞机首飞和飞行试验提供了保障。

铁鸟试验的科目主要分为以下4类:

(1) 系统正常功能与性能试验。

(2) 系统故障和影响试验。

(3) 系统接口试验,并优化人机接口。

(4) 驾驶员在环试验,使驾驶员熟悉飞机的操纵特点,验证机载飞行控制律的符合性,制定操作程序和应急处理措施,确保飞行安全。

ARJ21-700飞机飞控系统的典型铁鸟试验项目,如表6-4所示。

表6-4 典型铁鸟试验项目

序 号	试 验 项 目
1	系统(副翼、升降舵、方向舵和扰流板)力纷争均衡及监控功能
2	作动器(副翼、升降舵、方向舵和扰流板)振荡检测功能
3	作动器(副翼、方向舵、升降舵和扰流板)瞬态检测功能
4	操纵面(副翼、升降舵、方向舵和扰流板)卡阻
5	操纵器件(驾驶盘、驾驶杆、脚蹬、手柄和配平开关)卡阻试验
6	系统(副翼、升降舵、方向舵和扰流板)控制增益检查

6.4.3 工程飞行模拟器试验

工程飞行模拟器是现代飞机飞控系统设计中的通用试验设施,帮助工程设计人员改善飞机设计及系统性能,评价飞机飞行品质,也是飞行试验工程师和控制律设计工程师必要的试验研究手段。在飞机设计的早期,使用工程飞行模拟器开发控制律,研究飞机的飞行品质。工程飞行模拟器可以对机载系统进行综合验证,及早发现问题;可以验证系统之间的动态匹配关系;可以让驾驶员尽早介入飞机设计,有利于控制律、人机界面的开发和设计;可以缩短研制周期;复现、分析解决飞行试验中发现的问题,同时可以进行危险模式的飞行仿真,代替部分飞行试验,降低风险。

在民用飞机的适航取证过程中,工程飞行模拟器也发挥着重要的作用。MC8即模拟器试验,利用模拟器对飞机的爬升、巡航、下降、进场和着陆过程中系统故障等进行符合性验证。通过工程飞行模拟器检查驾驶舱的布置对适航要求符合性,模拟系统故障时飞机的操纵性,同时评估潜在失效的危害性。工程飞行模拟器和飞机的符合性修改与飞机研制同步进行,它的更新过程自始至终受到飞机设计过程尤其是飞行试验的牵制,同时,工程飞行模拟器的更新又能加速飞机的设计进程。根据一般飞机设计经验,在飞机控制律完成初步设计后,工程飞行模拟器就应该投入使用,并持续工作到试飞过程的结束。(注:工程飞行模拟器是通用设施,在新机设计开始前就已经具备试验能力,所以不能说它的研制是与飞机研制同步进行的。而是在飞机研制过程中需要不断更新飞行模拟器的飞控控制律的构型和气动导数。)

下面以 ARJ21‐700 飞机飞控系统为例说明应完成的主要的工程试验项目。ARJ21‐700 飞机飞控系统的主要模拟器试验项目,如表 6‐5 所示。所述试验项目偏重于系统的 SFHA 项目,主要用来验证 SFHA 的影响等级。

表 6‐5 ARJ21‐700 飞机飞控系统飞行模拟器的典型试验项目

序　号	试　验　项　目
1	丧失单个副翼滚转控制功能——单侧副翼漂浮、卡阻
2	丧失单个升降舵俯仰控制功能——单侧升降舵漂浮、卡阻
3	高速飞行时丧失升降舵俯仰控制权限限制功能
4	驾驶杆丧失一半的人工感觉和回中力
5	丧失方向舵偏航控制功能
6	两套脚蹬丧失全部人工感觉和回中力
7	模拟双发失效

6.4.4 HIRF 试验

DO160 中第 20 章‐射频敏感度(辐射和传导)是针对机载设备的高强度辐射场的测试条件与程序。该程序的目的是确定设备及其互连电缆在受到射频调制功率电平通过射频辐射场辐射时，是否可以在其性能指标范围内正常工作，即检验设备承受电场辐射的能力。对于 10 kHz～400 MHz，受试设备（EUT）需承受由注入探头方式耦合到电缆线束的射频信号；对于 100 MHz 以上的频率，EUT 承受辐射射频场照射。

以 ARJ21‑700 飞机为例，飞控系统由驾驶舱操纵器件、飞控计算机（FCC）、主飞控作动器电子控制装置（PACE）和作动器等部件组成。因此飞控系统的 EUT 是指 FCC，主飞控作动器电子控制装置（P‑ACE）及其互连电缆。该试验中所有的 EUT 及其互连电缆、电源线都需暴露在一定频率范围（100 MHz～18 GHz）的射频辐射场中。

RTCA/DO160 射频辐射敏感度试验对象允许使用两种测试环境。一种是屏蔽半电波暗室，另一种是混响室。混响室是近年来发展起来的电磁兼容试验场地，可以在屏蔽腔体内产生空间统计均匀、各向同性、随机计划的散设场电磁环境。混响室在电磁辐射测试方面存在很多优点，其工作空间大，测试简单快捷，并能减少测量的不确定度，提高测量的重复性。ARJ21‑700 飞机飞控系统的 HIRF 试验均是在混响室环境进行的。

图 6‑1 所示为主飞控系统 HIRF 试验系统组成原理图。图中左半部分为 EUT 和真实飞机上的连接电缆以及各种类型的负载。驾驶舱操纵器件等采用真实或仿真负载，通过机载互连电缆与 FCC 进行通信。图中右半部分是试验数据采集系统，用于实时采集飞控系统各部件的系统状态数据，实时监控，并通过用户交互界面实时显示。数据采集系统记录的数据通过后处理生成系统状态报告，用以分析试验中系统运送状态该，来判断是否满足试验测试要求。

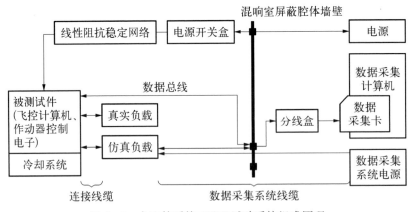

图 6‑1　主飞控系统 HIRF 试验系统组成原理

6.5　综合试验

飞控系统的综合试验是在真实飞机环境下，检查飞控系统与航电系统、电源系统、液压能源系统与机体结构等相关系统的交联情况,偏重于验证系统与系统、系统与机体结构之间的接口定义。

6.5.1 系统交联试验

ARJ21-700飞机飞控系统在正常工作时,需要大量来自大气数据计算机、姿态与航向基准计算机等航电系统的外围信号,因此有必要做飞控系统与航电系统的交联试验,检查飞控系统与航电系统之间电子电气接口的正确性。试验目的具体包括以下几个方面:

(1)验证飞控系统与航电等其他系统的数据接口。

(2)验证飞控系统(包括主飞控、高升力、自动飞行控制系统)与航电等其他系统交联的功能完整性。

(3)验证交联时的控制逻辑、响应的正确性。

(4)验证交联时飞控系统机组告警信息(CAS)、中央维护系统(CMS)等信息显示功能。

在飞控系统地面模拟试验环境中,这些外围信号可分别来自:铁鸟自身的信号仿真设备、铁鸟自身外围的真实航线可更换单元(LRU)、航电实验室真实的LRU。在飞控铁鸟独立试验中需与航电系统交联时,使用铁鸟自身的信号仿真设备或铁鸟自身外围的真实LRU。在与航电实验室交联时,使用航电实验室真实的LRU。

6.5.2 飞机地面功能试验

飞机功能试验是被试验机完成总装后需要进行的一系列试验,验证总装后飞机各方面的功能。飞控系统飞机功能试验是对整架飞机飞行试验前的飞控系统进行综合试验,偏重于在真实飞机环境下的飞控系统设备功能与系统功能的检查,例如飞控系统操纵面在不同工作状况(不同工作模式、不同空速、不同襟/缝翼构型)下的偏度与偏转速度,飞控系统在各工作模式之间的转换等。

ARJ21-700飞机飞控系统完成的典型飞机地面功能试验的科目,如表6-6所示。

表6-6 ARJ21-700飞机飞控系统的典型机上地面试验科目

序 号	试 验 项 目
1	操纵面(副翼、升降舵、方向舵和扰流板)偏度/测试
2	控制系统(副翼、升降舵、方向舵和扰流板)增益测试
3	控制系统(副翼、升降舵、方向舵和扰流板)正常模式和直接模式转换功能试验
4	单个作动器(副翼、升降舵和方向舵)工作时的操纵面偏转速度测试

6.5.3 结构模态耦合试验

带电传飞控系统的民用飞机安装了各类传感器以感受飞机的状态。飞控计算机将传感器的信号及驾驶员的指令进行综合处理,按照预先设计的控制律操纵伺服作动器,驱动操纵面运动以达到控制飞机运动的目的。控制律设计时是将飞机视作刚体,但在大气中飞行时飞机产生弹性变形和振动,传感器信号不仅包含飞行器刚体运动信息,也包含机体结构的弹性信息。弹性信号通过传感器进入飞控系统使操纵面产生附加偏转,这将导致飞机和操纵面产生弹性耦合振荡运动,对飞机的稳定性可能产生负面影响,使飞机出现气动伺服弹性(Aero Servo Elasticity, ASE)不稳定现象,影响飞行安全

　　飞机地面结构耦合试验的目的在于通过飞机地面试验验证飞机结构与飞控系统之间的耦合情况,为气动伺服弹性稳定性分析提供依据。飞机地面结构耦合试验非常重要,其结果通常用于修正 ASE 分析所用的理论数学模型。

　　结构耦合试验分为两项,即开环频率响应试验和闭环稳定裕度试验,采用脉冲激励和扫频输入激励方式进行。试验需要全面覆盖不同的控制律工作模式、飞机的构型等,还要考虑操纵面失效后的气动伺服弹性问题。地面结构模态耦合试验(SMI)可以近似检查飞机在低空低速飞行状态下的气动伺服弹性稳定性。

　　如图 6-2 所示,在 ARJ21-700 飞机进行全机地面 SMI 试验的过程中系统处于闭环工作状态,动态信号分析设备通过 SMI 接口控制器向飞控系统后段(主作动器电子控制装置测试口)。输入扫频或阶跃信号,激励飞控系统操纵面运动;操纵面的运动致使弹性支撑的飞机产生振荡。飞机的振荡信号经姿态航向基准系统传感器反馈至飞控系统或自动飞行控制系统,飞控系统或自动飞行控制系统产生偏差信号形成前向通道控制指令。SMI 接口控制器将前向通道控制指令信号作为反馈信号输入频响分析仪,用于频响分析。同时 SMI 接口控制器将前向通道控制指令与动态信号分析设备输出的信号叠加,继续驱动操纵面运动,从而完成飞机大闭环的频响测试。

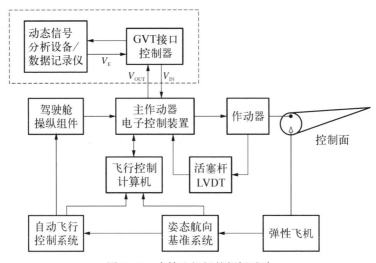

图 6-2　支持飞机级的颤振试验

6.6　飞行试验

在完成系统综合试验后,通常在数架原型机上开展多项飞行试验,以验证飞控系统在真实的大气环境下的功能与性能。飞控系统的飞行试验难度较大,周期长,需要飞控专业和操稳、性能、航电系统、电源系统和液压系统等专业的紧密配合。

飞控系统飞行试验的一部分科目的任务是检查系统功能的,另一部分科目检查 SFHA 中失效状态(failure condiction)影响等级为Ⅲ类(较小的)的系统和飞机响应。依据实施阶段的不同,飞控系统的飞行试验分为两类:研发试验和表明符合性试验。研发试验和表明符合性试验在科目上有一定的重合,但是前者的科目一般多于后者的科目。

综上所述,飞控系统的飞行试验除了检查系统的正常功能与性能,支持飞机级试飞验证活动外,还能够检查在故障条件下系统的响应,例如操纵面卡阻条件,丧失部分电源或液压能源。按照设计规范和适航条款(如适航条款 CCAR25.671)的要求,飞控系统在发生上述故障时,依然可以支持飞机继续飞行和安全着陆。飞控系统的飞行试验必须符合 AC25-7 中规定的符合性方法,试验数据也必须符合该咨询通告中的修正要求。ARJ21-700 飞机飞控系统的典型飞行试验项目,如表 6-7 所示。

表 6-7　ARJ21-700 飞机飞控系统的典型飞行试验项目

序　号	试　验　项　目
1	主飞控系统正常模式
2	主飞控系统直接模式
3	襟/缝翼系统正常功能
4	主飞控系统故障
5	襟/缝翼系统故障
6	主飞控系统单块副翼卡阻
7	双发失效时主飞控系统的操纵

7 飞控系统研制过程保证

7.1 概述

研制过程保证是一种面向产品全生命周期,以产品计划的研制活动为被控对象的管理方式,将各阶段的产品研制活动通过评审、监控、审核等过程证据进行收集和整理,以保证产品研制过程证据的有效性和可追溯性,并支持系统研制完成总结报告的管理技术工作。研制过程保证给乘客、用户和适航当局提供安全保证和信心,也是对设计部门在研制过程中必须遵从已批准的计划和标准的管理措施和手段。研制过程保证工作并不意指或推行具体的组织架构或职责,但研制过程保证和研制过程之间应具有一定的相互独立性。研制过程保证主要是发现和解决研制工作的问题,并以检查单的方式进行记录和存档,其实质是要求研制过程及辅助过程的活动按已计划的去做,做已计划的工作,记录好已完成的计划工作,就是确保研制过程及辅助过程的工作质量。

研制过程保证的主要目标是确保系统的各类计划与飞机级计划保持一致,产品的研制能按既定的计划完成,并确保研制保证工作得以保持和跟踪,从而保证项目研制工作得以保持和遵守。通过研制过程保证,可以达到以下几个具体目标:

(1) 对于飞机、系统和项目研制的所有方面,确保必要的计划得以制定和保持。

(2) 提供证据以表明研制工作和过程是按已批准的计划进行的。

(3) 确保系统研制生命周期过程中的转段准则被满足。

(4) 确保系统研制生命周期过程中识别的偏离均被评估和处置。

(5) 为系统研制过程提供及时、准确的信息,以促进对系统问题的纠正和采取预防性措施。

(6) 对系统适航和质量审查的完成情况提供独立确认。

(7) 对系统研制过程中输出物的完整性提供独立的保证。

(8) 通过过程保证对评审过程提供支持。

(9) 确保评审过程的有效性。

(10) 确保研制过程中所有的人为经验教训都得到评审并被合理采用。

研制过程保证活动是对系统研制全生命周期过程的监控,因此,从事研制过程保证的组织机构与研制过程之间应保持一定的独立性。

7.2 资源

研制过程保证涉及各种资源的投入,只有配置完备的资源才能使研制过程得到完全保证。这些资源包括机构设置、人力资源配置、保证环境和软/硬件工具等。

(1) 机构及职责:应有专门从事过程控制保证的团队,授权这些团队具有处置问题的正当权限,使其能正确履行职责,以达到目标。

(2) 人力资源:人力资源团队、项目团队及承担过程保证控制的团队必须保证项目在进行的过程中有足够的人员(包括过程控制人员和研发人员),所有人员均按工作的类型和任务量配置,其中研发团队也可以根据任务量率先提出人员需求。

(3) 使用环境和工具:项目团队、研发部门和承担过程保证的部门应建立研制及过程保证所需的数据平台,并根据权限实现各部门和人员间的数据共享,如:Rational DOORS 需求管理追溯工具、质量管理系统、适航规章数据库管理系统、标准资料数据及文件发布平台等。

7.2.1　机构与职责

实施飞控系统研制保证活动的机构应包括人力资源团队、工程设计团队、项目团队、供应商管理团队、质量保证团队、适航管理团队、构型管理团队等。以上团队从不同方面发挥过程保证的作用,相关职责如下:

1) 人力资源团队

(1) 根据项目进度、人力需求组织编制人力资源规划并实施。

(2) 负责项目人力资源配置。

(3) 负责教育培训管理工作。

(4) 负责项目团队建设和指导检查工作。

2) 工程设计团队

(1) 负责系统所有研制工作。

(2) 支持其他团队对研制过程的保证活动。

3) 项目管理团队

(1) 负责项目计划管理体系的建立和维护,包括制定和组织实施项目研制计划,对项目计划的执行情况进行监督和检查。

(2) 负责履行适航条款有关规定,落实适航当局的要求。

(3) 负责协调、处理项目研制、试验/飞行试验、生产、交付中出现的重大问题。

(4) 负责项目文件体系的建立和运行维护。

(5) 负责组织实施、监督和检查项目试验和飞行试验工作。

（6）负责项目风险管理工作。

4）供应商管理团队

（1）负责项目的供应商管理工作。

（2）负责项目供应链体系的建设、管理及资源开发工作。

（3）负责组织供应商的评价工作，建立供应商数据库。

（4）负责对合同的执行与监控。

5）质量保证团队

（1）负责质量管理体系建设和维护。

（2）负责质量方法推进和供应商质量体系的评价工作。

（3）负责项目质量策划管理工作。

（4）负责派驻（外）质量监督代表的管理工作。

（5）负责各级标准规范管理，组织建立标准规范体系。

（6）负责技术文件和程序文件的标准化管理。

（7）负责技术成熟度的管理工作。

（8）归口理化试验和计量管理工作。

6）适航管理团队

（1）负责组织建立和完善适航体系，组织实施适航取证能力建设。

（2）负责组织建立并动态管理设计保证体系，指导、协调、监督和检查设计保证体系的运转。

（3）负责跟踪局方的适航规章、标准、程序和修订情况。

（4）负责明确适航要求，指导、监督和检查项目研制工作中贯彻落实适航法规和适航要求的情况。

（5）负责组织项目的适航取证工作。

7）构型管理团队

（1）负责项目构型管理工作的规划和实施。

（2）负责构型基线建立和更改控制。

（3）实现对相关活动的归档和检索。

7.2.2　应用标准

研制过程保证计划涉及的标准/文件分为两类，除提供支持的标准和文件外，另一部分为直接应用或遵从的标准、文件，如：用于主飞控系统研制保证的 DO－178B、DO－254 指南；用于质量认证的 AS9100C 体系文件及公司内部的过程保证和控制文件等，具体见表 7－1、表 7－2、表 7－3。表 7－1 的行业指南或监控标准是研制过程保证必须符合和追溯的，研制过程保证计划的具体工作内容根据其规定进行编制。此外，研制过程中采用的工业标准（包括材料和工艺标准）必须在规定的经批准的使用目录中。

表 7-1　行业指南和标准

序号	编　号	名　称	发布机构
1	ARP 4754A	Guidelines for Development of Civil Aircraft and Systems	SAE
2	DO-178B	Software Considerations in Airborne Systems and Equipment Certification	RTCA
3	DO-254	Design Assurance Guidance for Airborne Electronic Hardware	RTCA

表 7-2　质量体系文件

序号	编　号	名　称	发布机构
1	AS9006	Deliverable Aerospace Software Supplement for AS9100A Quality Management Systems Aerospace Requirements for Software (based on AS9100A)	SAE
2	AS9100C	Quality Management Systems-Requirements for Aviation, Space and Defense Organizations	RTCA

表 7-3　公司内部控制与保证文件

序　号	名　称
1	质量手册
2	公司标准和文件编号规定
3	公司标准管理程序
4	文件管理程序
5	公司标准编写要求
6	文件编写通用要求
7	××项目设计保证手册
8	××项目设计保证系统内部监控管理规定
9	××项目设计保证手册管理规定
10	专业技术人员岗位职责
11	××项目符合性验证计划 IPT 管理要求
12	××项目研制程序
13	××项目审定计划管理规定
14	××项目符合性文件编制要求
15	工艺验证试验管理规定
16	××项目适航取证资料归档管理规定

（续表）

序　号	名　　　　称
17	××项目适航取证信息管理规定
18	××项目适航取证问题纪要管理程序
19	××项目申请特许飞行证管理规定
20	××项目全机级符合性验证计划管理规定
21	××项目审定基础管理规定
22	××项目适用适航条款管理的管理程序
23	××项目适航符合性检查清单管理规定
24	××项目CP实施计划管理规定
25	××项目制造符合性检查管理规定
26	供应商管理办法
27	××项目构型管理大纲
28	××项目构型控制通用要求
29	××项目研制构型控制要求

7.2.3　使用环境及工具

研制过程保证环境是指完成过程保证目标所必需的工具，包括专用的航空产品设计工具、项目管理工具、研制过程保证专用工具和方法管理工具。当研制过程保证使用计划规定的研制环境和手段时，允许项目工作先行启动。但有些工具要求先获得使用权，完成安装和建立构型。授权的研制过程保证工程师和现场负责人有责任确保这些使用环境和工具安装成功，因为这些环境和工具是必需的，它能确保研制过程保证工作的顺利开展。飞控系统研制过程保证所需的环境和工具如表7-4所示。

表7-4　飞控系统研制过程保证所需的环境和工具

序　号	平台名称	描　　　述
1	数据管理平台	用于生命周期数据的创建、更改、签审及发放
2	质量管理系统	对评审中出现的问题及行动项进行归零管理
3	适航规章数据库管理系统	对现行适航规章、专用技术条件、问题纪要、咨询通告及修正案进行管理
4	问题报告管理平台	对研制过程中出现的问题进行跟踪管理
5	项目管理信息系统	用于沟通信息维护，如对项目研制问题进行协调、发布项目研制简报、报告项目研制重大事件、进行会议管理及规定项目问题办理/待办流程等

(续表)

序　号	平台名称	描　　述
6	项目风险管理系统	该平台用于对项目研制所面临的风险进行预警,并落实化解风险的措施和方案
7	标准化文件管理系统	用于发布标准管理化文件、文件取号、模板下载及外场技术通知查询等
8	构型管理系统	基于该平台可对飞控系统构型更改流程进行评估,并记录系统构型基线建立的评审意见,确保系统构型基线的建立符合 CMP 的要求,便于定期检查系统构型更改控制的记录,如 ECR,ECP 等
9	需求管理系统	对需求进行录入、跟踪和追溯管理

7.3　系统研制保证等级

　　研制保证等级用于度量研制过程中采用的严酷等级,确保系统是以非常规范的方式完成的,并可限制产生影响飞机安全性的研制错误。研制保证等级是根据失效状态危险影响等级分配的,同时考虑研制过程之间的独立性,这种独立性能够限制研制错误带来的后果。失效状态等级越严重,其对应的用以减轻失效状态影响所需的研制保证等级则越高。研制保证等级可将系统功能和项目研制过程中产生的错误限制到安全性可接受的水平。

7.3.1　研制保证等级分配

　　研制保证等级的分配基于飞机级失效状态危险影响等级。对于灾难性的失效状态的分配原则如下:

　　(1) 如果灾难性的失效状态由一个系统功能或项目的一个可能的研制错误而导致,则相应的研制保证过程被分配为 A 级。

　　(2) 如果灾难性的失效状态由两个或多个独立研制的系统功能或项目可能的研制错误组合共同造成,其中一个研制保证过程被分配为 A 级,或者其中两个研制保证过程至少被分配为 B 级,其余的独立研制的系统功能或项目的研制保证等级不低于 C 级。用以确立两个或多个独立研制的飞机/系统功能或项目独立性的研制保证过程应仍是 A 级。

　　对于危险性的失效状态的分配原则如下:

　　(1) 如果危险/重大的失效状态由一个系统功能或项目的一个可能的研制错误而导致,则相应的研制保证过程至少被分配为 B 级。

　　(2) 如果危险/重大的失效状态由两个或多个独立研制的系统功能或项目可能的研制错误组合共同造成,其中一个研制保证过程至少被分配为 B 级,或者其中两个研制保证过程至少被分配为 C 级,其余的独立研制的系统功能或项目的研制保证等级不低于 D 级。用以确立两个或多个独立研制的系统功能或项目独立性的研制保证过程仍应是 B 级。

对于较大的失效状态的分配原则如下：

（1）如果较大的失效状态由一个系统功能或项目的一个可能的研制错误而导致，则相应的研制保证过程被分配为 C 级。

（2）如果较大的失效状态由两个或多个独立研制的系统功能或项目可能的研制错误组合共同造成，其中一个研制保证过程至少被分配为 C 级，或者其中两个研制保证过程至少被分配为 D 级。用以确立两个或多个独立研制的系统功能或项目独立性的研制保证过程仍应是 C 级。

对于较小的失效状态的分配原则如下：

（1）如果较小的失效状态由一个功能或项目的一个可能的研制错误而导致，相应的研制保证过程至少被分配为 D 级。

（2）如果较小的失效状态由两个或多个独立研制的功能或项目的研制错误组合共同造成，那么其中一个研制保证过程至少分配为 D 级。

7.3.2　功能研制保证等级和设备研制保证等级

为了制定研制阶段中的一般原则，可通过两种不同的研制过程类型来确定两个阶段：功能研制阶段和项目研制阶段。

功能研制阶段：该阶段产生功能需求并将其分配到项目。需求产生的过程包括对整套需求的确认（保证完整性和正确性）。功能研制保证等级（FDAL）定义了产生功能需求过程的严酷度。

项目研制阶段：此阶段完成项目的研制。电子硬件或软件的保证等级（IDAL）定义了项目研制过程的严酷度。在 IDAL 分配时，项目本身不包括用于减少潜在研制错误的架构特性。DO‑254/ED‑80 和 DO‑178B/ED‑12B 中分别给出了电子硬件和软件对于相应的 IDAL 需要满足的目标。

7.3.3　FDAL 和 IDAL 分配指南

在系统研制的早期，ARP4761 中的安全性评估技术（如：AFHA、PASA、SFHA、PSSA、CCA）以系统的方式确定失效状态。图 7‑1 概述了功能、相关失效状态类别，系统和项目要求以及相应的研制保证等级分配之间的关系。用 AFHA 技术对所提出的飞机功能分配进行潜在失效状态的评估，以确认飞机级架构并衍生获得实现飞机级功能的不同系统的安全性要求。特定风险分析和区域安全性评估不用于分配研制保证等级。

将研制保证等级分配到系统功能，由此借助于恰当的确认和验证过程以减少研制过程中的差错。分配的研制保证等级不意味着硬件的具体随机失效概率，即，当需要表明对安全性要求的符合性时，也要进行失效状态的概率分析。需要被理解的是，系统功能研制保证的严酷度是通过研制保证等级的分配来建立的。系

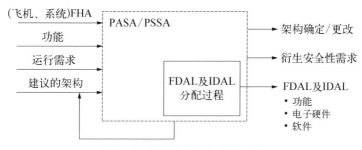

图 7-1　FDAL/IDAL 分配过程

功能所相对应的是功能研制保证等级 FDAL,而项目则对应的是设备研制保证等级 IDAL。

　　构成一个飞机功能的多个系统功能的相互作用需要以飞机功能的 FDAL 进行评估。构成一个系统级功能的多个项目的相互作用需要以飞机功能和系统功能的较高等级的 FDAL 进行评估。

　　在研制保证等级分配过程中,首先对与系统 SFHA 失效状态(在此称作顶层失效状态)所对应的功能分配 FDAL。

　　根据顶层失效状态最严重的等级对顶层功能分配 FDAL。根据表 7-5 为 SFHA 中的每个顶层功能分配 FDAL。

表 7-5　顶层功能的 FDAL 分配

顶层失效状态严酷度等级	相应的顶层功能 FDAL 分配
灾难性的	A
危险的/重大的	B
较大的	C
较小的	D
无安全影响	E

　　7.3.3.1　不考虑系统架构的 FDAL 分配

　　可以用表 7-5 为某功能下的所有内容直接分配 DAL(即支持顶层功能的所有功能的 FDAL 及其架构中所有项目的 IDAL 的等级都与顶层功能的 FDAL 相同)。对于灾难性的失效状态,当其减少系统性错误的措施是单独的一个 A 级 FDAL 的研制保证过程时,局方可能要求申请人证明该研制过程有充分独立的确认/验证工作、方法和完成准则,以确保有灾难性影响的潜在研制错误已被消除或减少。这种情况下,需要通过研制保证过程确信研制错误将在该过程中被发现并纠正,而不是依靠架构内部的独立性。

　　7.3.3.2　考虑系统架构的 FDAL 分配

　　一旦根据顶层失效状态的危险影响等级为顶层功能分配了 FDAL,就要对与顶层功能相关的系统功能的架构进行检查，以确定这些系统功能的研制保证等级。在将顶层功能分配成两个或多个独立子功能（即一个子功能本身不能导致顶层危害）的过程中，可能会出现分配给至少一个子功能的 FDAL 比顶层功能的 FDAL 低的情况。然而，也会有至少一个子功能的 FDAL 与顶层危害的等级一样高的情况。要对功能研制保证等级（以及设备研制保证等级）的分配有一个较好了解的前提是对功能失效集、项目和独立性等概念进行定义。

当考虑系统架构时，采用功能失效集（FFS）的概念作为分配研制保证等级的系统性方法。用系统安全性评估方法来确定导致每一顶层失效状态的所有功能失效集和每个功能失效集的项目。给定失效状态的功能失效集可以采用定性的安全性评估方法（比如故障树分析法）来确定。从概念上看，对于 FDAL（和之后进行的IDAL）分配的目的，一个功能失效集相当于故障树的最小割集（如 ARP4671 中所定义），其项目代表了潜在研制错误的结果而并非失效。功能失效集用于确定可能导致每一种失效状态的项目组合，并分配适当的严酷度来减少潜在的错误。一个失效状态可能有一个或多个功能失效集，每个功能失效集也可能包含一个或多个项目。

1）独立性的属性

系统功能之间的独立性可以防止潜在共模错误。同时，独立性也是分配研制保证等级时应该考虑的基本属性。考虑独立性的目的是建立足够的置信度，这种置信度就是两个或多个项目间发生共模错误的可能性减小到与失效状态等级相应的水平。对于 FDAL 和 IDAL 分配，要考虑两种独立性：功能独立性和项目研制独立性。

（1）功能独立性。

功能独立性是一种属性，也就是在功能不同的情况下，使发生共同要求错误的可能性降到最低程度。例如，分配两组不同的功能要求，可以把要求中出现相同错误的可能性降至最低程度。分析应表明在与失效状态严酷度相对应的水平，对要求已经进行了充分彻底的检查，并且没有不利的共性问题。

功能独立性把错误公共源发生的可能性减至最低程度，错误的公共源包括：

a. 共同的需求错误。

b. 共同的需求解释错误。

功能独立性通过使用不同需求来实现飞机级或系统级的功能，并可降低相关顶层失效状态发生的可能性，例如：

a. 地面减速（轮刹、发动机反推和地面扰流板）。

b. 地面方向控制（前轮转弯、差动刹车、在高速情况下的方向舵）。

c. 在空中控制飞机。

d. 提供相关飞机位置（通信和导航）。

e. 导航（全球卫星定位系统和惯性基准系统）。

f. 提供攻角（风标和由空速和惯导数据计算的合成攻角）。

g. 提供燃油量(发动机燃油流量和油箱燃油探针)。

应在整个研制周期中管理用于加强/保持功能独立性的要求,这些要求可能会限制项目的研制。当多套要求之间的错误公共源已被降低到与顶层失效状态危险影响等级相对应的严酷度时,则功能独立性得以证明。如果要求中错误公共源的存在是不确定的,则不能声称功能独立。应通过在所有层级中的提取或者要求分解中来证明功能独立性。

(2)项目研制独立性。

项目研制独立性是一种属性,即在项目不同的情况下,使发生各自独立研制项目间的共模错误的可能性降到最低程度。通过项目研制独立性可能减少的错误如下:

a. 软件设计错误(包括软件需求、软件架构等)。

b. 软件研制错误(包括软件研制过程、软件构型控制等)。

c. 硬件设计错误(包括硬件需求、硬件架构等)。

d. 硬件研制错误(包括硬件研制过程、硬件构型控制等)。

e. 电子硬件工具错误(VHDL 编码器、布局工具等)。

f. 软件研制工具错误(编译器、连接器等)。

实现项目研制独立性的方法举例如下:

a. 不同的技术,例如液压和电源。

b. 不同的操作系统。

c. 不同的计算机/软件语言。

d. 不同的微处理器。

e. 不同的研制团队和研制过程。

当多个项目间的错误公共源已降至最低程度,则项目研制独立性得以证明。通过应用与顶层失效状态危险影响等级相对应的严酷度,并考虑技术发展水平和产品的运营经验,来证明项目研制独立性。项目间的独立性要求应按需从系统分配给项目。如果项目间错误公共源的存在是不确定的或者不能被证明,则不能声称项目研制独立。

2)FDAL 和 IDAL 分配过程。

FDAL 和 IDAL 的分配是一个自上而下的过程。首先,在 PASA/PSSA 中根据 FHA 的失效状态危险影响等级分配顶层 FDAL。在顶层功能分解成多个子功能后,再分配子功能的 FDAL。然后,将每一个子功能进一步分解和/或分配给项目,并分配项目的 IDAL。在研制新功能和新项目时,应采用 FDAL 和 IDAL 分配过程。然而,经验表明,在新研过程中常常利用先前研制和审定合格的飞机/系统功能和项目。根据顶层失效状态危险影响等级对顶层飞机功能分配了 FDAL 后,要对顶层失效状态涉及的系统功能架构进行检查,以描述那些系统功能的研制保证等级。

如果通过两个或者多个独立的项目能表明飞机或系统的架构对因研制错误而产生的影响提供包容性，可以在考虑到架构所提供的包容性的情况下分配研制保证等级。系统安全性评估技术用于确定导致顶层失效状态的功能失效集项目。通过考虑了独立性的 PSSA 和 CMA 来确定功能失效集。一个顶层失效状态可能有不止一个功能失效集(FFS)。证明 FFS 项目间独立性的严酷度与按表 7-5 分配给顶层失效状态的 FDAL 相同。只要满足功能独立性，可以对给定的 FFS 内部的项目分配低于顶层失效状态危险影响等级的 FDAL。对于构成飞机功能的各系统间的相互作用，需要以飞机级功能的 FDAL 进行评估，包括对功能独立性的证明。

表 7-6 给出了根据顶层失效状态的危险影响等级为 FFS 项目分配 FDAL 的指南。对每个功能的所有顶层失效状态重复实施该过程，然后结合此功能在所有失效状态中的影响程度，将最严酷的 FDAL 分配给该功能。基于如何最适当地减缓所确定的失效状态的考虑，由合格审定申请人斟酌选择"选项 1"或"选项 2"。在迭代的设计过程中会多次使用到表 7-6，但是，每一次都应该对应到飞机顶层失效状态。

表 7-6　FFS 项目的研制保证等级分配

顶层失效状态等级	研制保证等级(注 2 & 4)		
	单一项目的功能失效集	多项目的功能失效集	
		选项 1(注 3)	选项 2
第 1 列	第 2 列	第 3 列	第 4 列
灾难性的	FDAL A (注 1)	其中一个项目的 FDAL 分配为 A;对于导致该顶层失效状态的其他项目的 FDAL,需考虑它们研制过程中的错误对所有适用的顶层失效状态各自最严重的影响(但这些其他成员的等级不能低于 C)	导致顶层失效状态的两个成员的 FDAL 分配为 B;对于其他成员的 FDAL,需考虑它们研制过程中的错误对所有适用的顶层失效状态各自最严重的影响(但这些其他项目的等级不能低于 C)
危险的/极其重大的	FDAL B	其中一个项目的 FDAL 分配为 B;对于导致该顶层失效状态的其他项目的 FDAL,需考虑它们研制过程中的错误对所有适用的顶层失效状态各自最严重的影响(但这些其他项目的等级不能低于 D)	导致顶层失效状态的两个成员的 FDAL 分配为 C;对于其他项目的 FDAL,需考虑它们研制过程中的错误对所有适用的顶层失效状态各自最严重的影响(但这些其他项目的等级不能低于 D)
较大的	FDAL C	其中一个项目的 FDAL 分配为 C;对于导致该顶层失效状态的其他项目的 FDAL,需考虑它们研制过程中的错误对所有适用的顶层失效状态各自最严重的影响	导致顶层失效状态的两个项目的 FDAL 分配为 D;对于其他项目的 FDAL,需考虑它们研制过程中的错误对所有适用的顶层失效状态各自最严重的影响

（续表）

顶层失效状态等级	研制保证等级（注 2 & 4）		
	单一项目的功能失效集	多项目的功能失效集	
		选项 1（注 3）	选项 2
较小的	FDAL D	其中一个项目的 FDAL 分配为 D；对于导致该顶层失效状态的其他项目的 FDAL，需考虑它们研制过程中的错误对所有适用的顶层失效状态各自最严重的影响	
无安全影响	FDAL E	FDAL E	

注 1：当 FFS 只有一个项目并且系统性错误的减缓措施为 FDAL A 时，那么，局方可能会要求申请人证明该项目的研制过程有充分独立的确认/验证活动、技术和完成标准来确保具有灾难性影响的潜在的研制错误已被消除或减缓。

注 2：无论进行多少次功能分解，研制保证等级需保持在表中同一行（例如，对于灾难性失效状态，无论从顶层 FDAL A 分解到何种程度，FFS 都应包含至少一个 FDAL A 项目或者两个 FDAL B 项目）。

注 3：如果功能失效集中各项目可用性数值的差别很大，那么通常对可用性数值较大的项目分配较高 FDAL。

注 4：一些 14CFR 23 部/CS-23 的飞机 FDAL 低于表 7-6。具体指南参见现行的 FAA AC23.1309 和等效的 EASA 政策。

在 FDAL 过程之后执行 IDAL 的分配。当系统架构往下细分到项目层级时，使用表 7-6 把 FDAL 分配给 FFS 项目。使用表 7-6 时应注意要使用原分配顶层失效状态时的同一行。此分配则变成了相关项目的设备研制保证等级（IDAL）。此处的 IDAL 将用来作为 DO-178/ED-12（软件研制保证）或 DO-254/ED-80（电子硬件设计保证）使用的输入。分配 IDAL 时，如果 FFS 具有项目研制独立性，则申请人可以使用与顶层失效状态等级对应的那一行（即与 FDAL 分配一样在同一行）的选项 1 或选项 2。

7.3.4 FDAL 考虑外部事件的 FDAL 分配

对于提供外部事件（例如货仓火警）保护的系统，如果没有现行的指导性文件规定相关的 FDAL 分配，则能够使用下列指南。除了与保护功能的错误运行或错误激活相关的失效状态外，至少还要考虑以下两种失效状态：

（1）保护功能丧失并伴有外部事件：FHA 需要考虑失效状态的等级。可根据图 7-2 分配外部事件保护功能的 FDAL。如果伴有外部事件的保护功能丧失是灾难性的或危险的/极其重大的，则该保护功能的 FDAL 至少应为 C 级。

（2）仅保护功能丧失：FHA 应考虑失效状态的等级以反映安全裕度减少（无减少、轻微减少、大量减少、很大减少）的情况和对机组人员工作负担的影响。

对于一个外部事件，当只有一个保护功能时，表 7-6 不适用。如果该功能由多个项目实现，则仍使用与表 7-6 中保护丧失并伴有外部事件的失效状态相对应的那一行。

当仅保护功能丧失没有对飞机或机组人员安全完成任务的能力产生影响时

（通常是一个潜在失效），可结合所预期外部事件的概率评估安全裕度的降低程度：丧失保护功能时，外部事件发生概率越高，则安全裕度降低越大。图 7-2 表明了在保护功能丧失时这些不同特性之间的关系，并提供 FDAL 分配的指南。

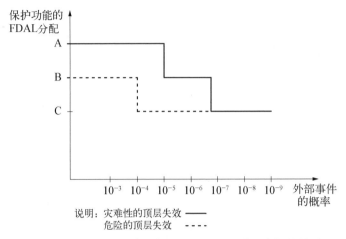

图 7-2　外部事件概率与保护功能 FDAL 分配之间的关系

　　有一些飞行阶段仅偶然出现，并且这些阶段仅在需要区分飞行条件时，才会在 FHA 中出现。假如有条件的飞行阶段本身与已分配 FDAL 的功能或系统无关，对于任何适用的有条件的飞行阶段，它们的环境和频率均可看作确定 FDAL 时的一个减缓因素。非正常飞行条件如接近失速、超速或紧急下降等都可能影响 FDAL 分配，并且会在 FHA 相关失效状态中体现。有意执行的运行或飞行阶段（例如自动着陆或者 ETOPS）不能把这个考虑用于证明其 FDAL 的合理性。假如这样的话，申请人应向合格审定当局证实申请人提出的研制保证过程达到可接受的安全性水平。

7.4　系统研制过程

　　民用飞机飞控系统的研制工作，按照研制阶段可以分为：立项与可行性论证阶段、总体方案定义阶段、系统初步设计阶段、系统详细设计阶段、系统全面试制阶段、试飞取证阶段和批生产与产业化阶段。

7.4.1　立项与可行性论证阶段

　　本阶段主要任务是项目建议和技术经济可行性论证，内容包括项目建议书和可行性论证报告。项目建议书是针对发展新型号民机项目所进行的综合评估，是管理、设计、生产、市场、商务、材料、计划及法务等专业人员对将要立项的项目进行的综合论证。技术经济可行性论证报告是在项目建议书的基础上所做的进一步分析，其重点是技术、进度、成本、风险评估及实施途径等。

　　项目建议书的批准宣告项目正式立项，技术经济可行性论证报告的评审通过，是本阶段结束和转入下一阶段的标志。

7.4.2 总体方案定义阶段

本阶段主要分为概念设计和计划制定两个阶段,第 1 阶段为概念设计阶段,主要完成:

(1) 编制发放信息征询函(RFI),与潜在供应商交流,进行信息征询书回复评估,调研供应商实际技术能力。

(2) 发放招标书(RFP),与潜在供应商交流,评估供应商 RFP 后发出澄清问题 RFC,与供应商进行交流,关闭 RFC。

(3) 评估供应商提供的方案,与潜在供应商交流,形成问题纪要,完成系统意向书 LOI 谈判,与选定的系统供应商签订 LOI。

(4) 完成功能分解、需求定义、试验规划和方案概念设计等工作。

本阶段定义了系统的组成,根据可行性论证阶段的成果,向供应商发出信息并与供应商进行一系列书面、会议交流和技术谈判,同时也与每个相关系统进行技术协调,开展供应商方案评估、方案论证、试验规划、关键技术攻关等相关工作,采用权衡分析和试验仿真的手段,确定飞控系统初步技术方案和系统供应商。

第 2 阶段为计划制定阶段,主要编制以下 7 项计划,然后根据项目进展和与局方交流讨论进行计划更新。

(1) 系统研制计划:规定项目研制过程、节点、交付物与输出文件、团队及分工等。

(2) 系统需求确认计划:规划系统研制的确认活动以及对应组织架构。

(3) 系统需求验证计划:规划系统研制的验证活动以及对应组织架构。

(4) 系统过程保证计划:控制所有计划的实施以及相关文件的符合性。

(5) 系统构型管理计划:根据上一级构型管理计划编制系统的构型管理计划,定义系统的构型管理活动及组织架构。

(6) 系统合格审定计划:与局方协调沟通共同定义和规划系统符合性声明活动。

(7) 系统安全性工作计划:规划系统安全性评估和评估流程。

综上所述,总体方案定义阶段系统工作包括:

(1) 完成系统设计顶层文件编制,确定系统初步设计方案和初步设计要求。

(2) 向潜在供应商发出信息征询书 RFI。

(3) 协调潜在供应商,准备招标书 RFP。

(4) 完成系统研制和采购决策,签订系统意向书 LOI。

(5) 定义系统试验需求和编制试验规划。

(6) 初步确定系统的适航要求。

(7) 完成初步系统功能危险性评估。

7.4.3　系统初步设计阶段

初步设计阶段主要完成系统需求的确定和方案的设计选择。联合概念设计阶段(JCDP)是本阶段的一个重要阶段,需初步确定顶层需求状态、系统技术规范、系统基本构型、需求和设计方案。JCDP需完成:

(1) 系统方案设计和需求的分配。

(2) 建立合理的系统构型基线,包括系统需求和顶层方案,形成系统功能基线。

(3) 对系统功能失效影响等级的定义及评估、PSSA、CMA等安全性评估和评估。

(4) 确定系统研制保证等级。

(5) 确定系统技术规范,作为与系统供应商签订合同的附件。

初步设计阶段的工作包括:

(1) 完成联合定义工作。

(2) 定义系统布局,进行原理性试验,制定试验台系统测试要求。

(3) 完成机头物理样机飞控驾驶舱设计要求和技术方案,跟产物理样机试验件,提交和安装机头飞控系统物理样机部件。

(4) 完成系统初步设计数模,支持产品数字样机设计。

(5) 完成系统初步重量重心计算。

(6) 编制飞控系统铁鸟试验方案初稿,完成铁鸟试验台飞控系统测试技术要求。

(7) 完成飞控系统合格审定基础初稿,飞控系统型号合格审定大纲(讨论稿),协调完成系统审定计划初稿。

(8) 完成主飞控系统飞行试验测试设备接口协调、定义。

(9) 进行主飞控系统功能危险性初步分析,完成评估初稿,初步分析主飞控系统可靠性、维修性,制定主飞控系统可靠性、维修性指标。

(10) 确认飞控系统顶层技术方案和技术规范符合适航要求。

初步设计阶段工作完成后,需组织进行系统初步设计评审PDR,评审本阶段的研制工作和成果以及评估是否可进入下一阶段。

7.4.4　系统详细设计阶段

系统详细设计阶段主要是对需求的实施,包括对初步设计阶段的一些遗留问题的解决。本阶段主要包括系统级、子系统级、设备级需求确认及实现,完成系统级设计。主要工作包括:

(1) 完成系统需求的确认工作。

(2) 完成子系统和设备级的详细需求文档,并进行需求确认。

(3) 建立系统分配基线和产品基线。

(4) 完成安全性需求的传递:通过SFHA建立安全性需求,通过PSSA将安全性需求(包括可用性、完整性、设备研制保证等级、功能研制保证等级),分配给设备和其他接口系统和设备。接口系统和设备应将分配到的安全性需求纳入设计需求,并相应研制。

(5) 完成飞控系统图纸和数模的发放。

(6) 完成大部分的系统安全性评估和分析工作。

(7) 初步调试工程飞行模拟器飞控系统。

(8) 完成飞控系统试验设备技术方案、技术协议。

(9) 完成飞控系统铁鸟试验任务书初稿、飞控系统铁鸟试验大纲,进行试验方案、任务书、试验大纲评审。

(10) 编制研发飞行试验和合格审定飞行试验要求和大纲初稿,配合飞行试验专业完成测试改装方案。

(11) 与局方交流沟通审定计划和问题纪要等事宜。

(12) 确定审定基础,制定和提交审定计划及获得批准。

(13) 完善和提交系统详细设计描述、SFHA、系统试验计划及获得局方批准。

(14) 提交 QTP、HIRF/Lightning 鉴定试验程序并获局方批准。

(15) 推荐铁鸟和装机系统试验件制造符合性检查项并获得局方批准。

(16) 完成飞控系统可靠性预计、维修性评估。

(17) 完成系统供应商系统需求的分配及定义,完成与供应商需求的追溯关系。

(18) 系统供应商根据分配的系统级需求制定供应商系统研制计划。飞控系统研制相关专业负责监控其文件和流程,确保符合自身研制计划要求。

系统详细设计阶段需进行关键设计评审 CDR 和详细设计评审 DDR,评审本阶段研制工作和成果以及评估是否可进入下一阶段,飞控系统关键设计评审 CDR 和详细设计评审 DDR 可根据研制进展情况分批多次进行。

7.4.5　系统全面试制阶段

在系统全面试制阶段系统供应商根据详细设计阶段制定的需求和设计基线承制对应的设备和部件,该阶段主要任务包括:

(1) 开展工程飞行模拟器数据库、软硬件升级,持续修改完善机头工程样机。

(2) 交付飞控系统试验件,安装调试试验件、测试设备。

(3) 完成重量重心计算。

(4) 进行飞控、操稳试验,提供现场试验支持,完善软件,验证飞控系统飞行试验模型,进行飞控系统参数优化、飞行品质研究,进行控制律、功能、性能、操纵、维修性研发试验,交付首飞候选版本软件,并进行系统联试。

(5) 完成总装阶段飞机地面试验程序(OATP),以及系统综合试验。

(6) 编制和评审飞行试验大纲,完成飞控系统机上地面试验、MOC5 试验、测试设备安装调试停机坪试验。

（7）进行飞控系统符合性验证及审查、核查设计符合性要求,向局方提交制造和试验计划,局方发出 RFC,供应商预检查并完成 SOC,提交适航资料文件,协助局方完成制造符合性检查。

（8）系统供应商完成鉴定试验,申请局方目击。

（9）评审飞控系统机上地面试验任务书和大纲。

（10）完成飞控系统首飞安全报告,飞控统设计可靠性、维修性分析。

（11）支持试飞员培训,支持 MSG‑3 分析、出版物编制,支持飞行手册、维修手册编制数据。

供应商交付组件时,应按需提供鉴定报告、设计声明、安全性报告、合格证、操作安装手册、软件交付信和描述文档等资料,并提供相应培训支持。监督供应商试制过程,查看供应商文件,如有必要,需现场目击设备的鉴定试验,确保供应商提供的组件在研制过程中是合格且符合预期的。在接受供应商提供的设备和组件时,需作相应的验收试验,确保交付后的组件是合适且符合预期的。

系统全面试制阶段需完成首飞前评审 FFR,评审本阶段研制工作和成果以及评估是否可支持首飞。

7.4.6　试飞取证阶段

试飞取证阶段,为完成系统级需求的确认和验证,供应商应支持完成适航符合性试验和提交符合性材料。本阶段主要集中于综合性验证,根据适航计划完成符合性声明,提供相应资料给审定中心,支持飞机级的取证工作。本阶段试验主要包括系统研发飞行试验、铁鸟试验和合格审定飞行试验。根据飞行试验出现的故障或问题,在相关试验平台上进行复现,提出解决方案,支持机上飞行试验。飞控系统试飞取证阶段主要工作任务包括:

（1）支持飞行试验跟试,进行飞控系统研发飞行试验,支持合格审定飞行试验。

（2）验证和完善飞控系统飞行试验模型。

（3）完善机头工程样机飞控系统。

（4）开展适航验证试验,提交飞控系统符合性文件。

（5）支持试飞员培训,支持飞行手册、维修手册等手册编制。

（6）完成飞控系统关键技术攻关。

7.4.7　批生产与产业化阶段

飞机适航取证后,系统研制进入批生产和产业化阶段,本阶段主要工作是收集飞机飞行运营数据,支持机组机务培训和持续改进系统。

7.5　系统研制过程保证活动

7.5.1　研制过程保证活动规划

研制过程保证活动一直贯穿于的整个研发周期,具体工作包括专业内互查、过程审查、评审、数据共享和构型管理等。依据 ARP4754A 和系统研制计划,研制过程保证计划在计划制订阶段就必须规划好拟实施的检查/评审方式、次数和时间。可以采用研制过程保证评价、追踪和评审等程序,也可以追加并实施过程保证的措施和任务,并编制供应商质量控制及项目状态报告。评审与监控是过程保证工作的核心,通过评审和监控,确保过程活动按计划实施,并对过程中出现的问题及时处理,针对风险采取预防措施。评审及监控时应确保所定义的信息能够在适用过程和相关人员之间及时地交流;定义计划更新的程序,这些计划更新是由于过程、进度或技术的变化而引起的;可以对计划的更新进行适当的追溯和控制。评审和监控必须事先在保证计划中进行时间规划,并分布到研发周期中的各个节点进行,以提供系统研发工作的过程记录。质量复查判别标准可不体现在过程保证计划中,但应描述于系统研发复查文件中,并且评审时应采用事先编好的、经过评审确定的正式的复查检查单。作为研制过程保证的证明材料之一,所有检查单都将作为记录完整保存,从而保证评审提出的问题得到追踪和关闭。复查/评审主要针对各类计划、需求、设计、综合、双 V 和系统的进展情况等。质量审查包括对供应商的审查/复查,供应商也同样必须遵从研制过程保证步骤中明确规定的质量审查/复查标准。

除了内部评审及质量复查外,为保证独立性,还可以邀请外部权威或授权机构组织进行的高级别设计评审,其目的是确保已批准的过程保证计划能在系统研制过程中得到遵从和正确实施。

(1)系统初步设计评审。

(2)系统关键设计评审。

(3)系统详细设计评审。

(4)系统首飞前评审。

(5)系统最终评审。

(6)供应商评估及监控过程。

设计评审依据相应的质量控制要求、适航法规及质量体系文件的规定进行,设计评审的输出是下一阶段工作的输入和基础。研制过程保证人员参与的研制活动能确保的管理按照已定义的过程、步骤和已定义的进程实施并接受研制过程保证人员对研制工作提供的实时反馈,过程保证人员可以使用检查单参与项目的设计工作,但是他们参与的主要目的是确保项目符合它已定义的过程。

工程设计团队在系统研制的工作中,应根据保证等级要求通知过程控制人员参加研制周期中的每项研发活动。过程控制人员对于参与的工作必须有符合要求的记录,包括日志和追踪开口项关闭的过程报告。负责系统研制的过程控制人员一般应参加以下工作:

(1)参加系统研制计划评审。

(2)参加资源配置和研制时间表制订的讨论会。

（3）参与更改影响分析。

（4）参加计划制订、标准及文件（规章、内部文件、用户要求和供应商文件）的确定。

（5）参加安全及可靠性分析。

（6）参与系统需求和电气接口设计。

（7）参加部件设计和综合。

（8）参加测试和结果分析。

（9）参加追溯性分析。

（10）参加外部供应商计划及其他文件的制订。

（11）参与构型控制和更改管理工作。

（12）参与供应商质量监管工作。

（13）参与保证过程改进和定义工作。

（14）参与研制状态跟踪和监控工作。

（15）参与系统测试工作，包括环境和测试监控。

7.5.2　制定过程保证计划

计划过程是过程保证工作的前提，通过制定过程保证计划，确保系统研制过程中遵循使用的规则和程序，并对与合格审定相关的工作进行说明。过程保证计划确保完成必要的工作，状态得以保持和追踪。

在制定过程保证计划时，应考虑以下内容：

（1）确定过程保证环境，包括组织架构、质量职责与权限、使用的工具和方法以及过程保证遵循的依据。

（2）确定过程保证切入点，即监督检查点。

（3）确定各个设计过程中过程保证监督的内容。

（4）确定过程保证证据定义。

（5）项目中其他计划（包括研制、合格审定、确认、验证和构型管理）的范围和内容应与飞机功能、系统或设备的研制保证等级相一致。

（6）定义项目中的信息传递、协调、顺序，以及进程监控机制。

（7）定义更改控制、运行和维修程序。

（8）定义项目合适的评审时机，以便及时发现研制错误。

（9）与审定当局进行充分的沟通与协调。

7.5.3　评审与监控

7.5.3.1　系统初步设计评审

系统初步设计评审是重要的转段评审，在系统与供应商联合定义临近结束时进行，标志着从初步设计阶段即将转入详细设计阶段，是一个关键的设计里程碑节点，需要在功能综合、设计特征、软件和机载电子硬件方面对需求的分析和确认进行评审，并且应予以严格控制。

系统初步设计评审的目的是对按已批准的计划、标准和过程实施的下列工作提供保证：

（1）正在实施批准的研制过程及其系统研制计划所规划的研发环境建设，已实施按计划文件描述的需求确认和初步设计工作。

（2）已开展的系统初步安全性评估（PSSA）。

（3）系统、机载电子硬件、软件需求和相关设计的开展、管理和控制。

（4）系统级需求被分配到软件和机载电子硬件的工作。

（5）系统级衍生需求和安全性需求的确认结果已及时反馈到 PSSA 的工作。

（6）对接口控制文件的生成、管理和控制。

（7）对系统、软件和机载电子硬件架构的生成、管理和控制。

（8）正在进行的系统构型控制、更改管理和行动项关闭工作。

（9）按要求正在进行的对供应商的监控工作。

（10）研制所需并已获得和建立的平台、工具得到认证、安装、培训和使用。

（11）确保系统研制的内部审查已被实施。

（12）检查上述工作的证据已记录并按计划被保存。

进入条件：

（1）评审前已对需求和设计组织过评审。

（2）在构型和更改控制下研发部门已完成本阶段所有数据文件的输出并得到批准。

在进入需求确认和初步设计阶段时，过程保证人员可以按需对系统、软件和机载电子硬件实施单独或对不同的功能或部件实施多部门联合检查，审查的次数按要求进行。

退出条件：

当过程保证人员完成系统、软件或机载电子硬件需求和设计的检查单，并完成记录且能跟踪检查问题的关闭，即可退出评审。

系统初步设计评审对象为各类计划、需求捕获确认、安全性、系统架构和规范等，其主要评审对象如下：

（1）确认初步设计评审的输入条件已经定义并得到批准。

（2）对上一次评审的遗留开口项进行评审。

（3）进一步确认系统的研制保证等级。

（4）评审系统各项计划在上一次评审后做过更改的内容。

（5）评审系统需求是否经确认，并是否有相关证据。

（6）检查系统描述文件、系统接口文件和系统机械安装文件中的需求和定义是否经过评审。

（7）检查系统规范的内容是否经过评审。

（8）评审本阶段设计输出的文件和数据。

（9）评审飞机级构型管理证据是否与系统构型管理计划保持一致。

（10）评审系统 SFHA/PSSA 的可用性和完整性，保证系统 SFHA、PSSA 与系统安全性计划中的定义相一致。

（11）评审初步的系统架构是符合安全性要求的。

（12）审查系统初步设计过程中安全性需求的分配，确保飞机与系统级安全性需求正确、完整地传递。

（13）评审系统设计是否已贯彻适航要求及新技术、新材料和新工艺的使用说明报告。

（14）评审系统是否按过程保证计划中的计划和定义进行。

（15）评审表明系统计划被遵守的过程保证证据资料是有效的。

（16）给出评审结论，形成行动项目清单，并列出行动项目完成时间。

过程保证人员需要记录评审过程及所有评审人员的意见，通过过程保证报告对系统需求及初步设计进行评估，要求评估报告在评审结束后的 1～2 周内完成，评估报告应至少包含但不限于以下内容：

（1）经确定的系统研制保证等级。

（2）已定义并经评审的文件清单。

（3）得到评审确认的系统初步架构，包括系统描述文档、系统接口文档、系统安装需求文档等。

（4）引用批准的系统技术规范。

（5）引用确认的系统 SFHA。

（6）引用确认的系统 PSSA。

（7）引用更新的系统构型索引文档。

（8）引用开口项记录清单。

（9）批准的含完成时间的行动项目清单。

（10）评审结论。

（11）系统研制转段申明。

7.5.3.2　系统关键设计评审

系统关键设计是研制过程的一个重要的评审节点，在系统或部件设计结束时进行，可以进行一次，也可以进行多次（按需），而一般系统关键设计评审都在相关的设备级（由设备供应商负责）关键设计评审之后进行，因而也称为是对系统级在所有设备级研制活动之后的所有设计资料的评审。

系统关键设计评审定义了系统和产品设计的分配预基线或是设计基线，是系统某个关键设计结束的技术评审，也是某项关键设计技术状态冻结的标志，因此，系统关键设计评审（CDR）必须作为关键里程碑节点予以严格控制。

系统关键设计评审的目的是确认系统需求得到正确实施且系统和设备的设计完全一致并满足系统需求，其具体内容如下：

（1）确认系统关键设计评审的输入基线已经定义并得到批准,评审输入基线中的更改内容。

（2）评审上一重大评审留下的开口项。

（3）确保系统和供应商设备的设计符合系统需求并保持一致。

（4）确保所有产生的确认和验证资料与系统计划中定义的一致。

（5）评审构型管理过程数据,确保所有系统基线文件处在构型控制中,并与系统构型管理计划一致。

（6）确保系统地面（含实验室、飞机地面试验）试验要求和飞行试验要求定义充分。

（7）评审系统的 CMA 和 SSA,确保系统 CMA 和 SSA 的可用性和完整性,保持系统 CMA 和 SSA 与系统安全性计划的一致性。

（8）评审飞机级与系统级安全性要求是否正确、充分的传递到下一层的系统/设备要求和设计中。

（9）确认系统适航资料按系统 CP 中定义的规划进行过评审。

（10）评审技术说明等出版物,确保系统的工程数据能够并足够用于各类飞机手册（使用手册、维修手册、培训手册）等的编制。

（11）评审过程保证证据,确保系统计划被遵从的证据有效、可信。

（12）评审对供应商监控活动的状态,确保供应商设备关键设计评审的证据有效、可信。

（13）给出评审结论,形成行动项目清单,并列出行动项目完成时间。

当每个子系统或部件的关键设计评审结束后,过程保证人员都必须记录评审过程及所有评审人员的意见,通过过程保证报告对系统需求实施的正确性及关键设计进行评估,要求评估报告在评审结束后的 1～2 周内完成,评估报告应至少包含但不限于以下内容:

（1）描述评审中批准的文件清单,包括上次评审后更改的文件。

（2）引用批准的系统描述文件（SDD）。

（3）引用批准的系统规范。

（4）引用批准的设备安装需求文件。

（5）引用确认的 SSA。

（6）引用更新的系统构型文件索引。

（7）开口项清单。

（8）批准的含完成时间的行动项目清单。

（9）评审结论,包含系统状态评估。

（10）研制进入下一阶段的符合性申明。

7.5.3.3　系统详细设计评审

系统详细设计评审是重要的转段评审,在工程发展阶段的详细设计阶段结束时进行,标志着系统从详细设计阶段转入试制阶段,因而也是一个重要的里程碑节点,需要在系统、软件和机载电子硬件方面对需求实现和架构状态进行评审。为了确保系统架构完全可用、安全、成熟且能实现预定的功能,通常系统详细设计评审在供应商负责的设备级评审完成后进行,系统详细设计评审必须包括所有部件/设备的研制状态,是包括设备级设计资料在内的系统级评审。

系统详细设计评审的目的是对按已批准的计划、标准和过程实施的下列工作提供保证:

(1) 通过对系统描述文件、系统需求文件、系统接口文件、设备安装文件的评审以确保采用的系统研制满足设计需求。

(2) 基于初步设计评审中选择和批准的系统初步架构是可行并满足安全性等各项需求。

(3) 系统详细设计评审确定了系统的分配基线,是最初的阶段性设计冻结。

(4) 确保建立的基线文件都在系统的构型控制中,所有的构型管理证据都与系统构型管理计划保持一致。

(5) 系统问题报告对系统研制的影响得到评估。

(6) 检查系统中重要的安全性项目和安全性设计特征。

进入条件:

(1) 对系统的测试内容、程序和结果审查已进行。

(2) 系统详细设计评审的输入基线都已完成。

(3) 设计输出评审满足构型和更改控制要求。

(4) 所有的输出数据和设计资料都与系统计划中定义的一致。

(5) 定义的系统地面试验需求足够充分。

(6) 确保系统的 CMA 经过评审,并与系统安全性计划中的定义保持一致。

在进入系统详细设计阶段,过程保证人员可以按需对系统、软件和机载电子硬件实施单独或对不同的功能或部件实施多部门联合检查,审查的次数按相关质量管理程序进行。

退出条件:

当过程保证人员完成系统、软件或机载电子硬件需求验证和测试检查单,并完成记录且能跟踪检查问题的关闭,即可结束评审,转入下一研制阶段。

由于系统详细设计评审是系统结束详细设计的一个重要技术评审,必须作为重要的里程碑节点予以控制。评审的具体要求如下:

(1) 评审输入基线中的更改内容,确认系统详细设计评审的输入基线已定义并得到批准。

(2) 评审需求传递是否充分且得到正确实现。

(3) 评审上个重大评审的遗留项或开口项归零状态。

(4) 检查系统描述文件、系统需求文件、系统接口文件、设备安装文件中的需求和定义是否经过评审。

（5）评审供应商的设备级需求/规范经过审查并有构型管理控制。

（6）评审验证计划中定义的系统级试验验证输出。

（7）评审构型管理过程数据。

（8）检查系统 CMA 的可用性和完整性。

（9）评审可用的系统适航资料和过程保证资料。

系统详细设计评审结束后需要生成系统 DDR 评估报告，要求评估报告在评审结束后的 1～2 周内完成，评估报告应至少包含但不限于以下内容：

（1）定义评审中批准的文件清单。

（2）引用批准的系统架构，包括：系统描述文件、系统需求文件、系统接口文件、设备安装文件。

（3）引用更新的系统构型索引文件。

（4）行动项或开口项清单。

（5）批准的含完成时间的行动项目清单。

（6）评审结论。

7.5.3.4 系统首飞前评审

系统首飞前评审是在相关设备级首飞试验件评审完成，且在首飞故障清除程序所需的系统资料都已具备之后进行，是对飞机首飞前系统级、设备级研制活动完成之后的所有设计资料的评审。系统首飞评审是飞机进入"试飞取证阶段"的最后一个系统级重大技术评审，标志着飞机从试制阶段转入试飞取证阶段，所以系统首飞评审必须作为重要的里程碑节点加以控制。

系统首飞评审目的是确保系统所有未解决的飞行限制都经过评估，以确认飞机首飞构型的安全性，并做出系统满足首飞安全的结论，主要评审内容如下：

（1）评审输入基线中的更改内容，确认系统首飞评审的输入基线已定义并得到批准。

（2）评审上个重大评审的遗留项或开口项归零状态。

（3）检查系统描述文件、系统需求文件、系统接口文件、设备安装文件中的需求和定义是否与定义的首飞状态一致。

（4）评审供应商的设备鉴定完成状态，确保供应商首飞试验件评审的证据是有效的并能用于首飞。

（5）评审系统飞行试验要求与验证计划中定义的相一致。

（6）评审构型管理过程数据，确保系统飞行试验构型基线是受控的。

（7）评审可用的系统适航资料和过程保证资料。

（8）评审地面（含实验室、飞机地面试验）试验状态，确保充分覆盖系统飞行试验。

（9）评审系统的限制状态（如：功能降级）及影响，确保系统与飞机构型的一致性。

（10）检查用于首飞的系统安全性评估报告（SSA）的可用性和成熟度，确保系统首飞构型满足安全性要求。

（11）评审技术说明等出版物，确保系统的工程数据能够并足够用于飞机各类手册（使用手册、维修手册、培训手册）等的编制。

（12）评审过程保证证据，确保系统计划被遵从的证据有效、可信。

（13）检查系统符合性申明是否正确，是否与系统最终的研制状态相一致。

系统首飞评审结束后，过程保证人员需要记录评审过程及所有评审人员的意见，通过过程保证报告对系统首飞安全性及可否放飞进行评估，要求评估报告在评审结束后的 1～2 周内完成，评估报告应至少包含但不限于以下内容：

（1）定义评审中批准的文档清单，包括上次评审后更改的文档。

（2）引用批准的系统飞行试验要求。

（3）引用更新的系统构型索引文件；引用发布的系统研制符合性申明。

（4）引用用于首飞构型的 SSA。

（5）列出开口项清单及批准的含完成时间的行动项目清单。

（6）评审结论：确定系统是否适合首飞，包括系统状态评估和限制。

7.5.3.5　系统最终评审

系统研制结束最终评审由项目部组织质量主管和相关人员在系统研制周期的验证测试结束后按已计划好的时间进行，主要是对系统、软件和机载电子硬件实施审查。

评审目标：

（1）使用生成的数据和工具在计划文件定义的过程能被复制。

（2）研发周期中的所有工作都已完成且是完整的，且完成的记录被保留。

（3）研发周期中的所有数据都是完整的，完成的记录被保留。

（4）研发周期中的所有来自飞机级的安全性需求得出的数据都是可追踪的，其中包括先前确认的研发需求。

（5）研发周期中所有符合计划文件的数据以及所有偏离计划的数据都已经被记录和批准。偏离的数据包括所有开口问题报告。

（6）问题报告已得到评估，并且其状态已记录。

（7）任何在研制结束后检查的问题报告已被重新评估。

（8）所有实现偏离的需求都得到记录和批准。

（9）软件和机载电子硬件通过使用已发布的使用指南都能成功加载。

（10）当前的需求（除了衍生需求）都能被正确地追踪到上级需求。

（11）如实反映研制过程保证工作及项目完成结果的总结报告。

进入条件：

（1）将研制周期中产生的数据置于合理的构型和更改控制之下。

（2）进入研制结束阶段，首先应满足研制所有转段必需的条件。

项目结束审查可以分别进行系统、软件和机载电子硬件的检查，也可以将软件和机载电子硬件与系统一起进行审查。但软件必须先检查与 DO-178B 内容要求的一致性；机载电子硬件需先评估与 DO-254 内容要求的一致性。

退出条件：

当过程保证人员完成系统、软件或机载电子硬件项目结束检查单，并完成记录且能跟踪检查问题的关闭，即可退出审查。

7.5.3.6 供应商评估及监控过程

研制过程保证对供应商研发和验证相关的软件和机载电子硬件工作，起评估和过程监控的作用。供应商的研制活动由供应商的过程保证流程进行监控。软件和机载电子硬件供应商应提供支持并完成所负责产品的设计、制造及适航工作。供应商评估是对供应商满足产品研发和验证需求能力的检查。供应商质量保证监管是供应商管理工作的国际通行做法，供应商质量保证监管采取定期提供状态报告和进行供应商质量保证记录抽检来进行，过程保证团队应分阶段对供应商质量保证实施状况进行评审：

（1）对供应商的监控工作包括其次级供应商，通过对研制过程、技术状态和文件的审查，确保对次级供应商的质量控制。

（2）对供应商和其次级供应商的审查，根据既往累积的置信度采取远程或是现场审查的方式。对供应商质量监控的级别根据其保证能力可以提高也可以降低。

当适航当局或用户对供应商实施审查时，研制过程保证团队将支持这些审查。研制过程保证人员将编制供应商质量保证计划、研发或项目关闭审查检查单以审查供应商质量保证机构。

对供应商质量监控过程及工作内容如下：

（1）在制订的研制计划时，根据工作的范围和供应商承担的工作内容，依据工作说明（SOW）定义与供应商研制相关的过程保证工作，并在供应商过程保证计划中进行定义。

（2）参加供应商的计划评审，协调并保持供应商的过程保证计划与主研制单位保证计划的一致性。

（3）检查须由供应商提供的重要系统文件是否已在供应商的过程保证计划中定义，对供应商需提交的过程控制文件进行评审。

（4）对供应商的构型管理流程的实施进行检查并给出评估结论。

（5）检查供应商的试验工作是否与其计划或程序中定义的一致，对供应商的试验或其他验证试验进行评审。

（6）基于供应商工作内容，使用研制过程保证评价和追踪程序及过程保证抽样检查步骤，决定对供应商实施监控的严格程度。

（7）建立和供应商质量保证的交流机制。

（8）对供应商计划的实施进行监控并保留监控记录。

（9）将供应商监控信息反馈给项目管理人员。

（10）按实施的项目关闭步骤关闭对供应商的质量监控。

过程保证人员通过问题报告记录这个阶段的所有过程保证活动，并给出相应的结论和行动项目，内容包括：

（1）对供应商过程保证计划的评审记录。

（2）对供应商其他各项计划的评审记录。

（3）对供应商系统过程保证报告的评审记录。

（4）对供应商构型控制的评估报告。

（5）对供应商设计评审的评估报告。

7.5.4　构型管理

构型管理是在产品生命周期内，保证产品需求、产品构型信息与产品属性之间的一致性。通过构型管理策划、构型标识、构型控制、构型状态纪实、构型审核五大功能活动，用技术和管理的手段，建立起规范化的产品研发秩序，保证产品需求和设计目标的实现。构型管理的目的是：确保产品的功能、性能和物理特性进行正确识别、记录、确认和验证，建立产品信息的完整性；确保对产品特性的变化进行正确识别、审查、批准、记录；确保按照给定的产品构型信息所生产的产品是可识别的。

7.5.4.1　构型管理策划

构型管理策划过程是在通用构型管理规范的指导下，制定项目的构型管理计划，提出构型管理方针和政策，并根据构型管理的环境，拟定产品开发的构型管理指导思想和工作程序。构型管理策划过程的输出是构型管理计划，以明确如何实施构型管理过程，来保证在产品生命周期的各个阶段产品的需求、产品构型信息与产品本身之间的一致性。

7.5.4.2　构型标识

构型标识是选定产品特性、组织与特性相关的信息并对特性进行说明的构型管理活动，主要涉及建立产品结构、确定构型项、标识产品和产品构型信息，建立构型基线等。构型标识是构型更改管理、构型纪实、构型验证和审核的基础。构型标识的作用是建立组织产品要素与相关信息的关联规则，赋予每个产品和产品构型信息唯一的标识，保持产品本身和产品相关信息的一致性，定义产品属性，并将产品属性文件化和基线化。

7.5.4.3　构型控制

构型控制是使用一个系统的、适当的更改程序实现对产品更改的管理。系统相关设计特征的构型数据一旦经过评审、冻结并经正式发布后，即需纳入构型基线进行控制，即所有受控的构型数据无法直接更改，其必须统一经由工程更改申请、评估、批准后方能实施更改，杜绝任何不受控的更改出现。在构型基线建立前，应对每一构型项的构型文件实施内部的构型控制。

通过构型控制可以保证:

(1) 更改的决策是基于全面了解更改所产生的影响而做出的。

(2) 将更改限于那些必要的更改或能带来重大效益的更改。

(3) 增强对费用、成本节约和影响的评估。

(4) 维持并控制当前构型基线。

(5) 保持产品与文件之间的一致。

(6) 记录并限制变更。

(7) 已批准的更改能够得到及时和正确的实施等。

7.5.4.4 构型纪实

系统需要在开展和完成相关构型管理活动(如计划和管理、标识、控制和审核)的同时,对产品相关的构型信息进行记录、关联、检索、存储和维护。系统 SRD 和 SDD 文件应适时更新;系统原理图和数模应适时更新;应每年对构型控制过程、构型管理工作和构型问题进行总结。当项目有特殊要求时,应按项目要求执行。以保证研制过程中,提供飞机产品、构型项及其零组件和相关构型文件完整的、正确的、实时的、可追溯的信息渠道。

构型纪实活动应包含以下方面:

(1) 获取和记录产品和基线历史的构型状态信息。

(2) 获取和记录产品和基线现行有效的构型状态信息。

(3) 获取和记录产品和基线所有更改过程信息,包括:更改的数量、更改流程周期、更改的原因、更改的影响、更改分类是否准确、更改评估和决策的渠道是否顺畅等。

(4) 记录并报告构型管理活动(包括计划和管理、标识、控制和审核)的过程信息。

(5) 获取和记录为支持、维护构型管理活动而形成的相关管理文件。

(6) 实时查询、输出产品和基线历史的/现行有效的构型状态信息。

构型纪实实施包括收集、处理和报告,具体如下:

(1) 资料收集:包括与构型管理相关的所有过程数据。

(2) 数据的验证与处理:包括清除资料中可检测到的错误,对它进行验证和处理,并且更新所有受影响的文件。

(3) 资料报告:包括把数据转入构型管理电子化系统,并且可以根据各种要求,生成不同形式的技术和型号管理中不同层次的报告。

系统供应商必须做好内部纪实工作,即必须能够对整个设计、生产活动进行记录、关联、存储和维护,保证提供产品及相关构型文件的正确性、实时性和可追溯性。供应商必须协助展开飞机级和系统级的构型纪实工作。

7.5.4.5 构型审核

构型审核应结合 TC 取证进行,通过对文件、产品和记录的检查,以及对程序、流程和系统平台的评估,来检验产品是否达到了所要求的特征(功能特性和物理特性),并且产品的设计已被准确地记录在文件之中。构型审核分为两类,即功能构型审核和物理构型审核。飞控系统构型审核活动包括:

飞控系统需求来源于飞机级,飞机级和系统级需求通过需求管理软件进行分解和追溯。建立不同层级间需求的追溯性是保证飞控系统各项需求满足飞机级需求的分解的方法之一。飞控系统确认计划文件定义了对系统级需求追溯性的检查活动。

飞控系统验证计划和适航审定计划定义了各项活动,通过计算、分析、评估、仿真、模拟器试验、实验室试验、机上地面试验、飞行试验等工作确保飞控系统及设备满足系统级需求及各项适航要求。

供应商的验证计划和适航支持计划定义了各种验收测试及设备鉴定试验,确保供应商产品满足需求。

7.5.5　问题报告管理

系统问题报告是最重要的系统研制工作之一。问题报告对于研制工作管理和及时解决研制中发现的问题非常重要。系统问题报告的目标是记录在飞控系统评审、试验、运营或研制过程中存在的有关偏离问题。系统问题包括设计人员在对需求进行确认和验证过程中发现的可能引起系统软件、硬件更改的问题以系统问题报告方式对系统问题进行管理。系统问题报告对研制保证工作同样具有重要意义,系统问题报告涉及系统需求、文件符合性、测试应用、系统更改、设计优化、试验相关等问题,对构型状态、偏离现象进行详细描述和分析,通过 PR 管理程序跟踪其状态,如发现偏离,应找出偏离原因和采取纠正措施后,再重新进入系统相应设计流程,如未发现偏离则可以关闭该开口问题。

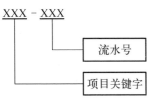

图 7-3　飞控系统问题报告
编号示意图

7.5.5.1　问题报告编号

系统问题报告编号形式如图 7-3 所示。

(注:系统问题报告管理平台根据试验类别已建立相应的项目,不同的问题报告管理项目会自动生成不同的项目关键字,因此在创建问题报告时只需选择相应的项目即可。)

7.5.5.2　问题报告编制

问题报告的编制人员为问题报告的报告人,报告人应为飞控系统试验的设计跟试人员。问题报告的编制内容应采用中英文同时进行描述,先中文后英文。

编制问题报告的主体内容如下:

(1)项目:必填项,描述 PR 所在的试验项目。

(2)问题类型:必填项,描述 PR 的类型。

(3)摘要:必填项,描述 PR 的标题。

(4)安全级别:必填项,描述 PR 的可见人员。

（5）优先级：必填项，描述 PR 的紧急程度。

（6）试验日期：必填项，描述试验的日期。

（7）飞机构型：必填项，描述试验的飞机架次。

（8）试验平台：必填项，描述试验使用的试验平台。

（9）硬件构型：必填项，描述试验的硬件构型。

（10）软件构型：必填项，描述试验的软件构型。

（11）其他构型补充：选填项，描述其他软硬件构型补充信息，或交联系统构型。

（12）问题描述：必填项，描述试验问题，需包含数据记录。

（13）附件：选填项，可上传附件补充描述问题，附件大小限制为 20 MB 以内。

（14）影响评估和解决建议：必填项，描述试验问题所造成的影响，并给出解决建议。

（15）建议更改至软件版本：选填项，描述建议的解决试验问题的软件版本。

（16）建议责任方：必填项，描述建议的 PR 处理方。

（17）截止期限：必填项，描述期望的关闭 PR 的日期。

7.5.5.3　问题报告更改

问题报告一经创建则无法更改。如必需更改，应联系平台管理员进行更改。

7.5.5.4　问题报告跟踪

问题报告的报告人负责对问题报告进行全程跟踪，必要时应提醒或督促流程中相关人员及时处理未关闭的 PR。

7.5.5.5　问题报告解决

问题报告的处理人员为问题报告的经办人，负责提供问题报告的解决方案。经办人应为飞控系统的设计人员或供应商，必须由问题报告的审核人进行指定。

7.5.5.6　问题报告关闭

问题报告的报告人和问题报告的经办人共同负责问题报告的最终关闭。问题报告的关闭应填写相应的关闭证据，如果需要进行回归验证试验，应填写回归验证试验结果；如果确认为说明性质问题，应填写分析说明结论。

7.5.5.7　问题报告归档

问题报告的归档由平台管理员定期进行数据的备份进行归口管理。

7.5.6　过程保证关闭控制

系统研制过程保证工作一旦进入关闭状态，就意味着研制过程保证计划所定义的所有工作都已完成，开始执行过程保证计划规定的关闭程序。此时，系统研制保证关闭工作应确保：

（1）研制保证形成的经验和结论得到及时汇总和记录。

（2）DPA 记录已经做好归档准备。

如果系统研制提前结束，对于研制过程保证活动已完成和未完成的一些交付物，研制过程保证人员都应会同项目部、设计部门和档案中心确认是否已进行归档或处置。

7.5.6.1　汇总经验和记录

系统研制关闭时,对于与其相关的过程保证工作经验,都应进行最终的总结、评审和分析,以作为研制关闭工作之一。过程保证经验源自研制保证过程中的检查、评审、评估和用户反馈的问题、信息、意见、调查或其他工作经验,所有需要更新的内容都是持续改进的结果。事实上,在整个研制周期中,过程保证工作所得到的经验都可以用于持续改进过程控制的基础。

7.5.6.2　交流与反馈

从事系统研发和保证的人员,应持续保持与用户或航空公司或局方的直接交流和沟通,研制过程中监控部门和研发部门可通过项目管理团队组织到航空公司调研、成立专家组举办专家咨询会、邀请驾驶员参与设计及对方案进行评估等方式。如果需要,也可直接与公众代表对话,回答公众关心的问题。

此外,为了更加符合研制过程的质量保证控制流程,过程保证活动可以定时、分次单独邀请一些资深专家对项目进展过程中出现的问题发表看法,收集并记录专家对问题的意见和信息,并反映到计划规定的过程审查及评审工作中。

7.5.7　过程记录的控制

过程记录是过程保证工作的基础,对过程中活动审核、评审等进行记录,对发现的问题提出的更改和对已批准更改的执行情况进行记录和报告,确保评审所产生过程数据的有效性等。

在系统的研制周期及整个研制过程保证期间,都应以文件的形式对适用的程序和实践进行记录,形成过程保证证据。对过程保证活动结果进行收集和总结,形成过程保证档案,以表明与项目计划相一致的证据。过程记录主要由用户和适航当局进行的评审、审查以及内部评审产生,记录应进行控制,实行统一的编号管理,记录构型控制和保留期限应由统一的记录控制文件进行规定。记录的构型管理能确保记录得到归档、按需获取、越权更改保护以及记载整个研制周期中参与项目审查/评审的人员、用户、局方人员、过程保证人员等。这些记录为研制过程保证提供证据,包括如下文件:

(1) 包含时间信息的已批准的项目计划。

(2) 根据计划的需求而确定的评审报告、矩阵和总结。

(3) 来自设计、确认、验证、构型管理和合格审定工作的过程数据。

(4) 过程保证评审证据等。

7.5.8　数据和文件的发布

输出数据和文件的发布需事先申请,且必须是成熟和完整的,通过核实后按已规定的过程、步骤及项目研发程序执行,使用正式的发布检查单,这些检查单将作为记录完整保存,是研制过程保证的证明材料之一,它能保证输出数据和文件发布中发现的问题得到追踪和关闭。

　　系统过程保证实施发布的数据和文件类型有以下两种，发布主要指文件、数据、软件或机载电子硬件。

　　（1）文件或数据发布。

　　（2）执行软件或机载电子硬件。

　　说明：一般只发布与质量和过程控制相关的输出文件和数据，不是所有的文件和数据都要正式发布，表 7-7 规定了发布的文件类型。

表 7-7　发布的文件或数据类型

序　号	类　　型	发布的软/硬件或文件/数据
1	计划和标准	系统研制计划 系统和软/硬件研制计划 使用工具鉴定计划 系统、软件及硬件确认/验证/测试计划 硬件鉴定试验计划 系统、软件及硬件构型/更改管理计划 质量/过程保证计划 系统安全计划 工作说明（SOW） 需求、设计、代码及测试标准 环境试验计划 数据管理计划 供应商及次级供应商管理计划
2	更改影响分析	飞控系统软件/加载电子硬件/设备更改影响分析
3	审定计划等	飞控系统 PSCP/PSAC/PHAC
4	工具鉴定文件	飞控系统工具使用需求 飞控系统使用工具安装完成总结
5	安全性	SFHA/FTA/FMEA/PSSA/SSA/CCA/CMA
6	需求	飞控系统、软件及复杂电子硬件需求
7	设计	飞控系统、软件及复杂电子硬件设计
8	测试案例、步骤和结果	测试案例、步骤和结果：安全性评估/分析报告
9	可追溯性分析	所有阶段的可追溯性报告
10	构型索引	系统、软件及机载电子硬件构型目录及版本说明
11	总结	飞控系统适航审定总结

8 飞控系统适航审定

8.1 适航的概念

适航是指航空器能在预期的环境中安全飞行(包括起飞和着陆)的固有品质,这种品质可以通过合适的维修来保持。

早期的飞行发生了对公众利益的损害,公众要求政府对飞行进行管理,以保护公众利益,从对航线、驾驶员的管理,到对航空器的管理,要求航空器的设计制造和维修达到一定的安全水平。适航反映了公众利益对安全的需求。

本章基于适航条例 CCAR - 25 部以飞控系统为研究对象,分析相关适航规章的要求,介绍型号合格审定过程中的工作。

8.2 适航管理法规和文件体系

飞机的适航性是通过设计所赋予的一种产品特性,当一架飞机设计状态冻结后,其固有的适航性随之确定。

民航局通过对航空器的设计、制造、使用、维修的全寿命过程制订有关适航规章、标准、程序,发布适航指令,颁发相应证件,并进行统一的审查、鉴定、监督和管理,达到保障民用航空安全的目的。

民用飞机按照国家、政府、民航总局制订的法规和适航司颁发的适航管理程序进行适航管理。民用飞机适航管理法规和文件体系如图 8 - 1 所示。

民用航空器适航管理工作所涉及的各种法规文件,分为适航法规和法规性文件两部分。

适航法规包括法律、行政法规和规章,包括《中华人民共和国民用航空法》《中华人民共和国民用航空器适航管理条例》《中国民用航空规章》。《中国民用航空规章》(CCAR)是由中国民用航空局制订、发布的涉及民用航空活动的专业性规章,包括适航管理、人员执照、机场管理、航务管理、航空运营等方面,其中涉及民用航空器适航的部分规章是适航规章。

适航标准是适航规章中与适航技术标准直接有关的部分规章,如 CCAR - 23 部、CCAR - 25 部、CCAR - 27 部、CCAR - 29 部、CCAR - 33 部等。适航标准要求的安全水平是公众能接受的、和人的自然意外死亡率相当的安全水平;适航标准要

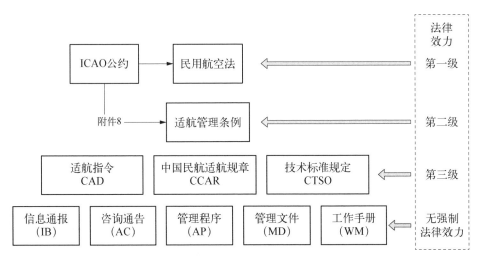

图 8-1　民用飞机适航管理法规和文件体系

求的安全水平是最低安全水平,现代航空实践高于适航标准要求的最低安全水平。

适航管理文件、适航管理程序、咨询通告等属于法规性文件,是为执行第1层的法律、行政法规和规章而制订的实施细则。

适航部门按照适航条例、适航标准、适航程序和技术规定的要求,进行设计、制造和飞行试验等各阶段审查。飞机在获得型号合格证后才能交由获得适航审查合格的生产厂商进行制造,在取得型号合格证、生产许可证和单机适航证后才能投入航线运营使用。飞机上使用的任何软件和硬件,大到整机、系统,小到零件、材料,都必须经过适航部门的审查和批准,确保产品始终处于安全状态。

8.3　型号合格审定

型号合格证是适航当局对飞机设计符合性批准的证件,是飞机投入生产和使用的首要条件,而型号合格审定即是民航局对民用航空产品进行设计批准的过程。民用飞机的研制、生产和运营必须通过型号合格审定,取得适航当局颁发的型号合格证。因此在早期设计阶段必须考虑适用的适航要求和审定程序,遵循设计符合性演示程序向适航当局表明飞机对适航规章的符合性。在此过程中,开展如工程资料审查、制造符合性检查、符合性验证试验、飞行试验等各种审查。

适航管理程序 AP-21-AA-2011-03-R4《航空器型号合格审定程序》是依据中国民用航空规章 CCAR-21 部《民用航空产品和零部件合格审定规定》制定的,用于指导和规范民用航空器型号合格审定工作。该程序规定了适航部门对民用航空产品进行审查、确认设计符合适航标准颁发型号合格证的程序,包括申请、受理、审查、颁证、证后管理几个主要阶段。民机飞控系统的适航审定工作均在该适航管理程序范畴下进行。

8.3.1　合格审定计划

航空器型号合格审定程序中定义的合格审定计划(CP)是申请人制订的型号取证的工作规划以及关于采用何种符合性验证方法表明产品符合审定基础的计划。审定计划是申请人的取证计划,包括项目描述、审定基础、验证方法、验证计划等详细信息,是申请人开展符合性验证的指导文件和依据,其中对型号取证工作的整体规划是取证工作的关键要素之一。

系统级的合格审定计划,是相对于飞机级合格审定计划而言的,是基于申请人的专业分工,按照系统和专业编制的合格审定计划。例如,针对单个系统编制的飞控系统合格审定计划,针对专题编制的电磁兼容性专项合格审定计划等。系统合格审定计划通常包括系统描述、系统构型控制、系统相关的审定基础、咨询通告等指导材料、符合性验证思路及方法、试验计划、符合性检查单、供应商审查事项等。系统设计专业的验证审定工作依照经适航当局批准的系统审定计划进行。

审查组在系统合格审定计划得到批准后提出系统设备制造符合性检查请求,批准系统试验大纲、目击验证试验或进行任何其他的审查工作。目的是确保审查组与申请人对所需的符合性验证数据或资料有相同的理解。因此,制订合格审定计划的目的是定义申请人的适航验证工作和局方的审查工作,所有的这些验证或审查工作都是得到双方认可的,并且是完整的、充分的,以确保双方按此计划开展工作可使飞机/系统研制满足适航要求。

8.3.2　交叉引用的合格审定计划

飞控系统因自身功能的复杂性,与飞机结构或其他系统存在物理接口关系,接口众多且关系复杂,例如大气数据、惯导、显示、液压、电源等,包括系统设备的安装,飞控系统与飞机总体、性能、操稳、结构强度、安全性、航电、液压等众多专业相互传递设计输入和输出,存在大量的设计协调工作。

飞控系统的适航审定工作同样存在大量的交联关系,包括专业分工存在的交叉,以及由需求传递关系引起的交联等。这些交联关系在系统合格审定计划以及具体的适航工作中均有体现。

在审定计划制订过程中,需明确各方的工作界面,各方在制订合格审定计划时基于确定的审定基础纳入所有适用条款,确保适用于本系统的适航要求不被遗漏。在定义符合性方法时,根据内部各专业分工和规划,在相关合格审定计划中定义不同的验证活动确保所有必需的验证都得到落实。

8.3.3　审定基础

根据型号设计特征确定型号合格审定基础,包括适用的适航规章、环境保护要求及专用条件、豁免和等效安全结论。飞控系统的审定基础是适用的 CCAR - 25部《运输类飞机适航标准》适航条款、专用条件、豁免条款、等效安全等。

作为飞控系统审定基础的适航条款以 CCAR - 25 部 D 分部"设计与构造"的"操纵系统"为主,同时也涉及 D 分部"设计与构造"其他部分条款,以及 B 分部"飞行"、C 分部"结构"的"操纵面和操纵系统载荷"、F 分部"设备"、H 分部"电气线路互联系统(EWIS)"等多项条款。若采用电传飞控系统等新颖或独特的设计特征(其中,"新颖""独特"系指已有适航条款未作明确要求的设计特征),审查方会据此颁布专用条件作为飞控系统的审定基础,例如无正常电源的运行、指令信号完整性、操纵面偏度感知等。这些专用条件所规定的安全要求与审定基础中适航标准具有同等的安全水平。

这些适航条款的要求在项目研制的早期即作为需求的一部分输入系统设计中,以便于在系统研制中充分、合适地实现这些要求。

8.3.4 符合性验证方法

合格审定计划中描述的符合性验证思路作为符合性方法和验证文件清单的基础,建立适航条款与验证任务之间的联系,使申请方与审查方均明确完成某条款验证所需要进行的工作。通过与审查组的反复协调和多次评审,确定系统和专业适用条款的符合性验证方法和对应的符合性验证文件。

在型号合格审查过程中,为了获得所需的证据资料以表明适航条款的符合性,申请人通常需要采用不同的方法,这些方法统称为符合性验证方法(也简称为符合性方法(means of compliance))。

常用的适航符合性验证方法根据实施的符合性工作形式可分为四类:工程评审、试验、检查、设备鉴定。这四类型式进一步细化可分为十种符合性验证方法。这十种方法经实践检验且经适航部门认可,在适航符合性验证中根据适航条款的具体要求选取其中一种或多种组合的方式表明符合性,见表 8-1 所示。

表 8-1 适航符合性验证方法

符合性工作类型	代码	符合性验证方法	说明
工程评审	MOC0	符合性声明	通常在符合性记录文件中直接给出
	MOC1	说明性文件	如技术说明、安装图纸、计算方法、技术方案、航空器飞机手册等
	MOC2	分析/计算	如载荷、静强度和疲劳强度、性能、统计数据分析,与以往型号的相似性等
	MOC3	安全评估	如功能危险性评估(FHA)、系统安全性评估(SSA)等用于规定安全目标和演示已经达到安全性目标的文件
试验	MOC4	实验室试验	如静力和疲劳试验、铁鸟试验、环境试验等。试验可能在零部件、分组件和完整组件上进行

(续表)

符合性工作类型	代　码	符合性验证方法	说　　明
试　验	MOC5	机上地面试验	在真实的飞机环境下,通过地面试验验证系统设计符合相应适航条款要求
	MOC6	飞行试验	规章明确要求时,或用其他方法无法完全演示符合性时采用
检　查	MOC7	机上检查	如系统的隔离检查和维修规定的检查等
试　验	MOC8	模拟器试验	如评估潜在危险的失效情况,驾驶舱评估等
设备鉴定	MOC9	设备合格性	设备鉴定是一种过程,它可能包含上述所有的符合性方法

8.3.4.1　符合性声明(MOC0)

通过引用型号设计文件(如图纸、技术说明书)等定性地说明型号设计符合相应的适航条款要求。

8.3.4.2　说明性文件(MOC1)

从飞控系统的系统架构、系统功能、部件功能及安装、机械设计、电磁防护、系统配电、系统告警显示以及持续适航文件等方面,在系统适航符合性说明报告中详细、全面地阐述飞控系统的设计,表明这些设计符合相关条款要求。

在机载软件与电子硬件开发过程中完成相应的工程监控工作,并通过远程或现场审核的方式对局方阶段介入性评审(SOI)工作进行支持。最终通过软硬件开发完成综述对软硬件整个生命周期过程、研制保证等级以及生命周期数据等进行总结。

8.3.4.3　分析/计算(MOC2)

采用分析/计算的方法进行符合性验证的条款,通常为涉及强度校核和电气负载计算等要求的条款。对飞控系统的符合性验证分析/计算对作动器止动块的载荷分析、操纵力和操纵面气动铰链力矩载对飞控系统影响的分析计算、电源系统汇流条至飞控系统重要负载设备端的压降计算等。

8.3.4.4　安全性评估(MOC3)

利用功能危险性评估(SFHA)、故障树分析(FTA)、故障模式及影响分析(FMEA)、特殊风险分析(PRA)、区域安全性评估(ZSA)、共模分析(CMA)等方式,针对系统功能进行安全性评估。通过安全性评估表明,飞控系统满足飞机级和系统级安全性要求,同时也符合相应条款的要求。安全性评估应包含细节的符合性判定、对事件的准确描述和定量分析结果(概率),以及安全性评估中某些假设的试验验证等信息。

8.3.4.5　实验室试验(MOC4)

实验室试验是在真实的飞控系统和其他能真实反映机上工作的环境下,利用如铁鸟试验台、系统综合试验台等能模拟系统故障和易于注入及测试各类信号等特点,通过系统故障试验、操纵面频响特性试验、控制律验证试验、驾驶舱操纵机构试验、操纵面加载试验等验证飞控系统的设计符合相应适航条款要求。

典型的试验项目,如针对适航条款 CCAR25.683 的系统操纵面操作试验、驾驶舱操纵机构操作试验,襟/缝翼非对称试验、电源/液压源故障模拟试验、卡阻试验、飞机运动反馈信号故障试验、工作模式转换及转换瞬态试验、各种工作模式下的操纵面频率响应试验、力纷争均衡及监控试验、振荡故障检测试验、瞬态故障检测试验、各操纵面控制系统增益试验等。

8.3.4.6 机上地面试验(MOC5)

机上地面试验是在真实的飞机环境下,通过地面试验验证系统设计符合相应适航条款要求。

试验项目通常以功能试验为主,包括系统逻辑功能、操纵面偏度及操纵面偏转速度、工作模式转换、各工作模式下系统增益的验证,以及系统测试和维护功能的验证。

8.3.4.7 飞行试验验证(MOC6)

飞控系统飞行试验验证,包括系统正常响应、系统功能丧失后的系统响应,以及双发失效后和操纵面卡阻后飞机可操纵性的验证。

典型的飞控系统失效条件及操纵品质要求如下:

(1) 直接模式运行,操纵品质要求为"合适的"。

(2) 失去一个飞控计算机,操纵品质要求为"满意的"。

(3) 单套液压系统丧失,操纵品质要求为"满意的"。

(4) 双套液压系统丧失,操纵品质要求为"合适的"。

(5) 放 RAT 运行,操纵品质要求为"合适的"。

(6) 其他。

飞行试验验证应遵循咨询通告 AC25 - 7《运输类飞机的合格审定飞行试验指南》中提供的符合性方法进行飞行试验并修正有关的飞行试验数据。

8.3.4.8 机上检查(MOC7)

机上检查是适航部门在飞机上对系统安装、可达性、细节设计、标记等进行检查。

8.3.4.9 模拟器试验(MOC8)

模拟器试验通常是在模拟器上进行飞控系统控制律开发及飞控系统故障试验,评估飞机的飞行品质及飞控系统故障对飞机的影响,确认 SFHA 中定义的危险影响等级等。

模拟非常规和极限姿态下的飞机操纵特性,同时考察全姿态下的飞行控制与驾驶舱显示之间的协调性,必须邀请驾驶员参与。全姿态包括滚转、±90°俯仰机动,验证显示与飞行控制中的奇点或非连续性。在这些试验中,通常将丧失自动飞行控制功能。

通常利用工程飞行模拟器演示飞控系统的失效条件。这些失效条件比正常运行涉及更高的风险。试验主要完成某些特定飞控系统失效条件下飞机的操纵性和操纵品质,以证明在真实飞机上无法验证的功能的正确运行和具备的性能。演示的科目和内容将在相关的符合性验证活动计划中规划。

典型的演示科目有:

(1) 驾驶杆卡阻。

(2) 脚蹬卡阻。

(3) 其他。

8.3.4.10　设备合格性(MOC9)

设备合格性主要是为了表明设备对其预期功能的适合性,以及鉴定其在临界环境中的性能等。飞控系统机载设备按照顶层及系统要求依据 DO-160 的试验方法和条件完成设备合格鉴定试验,包括温度、高度、温度变化、湿热、冲击和坠撞、振动、防爆、防水、流体敏感性、沙尘、防霉、盐雾、电磁干扰、电源输入、电压尖峰、音频传导敏感性-电源输入、感应信号敏感性、射频敏感性、射频能量辐射、闪电感应瞬态敏感性、闪电直接效应、结冰和静电放电等试验。还包括基于飞机电缆构型的系统级 HIRF 试验和闪电间接效应试验。此外,对操纵器件、作动线系,如手柄、作动器、动力驱动装置、扭力管等需进行耐久性、疲劳、限制载荷和极限载荷等试验。

试验等级的设置,除飞机本身的功能特征外,还需综合考虑设备在机上的安装位置、设备的安装环境,以及设备的功能等级等因素。

飞机机载设备数量较多,在适航审定符合性验证中,通常在早期即与审查方约定若干监控目击项,即选取一些关键或重要的机载设备进行适航审定符合性验证。这些监控项的试验计划、试验程序、制造符合性、试验过程、试验报告都需在审查方的监控下进行。飞控系统典型的监控项包括飞控计算机、作动器电子控制装置、作动器,以及部分驾驶舱设备。

8.3.5　符合性验证实施

在符合性验证过程中,由申请人按照型号研制计划组织实施各项符合性验证工作,组织适航工程师和审查代表进行工程资料审查、制造符合性检查、试验大纲批准、试验目击等工作。

8.3.5.1　制造符合性检查

制造符合性检查进行以下项目设计资料的符合性核查,包括试验件、零部件、装配件、安装、功能以及试验装置等并提供证明。该检查贯穿整个型号取证过程。

8.3.5.2　工程设计符合性验证

(1) 完成理论性(计算分析类)符合性验证,经内部审核和评审后提交审查方对理论性验证工作进行工程评审并获得认可。

(2) 完成工程验证试验。

a. 在验证试验前,组织工程验证试验有关验证文件的内部审核和评审,并提交审查组审查和批准。

b. 完成试验件的制造符合性检查。

c. 配合审查代表目击试验。

d. 组织对验证试验报告的内部审核和评审,并提交给审查代表审查和批准。

(3) 首飞前符合性验证。

首飞前需完成一部分验证工作和条款审查,评估首飞飞机结构和系统的安全性,以及为取得特许飞行证对飞行试验原型机需进行的地面检查。

(4) 完成审定飞行试验前的符合性验证。

在进行审定飞行试验前和项目飞行试验期间,申请人进行研制飞行试验,目的是对所设计的产品进行性能和使用安全性调整。在实施研制飞行试验的过程中,审查方不参加也不进行目击。

审定飞行试验的过程与验证试验类似,包括试验件的制造符合性检查、相关验证文件的审查、飞行试验的目击及飞行试验报告的审查。与验证试验不同的是在进行这一系列工作前必须取得型号检查核准书(TIA)。通过组织对试验原型机的制造符合性检查,配合审查方进行试验原型机的地面检查工作,并将相关验证文件提交审查组审查。

8.3.5.3 持续适航审查

为确保飞机交付后能够依据适用的条例检查确认营运的可接受性、满足持续适航要求,持续适航设计应从详细设计开始由航空器评审组(AEG)及其下属的维修审查委员会(MRB)、飞行标准委员会(FSB)、飞行运行评定委员会(FOEB)适时介入设计和取证过程,确保飞机在通过型号合格审定后仍能保持其适航性。

申请人需建立飞机持续适航体系,完成如维修大纲、最低设备清单、飞行手册等持续适航文件,并协调相关组织进行航空器的操作、维修评定和文件评审等。

8.4 飞控系统适航条款理解

飞控系统设计涉及多个学科专业,其适用的 CCAR-25 部适航条款涉及 B、C、D、H、F 多个分部,以下概要介绍飞控系统适用的适航条款。实际运用中,根据不同飞机型号飞控系统的设计特征,其适用条款不限于以下提到的适航条款。

B 分部 25.143 条款对常规盘式操纵提出操纵力及相关限制要求;C 分部的25.303、25.305、25.395、25.397、25.399、25.405、25.415 等条款提出如安全系数、载荷、地面突风等要求。

D 分部,25.671 条款至 25.703 条款为针对操纵系统的适航条款,其中尤以25.671 条款为飞控系统的重点适航条款。此外 25.601、25.603、25.605、25.607、25.609、25.613、25.621、25.629、25.631 等条款提出一系列对材料、安全系数等的要求,25.611 条款提出对安装及维修可达性的要求,25.655 条款提出对尾面及水平安定面安装的要求,25.771、25.777、25.779、25.781 等条款提出驾驶舱操纵器件设计、布置、安装等要求。

F 分部 25.1301、25.1309、25.1316、25.1322、25.1351、25.1353、25.1355、25.1357、25.1431 条款提出针对系统设备设计的要求,25.1555 条款提出操纵器件标记的要求。

此外,在安全性设计中应根据 25.729(f)条款考虑轮胎爆破的影响,系统防火需符合 25.863、25.865 条款要求。

2011 年 11 月 CCAR-25 部第 4 次修订版本正式发布,在该 R4 版中增加的 H 分部提出一系列 EWIS 的要求,飞控系统在设计中同样需综合考虑这些条款的要求。

8.4.1 飞控系统适航条款

基于现行的 CCAR-25-R4,简要解释飞控系统适用的几项重点适航条款。

8.4.1.1 CCAR 25.143(d)总则

1) 条款原文

第 25.143 条 总则

(d) 在本条(a)和(c)所需的试验中,对于常规盘式操纵,下表规定所允许的最大操纵力:

施加在驾驶盘或方向舵脚蹬上的力,以牛（公斤；磅）计	俯 仰	滚 转	偏 航
短时作用(双手)	333(34;75)	222(23;50)	
短时作用(单手)	222(23;50)	111(11;25)	
短时作用			667(68;150)
持久作用	44(5;10)	22(2;5)	89(9;20)

〔中国民用航空局 2001 年 5 月 14 日第 3 次修订,交通运输部 2016 年 3 月 17 日第 4 次修订〕

2) 条款理解

本条要求在整个使用限制范围内,飞机必须是可以操纵并能进行机动飞行;使用平均水平的驾驶技巧便能从一种飞行状态平稳地过渡到其他飞行状态,而不超过飞机结构的任何限制;操纵力不应过大,以至于驾驶员不能安全地使飞机进行机动;操纵力也不应该太轻,以至于飞机进行机动时要使用特殊技巧才能不产生过大的应力而不失去控制。

该条款主要是飞机操稳专业从飞机的角度出发,提出操纵力的要求,之后通过工程飞行模拟器由驾驶员确认需求的合理性。

8.4.1.2 CCAR 25.397 操纵系统载荷

1) 条款原文

第 25.397 条 操纵系统载荷

(a) 总则 假定本条(c)中规定的驾驶员最大和最小作用力作用在相应的操纵

器件握点或脚蹬上(以模拟飞行情况的方式),并且在操纵系统与操纵面操纵支臂的连接处受到反作用。

(b)驾驶员作用力的影响　在操纵面飞行受载情况中,作用在操纵面上的空气载荷和相应的偏转量,不必超过在飞行中施加本条(c)规定范围内的任何驾驶员作用力可能导致的值。如果按可靠的数据获得操纵面铰链力矩,则对于副翼和升降舵可取规定的最大值的三分之二,在应用此准则时,必须考虑伺服机构、调整片和自动驾驶系统的影响。

(c)驾驶员限制作用力和扭矩　驾驶员限制作用力和扭矩如下:

操纵器件	最大作用力或扭矩	最小作用力或扭矩
副翼		
驾驶杆	445 牛(45.4 公斤;100 磅)	178 牛(18.1 公斤;40 磅)
驾驶盘[1]	356D[2] 牛·米	178D 牛·米
	(36.3D 公斤·米;80D 磅·英寸)	(18.1D 公斤·米;40D 磅·英寸)
升降舵		
	1 110 牛(113 公斤;250 磅)	445 牛(45.4 公斤;100 磅)
驾驶杆	1 330 牛(136 公斤;300 磅)	445 牛(45.4 公斤;100 磅)
驾驶盘(对称)		445 牛(45.4 公斤;100 磅)
驾驶盘(非对称)[3]		
方向舵	1 330 牛(136 公斤;300 磅)	578 牛(59.0 公斤;130 磅)

〔1〕驾驶盘副翼操纵系统部分还必须按单个切向力进行设计,此切向力的限制值等于表中确定的力偶力的 1.25 倍。

〔2〕D 为驾驶盘直径,米(英寸)。

〔3〕非对称力必须作用在驾驶盘周缘的一个正常握点上。

2)条款理解

驾驶员通过操纵驾驶杆/盘、脚蹬控制操纵面运动,驾驶员作用力作用在驾驶杆/盘、脚蹬的着力点上(参见图 8-2、图 8-3、图 8-4)。本条所规定的对驾驶员作用力提供反作用力的部位,即操纵系统与操纵面连接处,是针对机械作动系统而言的,当前所新研制的民用运输机大多为电传飞控系统,驾驶员反作用力由驾驶舱力感机构提供。因此该规定对电传飞控系统不适用。

(b)条款规定的驾驶员作用力对操纵面载荷的影响,是对机械系统而言的。电传飞控系统,驾

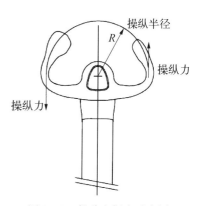

图 8-2　驾驶盘握点示意图

驶员作用力与操纵面铰链力矩没有关系,因此该规定对电传飞控系统一般不适用。

(c)条款给出了操纵系统设计用的驾驶员限制载荷要求,包括最大作用力和扭

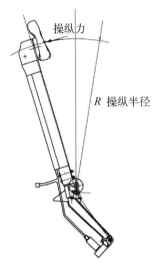

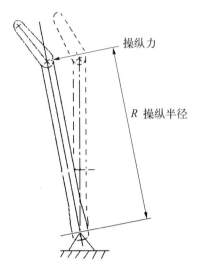

图 8-3　驾驶杆握点示意图　　　图 8-4　脚蹬着力点示意图

矩以及最小作用力和扭矩。驾驶舱操纵系统设计载荷一般按照本条规定的限制载荷进行设计。

8.4.1.3　CCAR 25.399 双操纵系统

1) 条款原文

第 25.399 条　双操纵系统

(a) 双操纵系统必须按两个驾驶员反向操纵情况进行设计,此时所采用的每个驾驶员作用力不小于下述载荷:

(1) 按 §25.395 所得载荷的 75%;

(2) 按 §25.397(c) 中规定的最小作用力。

(b) 双操纵系统必须按两个驾驶员同向施加的作用力进行设计,此时所采用的每个驾驶员作用力不小于按 §25.395 所得载荷的 75%。

2) 条款理解

本条规定了有两个驾驶员操纵的飞控系统设计用的限制载荷,分为两种情况:反向操纵和同向操纵。

对于反向操纵,限制载荷应满足条件(1)和条件(2)的共同要求。对于电传飞控系统,操纵面气动铰链力矩不会反向传递到驾驶舱操纵机构。反向操纵载荷的要求按照 25.397(c) 进行设计。

对于同向操纵的电传飞控系统,每个驾驶员的作用力应小于 25.397(c) 规定的 75%,等同于 25.395 的要求。

8.4.1.4　CCAR 25.405 次操纵系统

1) 条款原文

第 25.405 条　次操纵系统

次操纵器件,例如机轮刹车、扰流板和调整片的操纵件,必须按一个驾驶员很可能施于这些操纵器件的最大作用力进行设计。可以采用下列数值:

驾驶员操纵作用力限制值(次操纵器件)

操纵器件	驾驶员限制作用力
各类 曲柄、盘 或手柄[1]	$\left(\dfrac{0.254+R}{0.076\,2}\right)\times222$ 牛 $\left[\text{公制：}\left(\dfrac{0.254+R}{0.076\,2}\right)\times22.7\text{公斤}\quad\text{英制：}\left(\dfrac{1+R}{3}\right)\times50\text{磅}\right]$ 但不小于222牛(22.7公斤;50磅),不大于667牛(68公斤;150磅) [R为半径,米(英寸)](适用于操纵平面20°以内的任何角度)
扭转	15牛米(1.53公斤·米;133磅·英寸)
推拉	由申请人选定

〔1〕限于襟翼、调整片、安定面、扰流板和起落架使用的操纵器件。

2) 条款理解

次操纵器件主要包括襟/缝翼操纵手柄和减速板手柄等。本条款对其设计限制载荷进行了规定。

8.4.1.5　CCAR 25.671 操纵系统总则

1) 条款原文

第25.671条　总则

(a) 每个操纵器件和操纵系统对应其功能必须操作简便、平稳和确切。

(b) 飞行操纵系统的每一元件必须在设计上采取措施,或在元件上制出明显可辨的永久性标记,使由于装配不当而导致系统功能不正常的概率减至最小。

(c) 必须用分析、试验或两者兼用来表明,在正常飞行包线内发生飞行操纵系统和操纵面(包括配平、升力、阻力和感觉系统)的下列任何一种故障或卡阻后,不要特殊的驾驶技巧或体力,飞机仍能继续安全飞行和着陆。可能出现的功能不正常必须对操纵系统的工作只产生微小的影响,而且必须是驾驶员能易于采取对策的:

(1) 除卡阻以外的任何单个故障(例如机械元件的脱开或损坏,或作动筒、操纵阀套和阀门一类液压组件的结构损坏);

(2) 除卡阻以外未表明是极不可能的故障的任意组合(例如双重电气系统或液压系统的故障,或任何单个损坏与任一可能的液压或电气故障的组合);

(3) 在起飞、爬升、巡航、正常转弯、下降和着陆过程中正常使用的操纵位置上的任何卡阻,除非这种卡阻被表明是极不可能的或是能够缓解的。若飞行操纵器件滑移到不利位置和随后发生卡阻不是极不可能的,则须考虑这种滑移和卡阻。

(d) 飞机必须设计成在所有发动机都失效的情况下仍可操纵。如果表明分析方法是可靠的,则可以通过分析来表明满足本要求。

〔交通运输部2016年3月17日第4次修订〕

2) 条款理解

（a）款是对飞控系统的总的定性要求，要求操纵器件和控制系统操作简便、平稳、确切。简便一般是指控制系统操作简单直接，无须特殊的驾驶技巧或体力。平稳一般是指系统无突变、无紧涩感觉、无卡阻、无自振，杆力梯度合适，驾驶员感觉舒适。确切一般是指系统能正确执行驾驶员指令并且能从一种飞行状态按指令平稳地过渡到任何其他飞行状态。

（b）款是要求每一控制系统元件/组件在设计上采取措施，防止其被错误安装，特别是对称元件/组件、相似元件/组件（包括线缆、管路的接插件等），以防止在生产或维修中发生误装配。若飞控系统的元件/组件的不正确安装可能危害飞机，应在设计上采取措施，不允许采用标记方式，确保在所有合理的可能分解点处系统元件不可能完成机械装配。

（c）款是对飞控系统的特殊安全要求。飞控系除要满足第 25.1309 条款的安全性要求之外，还要满足本款的特殊要求。"继续安全飞行和着陆"的能力通常从瞬态响应、延迟时间、操纵性、操纵力和结构影响等方面考虑。

（c）（3）款明确提出了设计中应考虑的操纵器件卡阻的定性要求。"卡阻"定义为某个操纵面、驾驶员操纵器件或组件停滞在某个位置的失效或事件。尽管在飞控系统的需求和设计过程中，飞机研制单位通常采用措施防止卡阻出现，但是必须证明卡阻是极不可能的。工程实践中，特定的设计往往不能保证卡阻是极不可能的，或是不能充分证明是极不可能的，所以在设计中需采用卡阻减缓措施，以保证即使发生卡阻，飞机也能继续安全飞行和着陆。常采用的卡阻减缓方法有局部的结构失效，或者采用剪切，或载荷减缓装置等。设计评估通常由飞机研制单位的飞控系统工程师、结构工程师及有关的供应商做出初步评估，然后进行有局方人员参加的正式评估，评估的对象为飞控系统，包括升降舵、方向舵、副翼、襟翼及扰流板作动器的设计（图纸和实物）或剪切装置等（图纸和实物）。

（d）款要求飞机必须设计成在所有发动机都失效的情况下飞机仍可操纵。全部发动机出故障后，对于爬升、巡航、下降和进场阶段，飞机仍应是可操纵的，并且有能力从合理的进场速度拉平到接地时的着陆状态。对机械式飞控系统，系统的功能与发动机无关，因此全部发动机停车时，飞机仍是可操纵的；对于电传飞控系统，其能源系统通常由发动机提供动力，主要考虑发动机失效时系统的操纵验证。

协调一致的 25.671 条款：针对电传飞控系统，美国联邦航空咨询委员会（ARAC）给出了 25.671 条款的审查指导建议，用来协调 FAA 和 JAA 的要求和提供符合 FAR/JAR 25.671 的指导建议。提案中主要描述了潜在的安全性问题，从需求的角度介绍了潜在安全性问题的原理。建议的要求确保了飞控系统基本的完整性和可用性，同时进一步保证了在服役中任何经验表明会影响持续安全飞行和着陆的故障都应受到飞行机组的控制。

8.4.1.6　CCAR 25.672 增稳系统及自动和带动力的操纵系统

1) 条款原文

第 25.672 条　增稳系统及自动和带动力的操纵系统

如果增稳系统或其他自动或带动力的操纵系统的功能对于表明满足本部的飞行特性要求是必要的,则这些系统必须符合第 25.671 条和下列规定:

(a) 在增稳系统或任何其他自动或带动力的操纵系统中,对于如驾驶员未察觉会导致不安全结果的任何故障,必须设置警告系统,该系统应在预期的飞行条件下无须驾驶员注意即可向驾驶员发出清晰可辨的警告。警告系统不得直接驱动操纵系统;

(b) 增稳系统或任何其他自动或带动力的操纵系统的设计,必须使驾驶员对第 25.671(c) 条中规定的各种故障可以采取初步对策而无须特殊的驾驶技巧或体力,采取的对策可以是切断该系统或出故障的一部分系统,也可以是以正常方式移动飞行操纵器件来超越故障;

(c) 必须表明,在增稳系统或任何其他自动或带动力的操纵系统发生任何单个故障后,符合下列规定:

(1) 当故障或功能不正常发生在批准的使用限制内且对于该故障类型是临界的任何速度或高度上时,飞机仍能安全操纵;

(2) 在飞机飞行手册中规定的实际使用的飞行包线(例如速度、高度、法向加速度和飞机形态)内,仍能满足本部所规定的操纵性和机动性要求;

(3) 飞机的配平、稳定性以及失速特性不会降低到继续安全飞行和着陆所必需的水平以下。

2) 条款理解

本款目的在于确保自动及带动力的操纵系统中的失效不会对飞机产生危害。

(a) 款要求在增稳系统及自动或带动力的操纵系统中,对于如驾驶员未察觉将导致不安全结果的任何故障,必须设置警告系统。

(b) 款中,"无须特殊的驾驶技巧或体力"的含义一般认为是:按照相关标准选拔、培训并取得民航管理当局认可的飞行执照的驾驶员,能够按照经批准的飞机正常操作程序或应急程序对飞机进行操纵,不需要额外针对相关驾驶技术和处理方法进行培训,也不需要驾驶员付出额外,甚至难以接受的体力以完成操作。

(c) 款是针对单个故障的要求。这些故障的后果,可用由飞行试验、工程飞行模拟器试验和实验室试验支持的系统安全性评估进行评定。在任何单个故障出现后,通过飞行手册提供的相关程序,使飞机的配平、稳定性以及失速特性允许飞机继续安全飞行和着陆。

8.4.1.7　CCAR 25.675 止动器

1) 条款原文

第 25.675 条　止动器

（a）操纵系统必须设置能确实限制由该系统操纵的每一可动气动面运动范围的止动器。

（b）每个止动器的位置，必须使磨损、松动或松紧调节不会导致对飞机操纵特性产生不利影响的操纵面行程范围的变化。

（c）每个止动器必须能承受与操纵系统设计情况相应的任何载荷。

2）条款理解

本款的目的是提供能够确实限制操纵面运动的方法，同时要求止动器的设计足以承受与飞控系统设计相应的任何载荷。本款中设置操纵面止动器的目的是防止操纵面过度偏转并导致对飞机操纵特性产生的不利影响。

8.4.1.8 CCAR 25.677 配平系统

1）条款原文

第 25.677 条 配平系统

（a）配平操纵器件的设计必须能防止无意的或粗暴的操作，其操作方向必须在飞机的运动平面内并和飞机的运动的直感一致。

（b）在配平操纵器件的近旁，必须设置指示装置以指示与飞机运动有关的配平操纵器件的运动方向。此外，必须有清晰易见的设施以指示配平装置在其可调范围内所处的位置。该指示装置必须清晰标记一个范围，必须经过验证在该范围内对于经批准的所有起飞重心位置起飞都是安全的。

（c）配平操纵系统的设计必须能防止在飞行中滑移。配平调整片操纵必须是不可逆的，除非调整片已作适当的平衡并表明不会发生颤振。

（d）如果采用不可逆的调整片操纵系统，则从调整片到不可逆装置与飞机结构连接处之间的部分必须采用刚性连接。

〔交通运输部 2016 年 3 月 17 日第 4 次修订〕

2）条款理解

本条款的目的是确保配平系统能够防止无意的非配平情况。

其中（a）款对驾驶员配平操纵器件的设计要求，（b）款对配平操纵器件的指示装置提出要求，（c）款对配平操纵系统的设计提出要求，（d）款对配平操纵系统与结构的连接提出要求。

关于"防止无意的或粗暴的操作"这一要求，配平操纵器件一般采用诸如双触点开关、两层旋钮开关的设计，并限制配平操作时操纵面的偏转速度。

目前常用的配平作动器通常都采用了防逆转或不可逆的传动机构设计，而较少采用配平调整片。

8.4.1.9 CCAR 25.679 操纵系统突风锁

1）条款原文

第 25.679 条 操纵系统突风锁

（a）必须设置防止飞机在地面或水面时因受突风冲击而损坏操纵面（包括调整

片)和操纵系统的装置。如果该装置啮合时会妨碍驾驶员对操纵面的正常操纵,则该装置必须满足下列要求之一:

(1) 当驾驶员以正常方式操纵主飞行操纵器件时能自动脱开;

(2) 能限制飞机的运行,使驾驶员在开始起飞时就获得不致误解的警告。

(b) 突风锁装置必须具有防止它在飞行中可能偶然啮合的措施。

2) 条款理解

该条款要求必须设计飞控系统突风锁,以防止停机时因受突风冲击而损坏操纵面和飞控系统。操纵面的锁紧系统应装在飞机内部,不宜采用外部锁紧装置。如果通过啮合锁紧操纵面,则锁紧系统应设计成在锁紧状态能限制飞机的启动,使得在开始起飞前或起飞时,用有效的方法使驾驶员接收到不致误解的警告。

8.4.1.10　CCAR 25.681 限制载荷静力试验

1) 条款原文

第 25.681 条　限制载荷静力试验

(a) 必须按下列规定进行试验,来表明满足本部限制载荷的要求:

(1) 试验载荷的方向应在操纵系统中产生最严重的受载状态;

(2) 试验中应包括每个接头、滑轮和用以将系统连接到主要结构上的支座。

(b) 作角运动的操纵系统的关节接头,必须用分析或单独的载荷试验表明满足特殊系数的要求。

2) 条款理解

由于第 25.305 条已对结构件的限制载荷试验提出了要求,因此第 25.681 条适用于飞控系统中除结构件之外的设备,包括主飞控作动系统、襟/缝翼控制系统和驾驶舱操纵组件,以及第 25.681(a)(2) 条规定的用于连接设备的支座和关节接头。

(a)款明确了限制载荷静力试验的要求,明确了试验载荷的方向,并规定试验载荷的方向应是飞控系统最严重的受载方向。要求限制载荷静力试验应包括每个接头、滑轮和用以将系统连接到主要结构上的支座,以考核飞控系统的强度及与之连接的结构件的强度。

(b)款要求作角运动的关节接头必须满足特殊系数要求。

8.4.1.11　CCAR 25.683 操作试验

1) 条款原文

第 25.683 条　操作试验

必须用操作试验表明,对操纵系统中受驾驶员作用力的部分施加规定的该系统限制载荷的 80%,以及对操纵系统中受动力载荷的部分施加正常运行中预期的最大载荷时,系统不出现下列情况:

(a) 卡阻;

(b) 过度摩擦;

(c) 过度变形。

2) 条款理解

本款的目的在于确保飞控系统在可能的运行载荷条件下不会受到卡阻、过度摩擦及过度变形的影响。本款主要针对飞控系统的操作试验提出要求,要求试验对飞控系统施加 80% 的限制载荷,该载荷应同时施加于飞控系统及操纵面。

8.4.1.12　CCAR 25.685 操纵系统的细节设计

1) 条款原文

第 25.685 条　操纵系统的细节设计

(a) 操纵系统的每个细节必须设计和安装成能防止因货物、旅客、松散物或水汽凝冻引起的卡阻、摩擦和干扰。

(b) 驾驶舱内必须有措施在外来物可能卡住操纵系统的部位防止其进入。

(c) 必须有措施防止钢索或管子拍击其他零件。

(d) 第 25.689 条和第 25.693 条适用于钢索系统和关节接头。

2) 条款理解

(a) 款要求飞控系统的细节设计和安装要避免卡阻。在评定是否符合本款时,除货物、旅客、松散物引起的卡阻外,应特别考虑零件内部或外部积水冰冻而造成操纵线系的卡阻,对下列部位应特别注意:飞控系统从增压舱引出来的部位、在正常或故障的情况下有可能被飞机水系统污染的组件(如有必要,应当遮蔽这些组件)、雨水和(或)冷凝水能够滴入或聚积的组件、在其内部水蒸气能够凝结及水能够积聚的组件。此外,对于暴露在外部的操纵组件(如作动器、扭力管、滚珠丝杠等),若元件之间有相对运动,也应考虑该组件上积聚的霜或冰可能引起的卡阻。

(b) 款要求驾驶舱内必须有措施防止外来物的进入而卡住飞控系统。评定这一款的符合性时,应注意系统中的如下部件:

平行杆系和直角摇臂平行杆系的紧凑部件,虽有整齐的外观,但出现被卡死的可能性较大;

距地板和其他水平面太近的操纵机构,易于积聚遗失物,类似的还有凹陷或整流罩内运动的摇臂端头位置;

位于地板、控制台等的孔和缝附近,容易受到外来物卡阻的飞控系统的组件;

多个摇臂安装在同一轴上,且具有减轻孔的组件;

工作在具有水平枢轴上的链条,这样的链条容易积聚铆钉、小螺钉等,使链条齿卡住;

在齿轮与箱体之间或以不同速度运动的齿轮之间没有足够的间隙;

滑轮和轮索鼓轮、小螺钉等易掉入滑轮和钢索鼓轮与防护板之间,从而造成滑轮或鼓轮卡阻。

(c) 款对飞控系统管路和钢索设计提出要求。飞控系统管路、钢索的敷设应保证其与周围部件之间的间隔符合相关规范要求,其通过的线路上应有足够的导向件或导引件,防止钢索下垂拍击其他部件。

8.4.1.13　CCAR 25.689 钢索系统

1) 条款原文

第 25.689 条　钢索系统

(a) 钢索、钢索接头、松紧螺套、编结接头和滑轮必须经批准。此外还应满足下列要求：

(1) 副翼、升降舵或方向舵系统不得采用直径小于 3.2 毫米(1/8 英寸)的钢索；

(2) 钢索系统的设计,必须在各种运行情况和温度变化下在整个行程范围内使钢索张力没有危险的变化。

(b) 每种滑轮的型式和尺寸必须与所配用的钢索相适应。滑轮和链轮必须装有紧靠的保护装置,以防止钢索或链条滑脱或缠结。每个滑轮必须位于钢索通过的平面内,使钢索不致摩擦滑轮的凸缘。

(c) 安装导引件而引起的钢索方向变化不得超过 3°。

(d) 在操纵系统中需受载或活动的 U 形夹销钉,不得仅使用开口销保险。

(e) 连接到有角运动的零件上的松紧螺套必须能确实防止在整个行程范围内发生卡滞。

(f) 必须能对导引件、滑轮、钢索接头和松紧螺套进行目视检查。

2) 条款理解

(a)款要求装在飞机上的钢索、钢索接头、松紧螺套、编结接头和滑轮必须符合经适航当局批准的选用标准或适航当局制订的技术标准,并对选用、安装提出要求。

(b)、(c)、(d)、(e)款对安装在飞机上的滑轮、安装导引件、受载或活动的 U 形夹、销钉、松紧螺套提出要求。

(f)款要求对导引件、滑轮、钢索接头和松紧螺套能进行目视检查,不能直接目视的部位,需设置检查口盖。

8.4.1.14　CCAR 25.693 关节接头

1) 条款原文

第 25.693 条　关节接头

有角运动的操纵系统的关节接头(在推拉系统中),除了具有滚珠和滚柱轴承的关节接头外,用作支承的最软材料的极限支承强度必须具有不低于 3.33 的特殊安全系数。对于钢索操纵系统的关节接头,该系数允许降至 2.0。对滚珠和滚柱轴承,不得超过经批准的载荷额定值。

2) 条款理解

本条款对推拉运动的飞控系统传动线系中作角运动的关节接头提出了强度要求,作角运动的关节接头是指在推拉运动的系统中所有的拉杆、摇臂、支座和钢索等的接头。

8.4.1.15 CCAR 25.697(a)(b)升力和阻力装置及其操纵器件

1) 条款原文

第25.697条 升力和阻力装置及其操纵器件

(a) 每个升力装置操纵器件的设计,必须使驾驶员能将该升力装置置于§25.101(d)中规定的起飞、航路、进场或着陆的任一位置。除由自动定位装置或载荷限制装置所产生的运动外,升力和阻力装置必须保持在这些选定的位置上而无须驾驶员进一步注意。

(b) 每个升力和阻力装置操纵器件的设计和布置必须使无意的操作不大可能发生。仅供地面使用的升力和阻力装置,如果在飞行中工作可能会造成危险,则必须有措施防止飞行中对其操纵器件进行误操作。

2) 条款理解

(a)款是对升力操纵器件的功能性要求。必须具有使驾驶员能够实现对升力装置所需位置的操纵,并使得升力装置保持在这一位置上,而无须驾驶员进一步注意。"无须进一步注意"的意思是要求当驾驶员将操纵器件操纵到目标位置时,升力装置可以自行保持,不需要驾驶员操作,除非驾驶员需要改变当前的操纵位置。

(b)款要求驾驶舱操纵器件的设计必须具有防止误操作的功能,包括仅供地面使用的升力和阻力装置。要求操纵器件的设计必须具有保护功能。对于手柄类操纵器件,其设计必须具有提起、开锁、卡档等功能,使得操纵器件处于当前位置,而不易被无意识的操纵。

对于按压类的操纵器件,必须具有诸如双重操纵、保护盖等保护装置,防止无意识的触碰。

8.4.1.16 CCAR 25.699升力和阻力装置指示器

1) 条款原文

第25.699条 升力和阻力装置指示器

(a) 对于每一升力和阻力装置,如果驾驶舱内设有独立的操纵器件用于调整其位置,则必须设置向驾驶员指示其位置的装置。此外,对于升力或阻力装置系统中出现的不对称工作或其他功能不正常,考虑其对飞行特性和性能的影响,如果必须有指示,才能使驾驶员防止或对付不安全的飞行或地面情况,则必须设置该指示装置。

(b) 必须设置向驾驶员指示升力装置在起飞、航路、进场和着陆位置的装置。

(c) 如果升力和阻力装置具有可能超出着陆位置的任一放下位置,则在操纵器件上必须清楚地制出标记,以便识别超出的范围。

2) 条款理解

本条款的目的是要求必须设置向驾驶员指示升力装置在起飞、航路、进场和着陆状态时应有位置的指示装置。

增升或增阻装置的指示系统必须向驾驶员提供有关起飞、航路、进场和着陆状态时操纵面所处位置的目视指示。这些位置的传感器设置得使他们能对故障状态给予直接的指示,对功能上相关的一组操纵面(亦即在对称面两边的一组操纵面,由同一驱动装置驱动或通过某种其他方法使他同步,保证对称动作)应有独立的监控手段,使发生故障时要求空勤人员采取措施或作程序上的改变。例如,相对机身中心线不对称构型的功能上相关的左右侧襟翼,要求在起飞前向驾驶员提供两侧襟翼不对称状态的指示。给空勤人员的指示不必具体指明哪个操纵面发生故障,但必须清楚地反映该不正常构型。驾驶舱内的操纵面位置显示器也必须能清楚地区分由于增升装置"不对称"打开造成的故障状态或增升装置"失调"状态。失调状态是指增升操纵面没有处于驾驶员所设置的位置。这种区别将有助于驾驶员采取恰当的程序再次打开、收起,或不用增升、增阻装置继续飞行。

8.4.1.17　CCAR 25.701 襟翼与缝翼的交连

1) 条款原文

第 25.701 条　襟翼与缝翼的交连

(a) 飞机对称面两边的襟翼或缝翼的运动,必须通过机械交连或经批准的等效手段保持同步,除非当一边襟翼或缝翼收上而另一边襟翼或缝翼放下时,飞机具有安全的飞行特性。

(b) 如果采用襟翼或缝翼交连或等效手段,则其设计必须计及适用的不对称载荷,包括对称面一边的发动机不工作而其余发动机为起飞功率(推力)时飞行所产生的不对称载荷。

(c) 对于襟翼或缝翼不受滑流作用的飞机,有关结构必须按一边襟翼或缝翼承受规定对称情况下出现的最严重载荷,而另一边襟翼或缝翼承受不大于该载荷的80%进行设计。

(d) 交连机构必须按对称面一边受交连的襟翼或缝翼卡住不动而另一边襟翼或缝翼可自由运动,并施加操纵面作动系统全部动力所产生的载荷进行设计。

〔中国民用航空总局 1995 年 12 月 18 日第 2 次修订〕

2) 条款理解

(a)款对于襟/缝翼的运动方式提出了要求,要求襟/缝翼的运动必须采用机械交连或等效的方式保持同步运动。

(b)、(c)、(d)款对襟/缝翼交连机构及有关结构的设计载荷提出要求,要求考虑适用的不对称载荷,一侧最严重载荷另一侧不大于其80%和一侧卡阻另一侧自由运动等多种载荷情况,且应对各种载荷情况下的襟/缝翼交连机构及支撑结构的强度进行评估。

8.4.1.18　CCAR 25.771(a)(c)驾驶舱

1) 条款原文

第 25.771 条　驾驶舱

(a) 驾驶舱及其设备必须能使(按§25.1523 规定的)最小飞行机组在执行职

责时不致过分专注或疲劳。

(c) 如果备有供第二驾驶员使用的设施,则必须能从任一驾驶座上以同等的安全性操纵飞机。

2) 条款理解

(a)款是对驾驶舱的总体要求。在设计驾驶舱时应充分考虑人体的生理机能和各种习惯。使得驾驶员不应有过分的注意力集中和体力消耗,做到各种操纵装置布局合理,紧急状态下的各种标识能够快速辨认。

(c)款是对双人驾驶舱操纵器件安排的要求。驾驶舱应当做到当任一个驾驶员不能按要求操纵飞机时,另一驾驶员能够安全地操纵飞机。包括设置双套操纵器件和仪表。对于飞控系统来说,双套操纵器件包括驾驶杆/盘/侧杆及其上的控制开关、脚蹬。在中央操纵台上设置有共用的襟/缝翼操纵手柄、减速板手柄、各种配平开关及超控开关等部件。

8.4.1.19 CCAR 25.777(a)(b)(c)(e)(g)驾驶舱操纵器件

1) 条款原文

第 25.777 条 驾驶舱操纵器件

(a) 驾驶舱每个操纵器件的位置必须保证操作方便并防止混淆和误动。

(b) 驾驶舱操纵器件的运动方向必须符合 25.779 的规定。凡可行处,其他操纵器件操作动作的直感必须与此种操作对飞机或对被操作部分的效果直感一致。用旋转运动调节大小的操纵器件,必须从断开位置顺时针转起,经过逐渐增大的行程达到全开位置。

(c) 操纵器件相对于驾驶员座椅的位置和布局,必须使任何身高158厘米(5英尺2英寸)至190厘米(6英尺3英寸)的(按25.1523规定的)最小飞行机组成员就座并系紧安全带和肩带(如果装有)时,每个操纵器件可无阻挡地作全行程运动,而不受驾驶舱结构或最小飞行机组成员衣着的干扰。

(e) 襟翼和其他辅助升力装置的操纵器件必须设在操纵台的上部,油门杆之后,对准或右偏于操纵台中心线并在起落架操纵器件之后至少 254 毫米(10英寸)。

(g) 操纵手柄必须设计成 § 25.781 规定的形状。此外,这些手柄必须是同色的,而且颜色与其他用途的操纵手柄和周围驾驶舱的颜色有鲜明的对比。

2) 条款理解

(a)款是对驾驶舱操纵器件布置的总体要求,应保证操纵方便,防止混淆和误操作。主要要求如下:

(1) 发动机操纵器件、襟翼和其他辅助升力装置的操纵器件及起落架操纵器件,按本条(d)、(e)、(f)布置;

(2) 操纵手柄按本条(g)款设计;

(3) 设置止动块、卡槽等,防止误操作;

（4）设计的操纵器件无论在白天或晚上工作时都能容易识别，并能提供清晰的状态显示。

（b）款规定操纵器件的运动方向，必须符合第 25.779 条款的要求。只要有可能，操纵器件应具有运动的直感，如配平操纵器件等。用旋转手柄调节运动大小的操纵器件，必须从断开位置顺时针逐渐加大到全开位置。

（c）款规定正常操作、异常操作和应急操作所需操纵器件的定位和布置，应使得有关空勤组成员在身体不做很大移动的情况下就能从他们的乘坐位置上使用。对于起飞和着陆操纵所需操纵器件，在有关空勤组成员坐在其正常座椅位置并系紧肩带时，应是可达的。主操纵器件的设计和位置不应妨碍驾驶员对前方仪表板上基本飞行表的观察。

（e）款规定襟翼和其他辅助升力装置的操纵器件的布置要求，必须确保符合要求。

（g）款规定对操纵手柄的外形要求。

8.4.1.20　CCAR 25.779(a)驾驶舱操纵器件的操作和效果

1）条款原文

第 25.799 条　驾驶舱操纵器件的操作和效果

驾驶舱操纵器件必须设计成使它们按下列运动和作用来进行操纵：

（a）空气动力操纵器件：

（1）主操纵

操 纵 器 件	动 作 和 效 果
副　翼	右偏（顺时针）使右翼下沉
升降舵	向后使机头抬起
方向舵	右脚前蹬使机头右偏

（2）次操纵

操 纵 器 件	动 作 和 效 果
襟翼（或辅助升力装置）	向前使襟翼收起；向后使襟翼放下
配平调整片（或等效装置）	转动使飞机绕平行于操纵器件轴线的轴线作相似转动

2）条款理解

（a）款说明各操纵面操纵器件的动作和效果。这样的规定一方面体现飞机运动的直感，另一方面使在本规章规范下的飞机在操纵控制上具有一致性。

8.4.1.21　CCAR 25.781 驾驶舱操纵手柄形状

1）条款原文

第 25.781 条　驾驶舱操纵手柄形状

驾驶舱操纵手柄必须符合下图中的一般形状(但无须按其精确大小和特定比例):

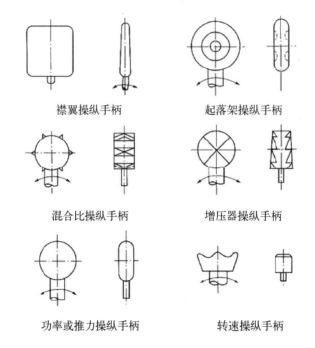

襟翼操纵手柄　　　　　　起落架操纵手柄

混合比操纵手柄　　　　　　增压器操纵手柄

功率或推力操纵手柄　　　　　　转速操纵手柄

2) 条款理解

本条款要求操纵手柄的形状应设计成符合规定的形状,条款所要求的手柄只是一般的手柄要求,以预防混淆,使驾驶员能在应急情况下迅速识别,防止错误操作,提高安全性。

如果有不符合本条规定的手柄形状设计,必须经适航当局批准。

8.4.2　飞控系统专用条件

系统设计特征是确定审定基础、定义符合性方法、开展符合性验证工作的基础。随着工程设计技术的发展,越来越多的新技术被应用,新颖或独特的设计特征在飞机设计中的采用使得现行的 CCAR‐25 部条款不能提供全面的适航要求,为此,适航当局可通过颁布问题纪要及专用条件提出与 CCAR‐25 部条款同等安全水平的适航要求。

飞控系统在稳定性与控制增强系统的基础上已从机械式不可逆助力飞控系统发展到电传飞控系统,电传飞控系统的指令信号、飞机运动姿态反馈信号、工作模态、余度管理的完整性、操纵面偏度感知和系统安全性评估等都是 CAAC、FAA、EASA 等各适航当局的关注点。下面以电传飞行控制系指令信号完整性和操纵面偏度感知为例进行说明。

8.4.2.1　电传飞行控制系统‐指令信号完整性

电传飞控系统在干线和支线飞机上的运用日趋普遍,驾驶员对副翼、方向舵、升降舵、扰流板、水平安定面等操纵面的操纵指令电信号和飞机运动反馈电信号传送到飞控计算机进行控制律运算。与传输机械指令信号的传统液压机械式飞控系统不同,电传飞控系统传输的电信号极易受到 HIRF、闪电等外部干扰和飞机内部的电磁、静电干扰。这些干扰可能会使指令信号发生如数据位丢失、信号异常、不利的瞬变等。

因此指令信号的完整性要求通常被作为专用条件提出,通常包括但不限于以下要求:飞控系统的控制信号不能因外部和内部的干扰导致非预期的变化。或者飞控系统抗干扰能力满足一定的要求/准则,如系统能保持稳定的增益和相位裕度,能提供持续安全飞行和着陆所需的飞行控制,不会产生不可接受的瞬变或降级,不导致操纵面非指令性的偏转和持续振荡。

针对上述要求,电传飞控系统设计应考虑以下几个方面:

(1) 数据通信的校验,如 CRC 校验,保证数据传输的准确性和时效性。

(2) 多余度配置,对多路信号源进行表决。

(3) 设置监控器识别系统故障状态,并进行故障隔离。

(4) 工作模式降级后的可用性。

(5) 完整的安全性评估。

对于设备、电缆还应考虑:

(1) 设备本身的电磁辐射,设备内部电路和接口的物理隔离和电气隔离。

(2) 电缆型号的选用、电缆间的敷设隔离。

(3) 设备的电磁防护设计,电缆的屏蔽防护设计,以及电搭接设计。

符合性验证方法可考虑如下:

MOC1:说明系统的设计措施。

MOC3:包括共模故障分析、特殊风险分析等。

MOC4:正常及故障情况下的实验室试验,故障情况如信号失效、振荡故障检测、瞬态故障检测等。

MOC6:正常及故障情况下的系统飞行试验。

MOC8:系统故障情况下的模拟器试验,同时确认系统故障的危害影响。

8.4.2.2 电传飞行控制系统-操纵面偏度感知

对于电传飞控系统,驾驶员操纵器件的位置与相应的操纵面偏度之间并不总是保持着固定的对应关系。为避免出现操纵面过度偏转甚至逼近极限偏度而驾驶员未能察觉的情况,应在主要操纵面偏度接近控制权限限制时能够被驾驶员感知。

对于采用电传飞控系统的飞机,通常会设置人工感觉机构,以向驾驶员提供操纵力感觉。通过操纵器件的位移及操纵力,驾驶员可以感知各操纵面当前的控制位置,当操纵器件达到或接近其止动位置时,操纵面正接近极限偏度。自动驾驶系统工作期间,对这些操纵器件的反向驱动也可使驾驶员掌握飞机的控制情况。

除了人工感觉和反向驱动机构向驾驶员提供的直接感知外,显示面板上操纵面状态显示和操纵面配平量的提示,以及必要的通告或告警提示,可进一步确保驾驶员了解目前飞机的控制状态,避免过度的操纵面偏转和不利于操纵稳定性或飞机性能的其他特性出现。

在设置通告和告警时,应尽量避免或减少对驾驶员的骚扰性告警和虚警,以避免增加驾驶员不必要的工作负担。

符合性验证方法可考虑如下:

MOC1:说明系统的设计措施,实现操纵面感知的原理等。

MOC5 和 MOC6:在不同工作模式下,验证操纵器件操纵位置与操纵面运动情况的关系,以及驾驶员对操纵面偏度感知的情况。

9 飞控系统设计中的若干关键技术

电传飞控系统研制与使用过程中曾经出现过一些特有的问题,在设计控制律时过于强调高增益控制系统的优点,往往由于正向增益值和反馈增益值选得过高导致系统不稳定,甚至出现影响飞行安全的驾驶员诱发振荡。采用放宽静稳定性主动控制技术的飞机,由于操纵面偏转速度不够导致飞机运动出现危及飞行安全的发散型偏离。此外,根据 ARJ21－700 的研制经验,对以下飞控系统设计中的关键技术进行了总结。

9.1 系统综合

9.1.1 系统监控需求

监控器设计之前应充分捕获来自安全性、维修性、测试性、健康管理和告警显示等方面的要求,按照监控的目的,应满足以下几个方面要求:

(1)安全性要求。在故障概率一定的情况下,需通过缩短暴露时间来降低故障概率,提高安全性。主要途径为通过系统持续监控、自检测和定期测试等方式,将未通告的故障转变为通告的故障,隐性故障转换为显性故障,减小故障暴露时间,来降低故障率,满足安全性要求。

(2)余度信号表决要求。飞行控制律对信号完整性要求很高,需监控信号的有效性和正确性,为表决器提供表决依据,来保证信号的完整性。对于多余度信号监控,需监控余度信号的有效性、比较余度信号的一致性、监控信号非正常变化,再根据监控状态进行表决。

(3)维修性要求。为方便故障隔离,简化人工操作,通过高覆盖率的自动监控以及半自动的测试,将故障定位到较小的范围。一般要求将故障隔离到单个 LRU 的隔离率不低于 85%,隔离到 3 个 LRU 的故障隔离率应不低于 98%。

(4)测试性要求。完成全机规定的故障检测覆盖率要求。

9.1.2 系统监控器设计

监控器可采用软件或硬件的监控方式,系统监控器的设计是系统可靠性的保证,评价其优劣的重要参数是故障检测覆盖率,所以应着重考虑优化系统监控设计以提高故障覆盖率及自检测能力。一般监控器的设计主要考虑如下几个方面:

（1）监控器架构设计：即监控方式的设计，一般有多余度交叉通道监控、预设逻辑监控、超限监控等，其中，多余度交叉通道监控通常是与用于相同特性的信号做比较，预设逻辑监控则用于监控通常被监控参数对规定的设计逻辑响应，根据对输入信号得到的预测响应与实际响应反馈进行比较（被监控参数应符合规定的设计逻辑响应），而超限监控是指对被监控数据应处在规定的变化范围内。

（2）监控器的精度分析：监控器的精度分析是确定被监控参数的门限的依据，合理的门限要求既能保证系统能够及时有效的隔离故障，同时能避免系统监控器误触发而引起虚警。

（3）监控器的监控覆盖分析：针对软件实现的监控器，其并非绝对实时的实施监控，总线传输信号的延迟、被监控器数据的刷新频率和监控器本身的采样频率等都影响监控器监控的覆盖率。监控器覆盖率一般不能通过试验的方式进行检查，往往需要通过仿真进行分析。

（4）监控器的恢复方式：故障发生后，监控器就处于被触发状态，当故障解除时，监控器的状态一般有两种工作方式，一种是该监控器仍然处于被触发状态直至进行特定操作后才能恢复，这种特定操作一般包括特定的维护工作或飞控计算机重新上电，另外一种是监控器在故障消失后自动恢复到非触发状态。

9.1.3　系统振荡监控

飞控系统的振荡监控一般包括对信号的振荡监控和对操纵面的振荡监控。

（1）信号的振荡监控。为保证控制律所用主要信号采用多余度配置，并通过监控和表决保证信号的可用性和完整性。对信号的监控包括监控信号的有效性、进行余度信号的比较以及对信号非正常变化的监控。振荡属于信号典型的非正常变化。对振荡监控器的设计一般取决于信号本身的物理特性，可以根据信号低频振荡和高频振荡特性采用不同的监控逻辑。

（2）对操纵面的振荡监控。操纵面振荡监控主要来源于飞机操纵性、稳定性要求和结构强度的要求。操纵器件故障、指令振荡、控制元器件故障等都有可能导致操纵面振荡，应根据系统可能诱发的振荡源设计不同的监控器，一般通过包括指令响应、余度信号比较等方式进行监控，无论是指令响应比较还是余度信号比较，被监控信号源的选择至关重要，这是影响监控器可用性的关键因素。

9.2　操纵面的颤振抑制

9.2.1　操纵面防颤振设计

如本书前文 2.3.4 节"刚度/阻尼要求"所述，传统的抑制操纵面颤振的技术措施是利用配重将操纵面重心配置在操纵面转轴前面或者直接在操纵面处设置颤振阻尼器，这些措施无疑增加飞机的重量和系统的复杂性。现代飞机的设计放弃了上述方法而对操纵面作动系统提出阻抗特性要求。

实现颤振抑制主要依靠操纵面-作动器为操纵面提供足够的支撑刚度和阻尼，即阻抗特性，使操纵面系统的自然频率远离主翼面或安定面颤振耦合模态频率，达到避免颤振发生的目的。操纵面无须配重，可以有效减轻飞机重量。

通过操纵面的颤振分析，提出作动器-操纵面系统阻抗特性要求。并对作动器-操纵面系统进行阻抗特性试验，验证阻抗特性满足要求，确保操纵面在安装作动器的支持下不发生任何形式的颤振。需要说明的是，在作动器自身的连接部件之间（如作动器两端的轴承）的间隙对操纵面颤振存在明显的影响，不可忽视。此外，必须保证作动器和作动器-操纵面系统在系统最大误差及最大磨损情况下，仍能满足阻抗特性的要求。

作动器至操纵面之间的传动线系（包括操纵面、作动器至操纵面之间的传动线系、连接部件以及安装作动器的飞机结构）不可避免地存在间隙。由于机械磨损导致间隙逐渐增大，所以颤振抑制对作动器及其后传动线系的间隙在全寿命周期内有较高的要求，需航线运营定期检查间隙值是否还在设计允许的范围内。

另外，系统架构、余度配置、作动器工作模式、监控和自检测功能设计等方面的设计也要满足飞机颤振抑制方面的安全性要求。根据适航 CCAR - 25.629、25.671 和 25.1309 等条款要求，为保证系统和部件任何非极不可能的失效和失效组合发生时仍具有颤振抑制能力，操纵面应设置两套或以上的具有备用阻尼模态的作动器。

以 ARJ21 - 700 飞机副翼飞控系统为例，根据飞机安全性要求，单侧副翼丧失颤振抑制能力都为灾难级故障。飞控系统在设计中，需保证副翼丧失颤振抑制能力的故障概率低于 1E - 9/飞行小时。

该飞机副翼飞控系统设计架构为：在正常模式下，操纵面上的两个作动器以主动/主动模式工作。正常情况下，操纵面上的两个作动器都是工作的；当其中一个作动器无响应时，系统关闭该作动器，并且作动器进入阻尼状态，由操纵面上的另一个作动器继续对操纵面运动进行控制，一个作动器的动刚度和另一个作动器的阻尼可实现颤振抑制需求。如果由于控制系统指令或反馈信号错误所导致的通道故障，则相应作动器进入阻尼状态，考虑双重控制系统指令或反馈信号错误，最坏情况考虑一个操纵面上一个作动器机械脱开，另一个作动器进入阻尼状态时，副翼操纵面也应满足颤振抑制要求。飞控降级模式下副翼作动器采用主动/备用方式，即一个作动器工作，另一个作动器进入备用（阻尼）状态。如果工作作动器故障转成阻尼状态，那么备用作动器转成工作状态，也可实现二次故障下满足颤振抑制要求。

基于副翼飞控系统设计架构，为满足对副翼的颤振抑制能力，对副翼系统提出以下安全性要求：

（1）为防止通道之间共模故障，通道与通道之间应相互独立。

（2）任一通道刚度满足操纵面的颤振抑制要求。

（3）任一通道阻尼满足操纵面的颤振抑制要求。

（4）为了防止故障暴露时间过长,通道设计应尽量减少系统隐蔽故障。在通道出现了隐蔽故障的情况下,通道失效（隐蔽地丧失动刚度）和作动器丧失阻尼均应有明确的检测手段和检测周期。

（5）为保证故障概率平均分布,在考虑通道内部隐蔽故障的情况下,任一通道丧失颤振抑制能力的故障概率低于 1/1 000。

9.2.2 阻抗特性仿真与测试

可以对单独作动器或作动器-操纵面系统进行阻抗特性的仿真和测试。保持作动器的输入指令为零,在作动器输出端（或操纵面）施加一定幅值、一系列频率按正弦规律变化的力（或力偶）,记录作动器输出端（或操纵面）的位移（或操纵面的角位移）,力（或力偶）与位移（或角位移）之比即为作动器（或作动器-操纵面系统）的阻抗特性。

施加力（或力偶）的幅值一般为作动器最大输出力的 $10\% \sim 40\%$,频率为低频至高于作动器-操纵面系统的自然频率。根据仿真和测试结果可绘制阻抗特性的伯德图或奈奎斯特曲线图。

对于作动器试验件,可组建作动器阻抗特性测试台架,以测试作动器阻抗特性,图 9-1 中左半部分为被试作动器,右半部分为加载系统,阻抗特性的测试是在被试作动器输入指令为零的情况下,在作动器输出端施加幅值为 Ax、频率不同的正弦力信号,记录作动器输出端的位移,从而得出作动器的阻抗特性。

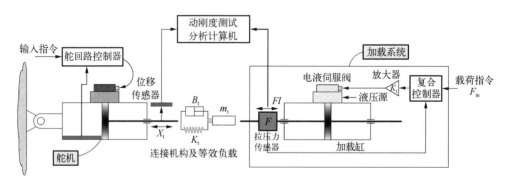

图 9-1 阻抗特性测试系统原理简图

加载系统的函数发生器产生给定频率、幅值的正弦力信号载荷谱 F_{in},即参考输入。在该输入力的作用下,加载作动筒产生输出力 Fl 作用于被试作动器的输出端,作动器输出端产生位移 X_t,加载作动器与被试作动器通过连接件连接在一起。加载作动器产生的力以及被试作动器输出端产生的位移将通过传感器转变为电信号并送入阻抗特性测试分析计算机,计算出各频率下被试作动器的阻抗特性。

图 9-2 为某电液伺服作动器动刚度测试结果。

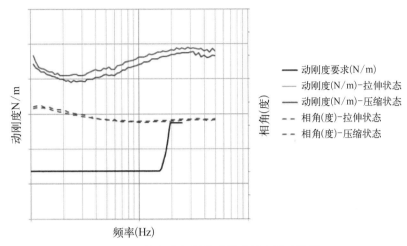

图 9-2　某电液伺服作动器动刚度测试结果

9.3　力纷争与均衡

目前,在民用飞机飞控系统中普遍采用多个伺服作动器驱动布局,即同一块操纵面由 2 个或 3 个作动器驱动,由于主-主工作模式的各个作动器输出位移不严格一致,造成一个作动器拖动另一个作动器,从而几个作动器互相牵制导致出现力纷争现象。

作动器间力纷争现象的存在给电液伺服控制系统带来不利的影响,会导致飞机操纵面局部结构的疲劳,力纷争均衡就是针对作动器间的力纷争现象,通过监控多余度作动系统中作动器负载的情况,调节多余度控制通道的参数,使多余度作动系统中各作动器间的负载趋于一致,从而缓解作动器间力纷争现象。

9.3.1　力纷争主要原因分析

产生作动器间力纷争现象的原因主要是由于系统控制通道中各种误差的积累和联合作用,使各通道间的作动器产生随动误差。在操纵过程中,即使每个通道的输入信号相同,操纵面的每个作动器承受的铰链力矩不同,也将导致各作动器的输出位移不一致。力纷争现象可以从以下几个方面进行改善:

(1) 调整伺服回路参数控制各通道增益特别是反馈增益的公差,尽量减少通道之间误差,提高通道间的一致性。

(2) 降低伺服作动器的压差增益、增加阻尼等,但是降低压差增益会影响作动器的静刚度。

(3) 通过对作动器输出位移信号的表决和监控,消除或减小输入信号差异。

(4) 利用压差均衡原理实现负载均分,减小作动器之间的输出力的差异,缓解作动器力纷争。

以上各种方法可以在一定程度上缓解力纷争,但不能从根本上消除力纷争。由于系统中各种类型的误差不可避免,若严格控制精度,减小参数的公差带,不但不能有效地缓解力纷争产生的危害,还增加产品成本。所以,使力纷争控制并保持在结构和性能允许的范围内,并且在力纷争对结构造成严重危害前采取状态监控措施是目前解决力纷争问题的主要方向。

9.3.2 力纷争均衡分析

某型号飞机具有 3 个作动器驱动的方向舵系统为例,针对作动器间的力纷争现象,在飞行控制计算机中设置了均衡指令和监控两种功能。系统根据每个作动器两腔压差(delta pressure,DP)情况,判断作动器间力纷争的程度,计算能够缓解力纷争的均衡指令,减小同一操纵面不同作动器之间输出力的差异,从而有效缓解作动器间的力纷争。并在各作动器两腔压力差之差(delta-delta pressure,DDP,同一操纵面上的各个作动器间压力差之差)超出可接受范围前,检测力纷争故障状态,及时转换到主-备工作模式。

(1)均衡指令的形成。

同一操纵面的 3 个作动器的两腔压差 DP1、DP2、DP3,以及驾驶舱脚蹬的指令信号是计算产生均衡指令的输入条件,作动器两腔压差 DP1、DP2、DP3 以及驾驶舱脚蹬的指令信号由相对应的各个作动器电子控制装置解调后(如图 9‐3 所示),经总线传输到相应的飞行控制计算机计算均衡指令,然后将均衡指令通过总线传回作动器电子控制器,最后叠加到操纵面控制指令上。

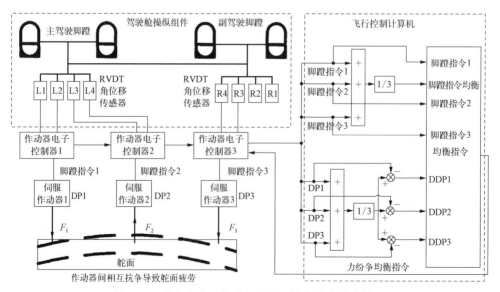

图 9‐3 某机方向舵作动器力纷争均衡指令形成简图

(2) 均衡指令的组成因素。

方向舵力纷争均衡指令的形成有以下两个主要组成因素：

a. 对脚蹬指令取平均值消除脚蹬传感器输入的差异,这个差异主要来自脚蹬传感器相关的电信号误差。

b. 消除 1 个作动器压差与 3 个作动器的平均压差的差值。

综上所述,根据每个通道作动器压差 DP 以及脚蹬传感器输入信号而形成的力纷争均衡指令,分别通过系统总线传输并叠加到相应的作动器电子控制器主控通道的控制信号上,使方向舵 3 个作动器在原指令的基础上产生非同向偏置,使各作动器承受基本相同的载荷。

9.3.3　仿真分析与物理试验结合

为研制该力纷争均衡算法的有效性,可分别进行仿真分析和物理实验对其进行检验。

1) 仿真分析

为了便于对控制律进行仿真分析,对控制律模型提供必要的输入条件,在原模型的基础上增加以下几个部分：

(1) 采用某型号飞机地面模拟试验结果,即物理试验中的作动器压差 DP1、DP2、DP3 的试验数据作为模型的输入条件。

(2) 模拟驾驶员操纵时采用的方波信号,作为仿真模型中脚蹬传感器的输入。

(3) 在通道的需要部位设置示波器。

2) 物理试验

在飞控系统地面模拟试验台(铁鸟台)上进行试验,人工操纵脚蹬,通过传感器将脚蹬的阶跃信号转换为电信号,经过真实的飞行控制计算机、作动器、电子控制器驱动作动器和真实操纵面。测试设备采集脚蹬指令、均衡指令以及 DDP 信号,对于单一的作动器可以了解系统对应 DDP 的变化均衡指令的工作情况,如图 9-4(a)所示。

9.3.4　仿真结果和物理试验结果对比

经由仿真模型计算输出的均衡指令和通过物理试验采集的均衡指令曲线如图 9-4 所示。

图 9-4 表明,仿真模型计算的均衡指令与物理试验记录的均衡指令曲线相近,也就是仿真建模中所使用的力纷争均衡方法与飞机飞控系统力纷争控制律的效果类似。

在实际应用中,对于操纵面作动器力纷争现象按照上述方法建立仿真模型,通过调试,设置不同的信号和电压之间的增益和门限等参数,以匹配实际应用环境参数,使同一操纵面不同作动器之间的力纷争得到均衡。

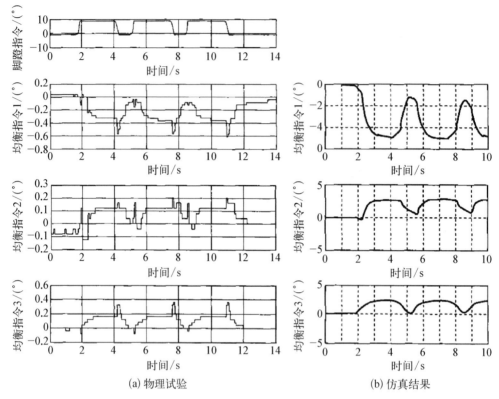

(a) 物理试验   (b) 仿真结果

图 9 - 4   物理试验和仿真模型结果对比

9.4   驾驶舱操纵机构联动精度

9.4.1   俯仰操纵机构左右侧操纵器件连动误差

民用飞机设计初始阶段,需要对主飞控系统各环节的精度对操纵面(副翼、升降舵、方向舵、扰流板和水平安定面)偏度影响进行分析,分析结果需要满足系统设计要求。主飞控系统误差主要来自驾驶舱操纵器件、主飞控控制装置、飞控计算机、作动器等。其中,驾驶舱操纵机构为飞控系统的输入端,其传动机构的精度分析结果直接影响到操纵面偏度的准确度。驾驶舱操纵机构主要包括滚转轴、俯仰轴和偏航轴的操纵机构。本章主要以杆盘类飞机的驾驶舱俯仰轴传动机构的精度计算为例进行分析。

9.4.2   俯仰轴传动机构精度分析

驾驶舱俯仰轴操纵机构控制俯仰操纵面运动,本章以 ARJ21 - 700 飞机为例说明如何对传动精度进行分析。

ARJ21 - 700 飞机的驾驶舱俯仰轴操纵机构主要包括以下部件:驾驶杆、功能模块、弹簧载荷机构和脱开机构等,详见图 5 - 2 驾驶杆操纵机构示意图,图 9 - 5 为驾驶舱俯仰轴操纵机构运动简图。电传飞控系统不需要考虑驾驶杆的联动刚度、间隙等差异。单侧通道飞行控制系统只需考虑对应一侧功能模块内部零件安装精度及 RVDT 的精度对系统精度的影响,无须考虑正副驾驶两侧控制系统刚度和间隙的影响。而两侧通道飞行控制系统需考虑两侧功能模块 RVDT 的精度影响,以及连接机构的刚度和间隙对系统精度的影响。

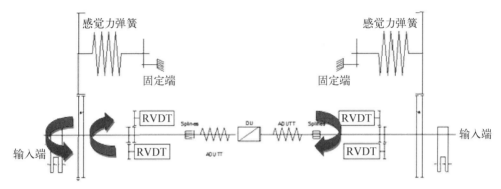

图 9 - 5　驾驶舱俯仰轴操纵机构运动简图

假设副驾驶在最严重的感觉力弹簧刚度情况下操纵飞机,副驾驶侧具有最大摩擦力,正驾驶侧摩擦力为零。

副驾驶一侧 RVDT 传动轴的扭矩为:

$$T_{\text{CoPilotRVDT}} = (\theta_{\text{CoPilotRVDT}}) \times K_{\text{CoPilotSpring}} + BU_{\text{Copilot}} + T_{\text{Friction}}$$

式中:$T_{\text{CoPilotRVDT}}$——副驾驶一侧 RVDT 传动轴的扭矩,N・m;$\theta_{\text{CoPilotRVDT}}$——副驾驶侧的输入角度°;$K_{\text{CoPilotSpring}}$——副驾驶侧的感觉力弹簧刚度,(N・m)/°;$BU_{\text{Copilot}}$——启动力,N・m;$T_{\text{Friction}}$——最大摩擦扭矩,N・m。

假设为纯刚度结构,正驾驶侧升降舵模块的输入角度为 $\theta_{\text{PilotRVDT}}$ 时,正驾驶一侧 RVDT 传动轴的扭矩为:

$$T_{\text{PilotRVDT}} = (\theta_{\text{PilotRVDT}} - \Delta DU) \times K_{\text{PilotSpring}} + BU_{\text{Pilot}} \tag{9-1}$$

式中:$T_{\text{PilotRVDT}}$——正驾驶一侧 RVDT 传动轴的扭矩,N・m;$\theta_{\text{PilotRVDT}}$——正驾驶侧输入角度°;$\Delta DU$——脱开机构内部最大间隙,°;$K_{\text{PilotSpring}}$——正驾驶舱弹簧刚度,(N・m)/°;$BU_{\text{Pilot}}$——启动力,N・m。

相比脱开机构扭力管 ADUTT,DU 的刚度因素可忽略。因此,可认为 2 个 ADUTT 为串联关系(ADUTT 刚度为 K_{ADUTT})。

$$K_{\text{ADUTT\_Shaft}} = \frac{1}{2} K_{\text{ADUTT}} \tag{9-2}$$

在正驾驶侧的 RVDT 传动轴由于 ADUTT 引起的角度差异为:

$$\Delta\theta_{\text{Pilot}} = \frac{T_{\text{PilotRVDT}}}{K_{\text{ADUTT\_Shaft}}} \qquad (9-3)$$

式中：$\Delta\theta_{\text{Pilot}}$——正驾驶侧的 RVDT 传动轴由于 ADUTT 引起的角度差异，°；$T_{\text{PilotRVDT}}$——正驾驶一侧 RVDT 传动轴的扭矩，N·m；$K_{\text{ADUTT\_Shaft}}$——ADUTT 的串联刚度，(N·m)/°。

因此，2 个升降舵模块之间 RVDT 传动轴的总偏差为：

$$\Delta\theta_{\text{RVDT}} = \Delta\theta_{\text{Pilot}} + \Delta DU$$

通过以上分析，俯仰操纵传动机构的传动误差对系统传动精度起重要影响，尤其对于升降舵控制系统的系统传动精度的影响较大。

9.5　系统卡阻与脱开设计

9.5.1　脱开机构

电传飞控系统飞机的驾驶杆操纵机构包括以下几个部件：驾驶杆、力感机构、脱开机构等。在正常的飞行操纵中，正（或副）驾驶员推拉操纵驾驶杆，通过拉杆传递到力感机构的摇臂产生旋转运动，摇臂带动力感机构内部的弹簧和位移传感器，产生操纵反力和相应侧升降舵控制信号。该侧的力感机构的运动通过脱开机构带动副（或正）驾驶侧的力感机构的运动。正副驾驶杆通过脱开机构相互连接，当其中一侧操纵机构（如驾驶杆、力感机构等）发生卡阻时，需利用脱开机构将正副驾驶舱互连的操纵机构断开，以使非卡阻侧的驾驶员能够操纵该侧的升降舵，使飞机安全返回地面。

目前常用的脱开机构有两种操作方式，即使用操纵手柄式手动脱开（见图 9-6）和驾驶员超控式脱开（见图 9-7）。

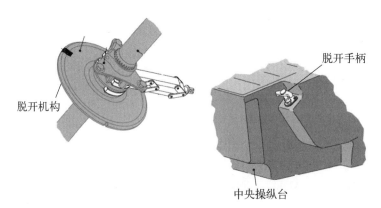

图 9-6　某型飞机手柄式断开机构示意图

手柄式脱开机构结构设计简单，无须驾驶员更大的超控力进行操作，脱开瞬间没有瞬时的剧烈反应，对飞行姿态的影响较小。但是在某些紧急状态线系发生卡

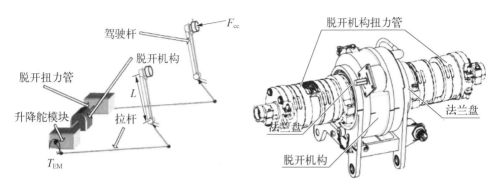

图 9-7 某型飞机超控式脱开机构示意图

阻时,需要驾驶员或者观察员去操作手柄,延长了飞机的处置时间。

超控式脱开机构采用独特的保持卡盘、撞锁等,使得操纵线系单侧卡阻时,非卡阻侧驾驶员可直接超控驾驶杆/盘将左右操纵机构直接脱开,缩短了飞机在发生故障情况下驾驶员的处置时间。

通过驾驶员超控脱开,虽然缩短了驾驶员处置的时间,但是带来的重要问题是设置合适的超控力和飞机的瞬态响应。

脱开机构属于典型的连杆机构,超控脱开力的设计没有专门的适航条款要求,因此需先通过仿真计算,再进行驾驶员在环试验评估确认。脱开机构的脱开力与驾驶员操纵力之间为非线性传递,因此,需通过三维动力学仿真确定脱开力与驾驶员操纵力之间的关系。

在创建的模型中注入传动机构的有关的主要参数,包括以下几个方面:

(1) 脱开机构扭力管刚度。

(2) 力感机构弹簧刚度和阻尼。

(3) 力感机构的启动力和启动角。

(4) 力感机构摩擦力。

(5) 脱开机构脱开扭矩和脱开角。

(6) 驾驶员操纵力感机构的偏转角度(卡阻角度)。

卡阻时的力感机构位置由驾驶杆的位置决定。如何设置卡阻点进行仿真和试验是进行设计的一个重要前提。根据 AC-671,飞机正常起飞和着陆情况下发生卡阻时将处于最危险的状态。综合考虑各方面因素,力感机构位置可选取以下卡阻点:中立位置、前极限位置、后极限位置、正常起飞时卡阻位置、正常着陆时卡阻位置。

通过改变力感机构位置(卡阻位置)、驾驶杆操纵方向,得出一系列脱开力,在各个点之间线性插值,得出脱开力与力感机构位置(卡阻位置)的关系,结果如图 9-8 所示。

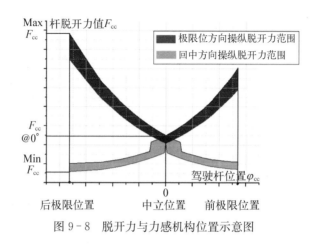

图 9-8 脱开力与力感机构位置示意图

9.5.2 脱开机构的驾驶员评估

针对升降舵/副翼操纵系统单侧卡阻设置的自动脱开机构应能满足飞机操纵稳定性的要求,必须在工程飞行模拟器上通过设定的飞行任务,驾驶员对评估对象进行打分。评估采用"背靠背"式,即一次只有一人评估,参试人员之间不能交流以免相互影响,评估表格采用库伯-哈伯 HQR 等级图打分制,保证评估合理可用。

参与评估的驾驶员需满足一定的条件,使评估结果具有广泛的代表性。通常可从以下几个方面考虑:

(1) 要求驾驶员经历的机型有差异,飞行小时有差异。

(2) 至少一名机长。

(3) 较长的飞行时间经历(机型不限)。

(4) 足够的驾驶员人数。

按照飞机总体专业提出的飞机卡阻点,在工程飞行模拟器进行驾驶杆/驾驶盘若干脱开点的设置。对不同的驾驶杆/驾驶盘脱开力进行动态响应评估。驾驶员按照库伯-哈伯 HQR 等级对每个飞行状态进行打分。对于驾驶员的打分,通常采取加权平均计算的方式获得综合评分。

以脱开机构脱开力评估为例,总分的计算原则可基于以下考虑:

脱开机构的特性决定了脱开机构的脱开扭矩是一个定值,无法根据飞机的状态变化而变化,计算总分时各种方式操纵的分值权重是一样的。

各个脱开点在计算总得分时认为各个点的权重是一样的。

不同的脱开角是随机分布的,在计算总得分时认为权重是一样的。

每个驾驶员由于受多种因素影响,难以定量分析权重,在计算时认为权重是一样的,在后期定性分析中可根据驾驶员经验和体能进行权衡。

10 展　　望

民用飞机研制项目是一个庞大的系统工程,而贯穿民机型号全生命周期的,包括研制、生产、运营、维修、系列化发展和持续改进,以及这期间的适航审查和监管,涉及的领域更是广阔。完成一个民机型号的研制并达到预期的目标,不但需要大量的技术积累、管理能力储备和门类众多的工业基础的支持,而且由于民机产品的高度复杂性而存在大量的不可预测的问题,经验显得尤为重要。事实上,大型民用飞机的研制在技术和经验上已形成一道高高的门槛。

令人欣喜的是,ARJ21-700飞机走过了一个完整的研制过程,成功投入市场运营,实现了我国大型喷气支线客机从无到有的跨越,为今后的改进、改型和系列化发展奠定了基础,为研制更高座级的飞机打通了道路,为我国民机产业的持续发展建立了新的起点,也为世界民机产业注入了新的动力和活力,其成功的意义远大于型号本身。

通过ARJ21-700飞机的研制积累了大量的经验,也暴露出一些问题。同时,技术在发展,相应的适航标准也在提高。ARJ21-700飞机的审定基础为CCAR 25R3(相当于FAR25截止到第100号修正案),中国民航局已在2011年11月发布了CCAR 25R4(相当于FAR25截止到第128号修正案),目前FAA已发布了第145号修正案。今后一段时间,支线民用飞机飞控系统的发展和研究的重点将包含以下几个方面:

(1) 飞机级综合和系统综合。飞级功能的增加意味着更复杂的系统以及系统间更复杂的交联。如何正确、完整捕获各层级的功能和需求,保证设计实现被充分验证,是避免设计存在影响安全性缺陷的关键。

(2) 系统架构和监控覆盖。近年研制的民机飞控系统在余度配置、独立性方面提升明显,非相似的软硬件大量被使用,备份控制功能被广泛引入且功能越来越完善。关键功能的监控结构在保证充分独立性的基础上,需综合考虑监控阈值的设置,兼顾监控覆盖率、控制精度和保证功能可用率。

(3) 控制功能和控制律提升。主动控制技术必将在支线客机使用,以提升飞机的经济性和安全性。系统故障下的控制律重构,可以减轻故障影响,进而提高系统故障后的安全性。

(4) 软件、可编程逻辑器件的进一步使用。复杂的系统功能只能通过软件和可编辑逻辑器件实现。同时,综合模块化航电系统的广泛使用、系统间综合程度的提高,都增加了对软件和可编程逻辑器件的依赖。软件和复杂硬件研制过程的控制对安全性的影响至关重要。

(5) 多电技术的应用。传统液压作动系统功率密度大的、动态特性好的优势正在弱化,而电传动器和电静液压作动器余度配置灵活、维修性好的优势开始凸显。目前,电传动技术主要应用于大型飞机,随着技术的成熟,大型支线飞机使用电作动技术将是一个趋势。

(6) 光传总线和光传感器的应用。随着全机电子设备的增加,电磁干扰对飞控系统功能和安全的挑战加剧,而复合材料在机体的大量使用带来的屏蔽作用减弱也带来新的问题。光传操纵(fly-by-light,FBL)可很好地解决上述问题。此外,光纤相对于电缆还具有体积小、重量轻、传输频带宽的优势。

(7) 人为因素的考虑。严重事故往往由多个原因引起,包括操作不当或错误。飞控系统除了需要在操作界面和操作习惯上提供良好的人机界面,还需在操作的便利性和避免人为差错方面取得平衡。减轻飞行机组在各种场景下、各种可能的失效状态下的工作负担,对提高安全性可起到积极作用,但是自动功能的使用仍需在飞行机组可控制的范围,可能影响飞行安全的功能必须可被操控或关闭。

(8) 仿真和试验验证技术。由于系统自身和系统间交联的复杂性,分析加小规模的、独立的系统试验已无法保证验证的充分性。多系统综合试验、飞机在环试验的必要性在增加。仿真技术的进一步应用,将大大提升研制效率,减少研制过程的反复,提高验证的充分性,减少设计缺陷的隐患。

虽然民用航空安全性已达到很高的水平,且还在不断提升,但灾难性的事故仍有发生。2018 年 10 月 29 日,印尼狮子航空公司一架波音 737MAX8 执飞雅加达到邦加槟港的 JT - 610 航班,在起飞后 12 分钟坠毁于机场东北约 35 海里的海面。机上共有 181 名乘客和 8 名机组成员,无人生还。目前,事故原因还在调查中,但现有证据表明可能与迎角信号错误情况下机动物性增强系统(maneuvering characteristics augmentation system,MCAS)对水平安定面的控制有关。

民机对安全性、经济性、舒适性和环保性的追求永无止境。ARJ21 - 700 飞机投入运营也只是中国民机产业大发展中走出的第一步。相信在不远的将来,ARJ21 - 700 飞机将在中国支线航运市场取得优势并逐步走向世界,ARJ21 的改进型和系列发展将提供更好的性能和更强的综合竞争力,国产大型客机和宽体客机还将取得突破,翱翔蓝天。

缩　略　语

AC	Advisory Circular	咨询通告
ACE	Actuator Control Electronics	作动器电子控制装置
AEG	Aircraft Evaluation Group	航空器评审组
AFHA	Aircraft Function Hazard Assessment	飞机功能危险性评估
AFTA	Aircraft Fault Tree Analysis	飞机级故障树分析
AP	Airworthiness Procedure	适航管理程序
ARAC	Aviation Rulemaking Advisory Committee	美国 FAA 航空规章制定咨询委员会
ASCB	Avionics Standard Communications Bus	航电标准通信总线
AT	Acceptance Test	验收试验
BIT	Build-In Test	机内自检测
CAAC	Civil Aviation Administration of China	中国民用航空局
CAN	Controller Area Network	控制器局域网
CAD	China Airworthiness Directive	适航指令
CAS	Control Augmentation System	控制增强系统
CAS	Crew Alerting System	机组告警系统
CCA	Common Cause Analysis	共因故障分析
CCAR	China Civil Aviation Regulations	中国民用航空规章
CCB	Configuration Control Board	构型控制委员会
CDR	Critical Design Review	关键设计评审
CMA	Common Mode Analysis	共模分析
CMS	Central Maintenance System	中央维护系统
CP	Certification Plan	合格审定计划
CRC	Cyclic Redundancy Check	循环冗余校验
CS	Certification Specifications — European Aviation Safety Agency	欧洲航空安全局审定规范
CTSO	China Technical Standard Order	技术标准规定
DAL	Development Assurance Level	研制保证等级

DD	Dependence Diagram	相关图
DDR	Detail Design Review	详细设计评审
EASA	European Aviation Safety Agency	欧洲航空安全局
EBHA	Electrical Back-up Hydraulic Actuator	电备份液压作动器
EHA	Electro Hydrostatic Actuator	电静液作动器
EHSA	Electro Hydraulic Servo Actuator	电液伺服作动器
EHSV	Electrical Hydraulic Servo Valve	电液伺服阀
EICAS	Engine Indicating and Crew Alerting System	发动机指示和机组告警系统
EICD	Electrical Interface Control Document	电气接口控制文件
EMA	Electro-Mechanical Actuator	机电作动器
EUT	Equipment Under Test	受试设备
EWIS	Electrical Wiring Interconnect System	电气导线互联系统
FAA	Federal Aviation Administration	美国联邦航空管理局
FAR	Federal Aviation Regulation	美国联邦航空规章
FC	Failure Condition	失效状态
FCC	Flight Control Computer	飞控计算机
FDAL	Function Design Assurance Level	系统功能的研制保证等级
FFS	Functional Failure Set	功能失效集
FHA	Function Hazard Assessment	功能危险性评估
FICD	Functional Interface Control Document	功能接口控制文件
FMEA	Failure Mode and Effect Analysis	故障模式和影响分析
FMES	Failure Modes and Effects Summary	故障模式和影响摘要
FOEB	Flight Operation Evaluation Board	飞行运行评定委员会
FSB	Flight Standard Board	飞行标准委员会
FSCL	Flap/Slat Control Lever	襟/缝翼控制手柄
FTA	Fault Tree Analysis	故障树分析
GTS	General Technical Specification	通用技术规范
HIRF	High Intensity Radiated Field	高强度辐射场
HRDD	Hardware Requirements Design Document	硬件需求设计文件
HSTA	Horizontal Stabilizer Trim Actuator	水平安定面配平作动器
IB	Iron Bird	铁鸟
IB	Information Bulletin	信息通报
JAA	Joint Aviation Authorites	欧洲联合航空局
JAR	Joint Aviation Regulation	欧洲联合航空要求
JCDP	Joint Concept Definition Phase	联合概念定义阶段

IDAL	Item Development Assurance Level	设备研制保证等级
LRU	Line Replaceable Unit	航线可更换单元
MA	Markov Analysis	马尔可夫分析
MD	Management Document	适航管理文件
MICD	Mechanical Interface Control Document	机械接口控制文件
MRB	Maintenance Review Board	维修审查委员会
MTBF	Mean Time Between Failure	平均故障间隔时间
OATP	On-Aircraft Test Procedure	机上试验程序
P – ACE	Primary Actuator Control Electronics	主作动器电子控制装置
PASA	Preliminary Aircraft Safety Assessment	初步飞机安全性评估
PCU	Power Control Unit	动力控制装置/作动器
PDR	Preliminary Design Review	初步设计评审
PDU	Power Drive Unit	动力驱动单元
PFC	Primary Flight Computer	主飞行计算机
PIO	Pilot Induced Oscillation	驾驶员诱发振荡
PMMEL	Proposed Master Minimum Equipment List	主最低设备清单建议书
PR	Problem Report	问题报告
PRA	Particular Risk Analysis	特殊风险分析
PSSA	Preliminary System Safety Assessment	初步系统安全性评估
QT	Qualification Test	鉴定试验
RAT	Ram Air Turbine	冲压空气涡轮
REU	Remote Electronics Unit	远程电子装置
RFI	Request for Information	信息征询函
RFP	Request for Proposal	招标书
RSS	Relaxed Static Stability	放宽静稳定性
RVDT	Rotary Variable Differential Transformer	旋转可变差动传感器
SAS	Stability Augmentation System	增稳系统
SCAS	Stability and Control Augmentation System	稳定性与控制增强系统
SFHA	System Functional Hazard Assessment	系统功能危险性评估
SMI	Struetuarl Mode Interaction	结构模态耦合试验
SOF	Safety of Flight	首飞安全试验
SOI	Stage of Involvement	阶段介入性评审
SOW	Statement of Work	工作说明
SRDD	Software Requirements Design Document	软件需求设计文件

SSA	System Safety Assessment	系统安全性评估
TIA	Type Inspection Authorization	型号检查核准书
TL	Torque Limiter	扭矩限制器
WM	Working Manual	适航工作手册
ZSA	Zonal Safety Analysis	区域安全性评估

参 考 文 献

［ 1 ］ 中国民用航空局.CCAR‐21民用航空产品和零部件合格审定规定［S］.中国民用航空局，2007.

［ 2 ］ 中国民用航空局.CCAR‐25运输类飞机适航标准［S］.中国民用航空局，2011.

［ 3 ］ FAR‐25 AIRWORTHINESS STANDARDS: TRANSPORT CATEGORY AIRPLANES［S］.

［ 4 ］ 中国民用航空器适航审定司.AP‐21‐AA‐2011‐03‐R4航空器型号合格审定程序［S］,2011.

［ 5 ］ 美国联邦航空局.AC 25.1309‐1A System Design and Analysis［S］.1988.

［ 6 ］ SAE.ARP4754 Certification considerations for highly-integrated or complex aircraft system［S］.1996.

［ 7 ］ SAE.ARP4754A Guidelines for Development of Civil Aircraft and Systems［S］.1996.

［ 8 ］ SAE.ARP4761 Guidelines and Methods for Conducting the Safety Assessment Process on Civil Airborne Systems and Equipment［S］.1996.

［ 9 ］ RTCA DO‐254 Design Assurance Guidance for Airborne Electronic Hardware［S］.2005.

［10］ RTCA DO‐178B Software Considerations in Airborne Systems and Equipment Certification［S］.1992.

［11］ RTCA DO‐160 Environmental Conditions and Test Procedures for Airborne Equipment［S］.2010.

［12］ EIA System Engineering Capability Model (No.EIA‐731.1)，1998.

［13］ 贺东风,赵越让,钱仲焱,等著.中国商飞公司系统工程手册［M］.上海:上海交通大学出版社,2017.

［14］ 王永熙.飞机飞行控制液压伺服作动器［M］.北京:航空工业出版社,2014.

［15］ 钱勇.大型客机项目供应商管理模式研究与探讨［J］.航空制造,2011(1):67‐68.

［16］ 汤小平.对供应商管理的一点思考［J］.民用飞机设计与研究,2011(3):1‐6.

［17］ 王勇,王立震.飞机设计过程中的供应商管理［J］.飞机设计,2013(3):75‐80.

［18］ 王晓梅,龚孝懿,李棋.民机电传飞控系统功能危害性评估方法的研究［J］.民用飞机设计与研究,2017(4):35‐41.

［19］ 于维倩.基于4754A的民用飞机电传飞控系统需求确认研究［J］.文摘版:工程技术,2015(6):232‐233.

［20］ HENNING BUUS.B777 Flight Control Validation Process［J］.IEEE TRANSACTION ON AEROSPACE AND ELECTRONIC SYSTEMS,1997,33(2):1‐4.

［21］ 谭智勇,常华.民机飞控系统合格鉴定试验设计考虑［J］.测控技术,2016,34(S):308‐313.

［22］ 李振水.飞机铁鸟技术进展综述［J］.航空科学技术,2016,27(6)：1-4.

［23］ 任琦,贾凡,解庄.民机电传飞控系统 HIRF 环境鉴定试验研究［J］.测控技术,2016,35
(S)：209-214.

［24］ 杨超,黄超,吴志刚,唐长红.气动伺服弹性研究的进展与挑战［J］.航空学报,2015,36(4)：
1011-1033.

［25］ 肖磊,李晓昕.层次分析法在航空产品设计评审中的应用［J］.航空标准化与质量,2015
(1)：22-24.

［26］ 许伟武.航空型号产品研制过程中的评审活动［J］.航空科学技术,1999(3)：29-33.

［27］ 郭巍.飞机力纷争均衡分析和研究［J］.测控技术,2013,32(6)：80-83.

［28］ 符芳涌.民用液压舵机动刚度仿真与分析［J］.民用飞机设计与研究,2012(b11)：131-
135.

［29］ 薛瀛,姚振强,张冲.基于人机工效的民机驾驶盘机构设计研究［J］.机械科学与技术,
2015,34(8)：1308-1312.

［30］ 薛瀛.论电子调整在飞控系统 RVDT 精度控制的应用［J］.机械设计与研究,2015(4)：
102-105.

［31］ 张芳.电传飞控系统在驾驶舱的操纵器件分析［C］.第 6 届中国航空学会青年科技论坛,
2014.

索　引

A

安全性评估　5

安全性需求　5

B

备份系统　56

变形补偿　125

C

操纵面位置传感　125

操纵面止动　120

侧杆　2

颤振抑制　14

齿轮-齿条　123

D

地面突风保护　120

电磁兼容试验　134

电搭接　16

电源特性　10

F

防差错　17

仿真分析　3

飞机地面功能试验　141

飞控计算机　2

飞控系统安全性　17

飞控系统技术发展　1

飞控系统适航　6

飞控系统专用条件　198

飞行试验　13

非功能性需求　7

符合性验证方法　178

负载分析　59

G

工程飞行模拟器试验　13

功能架构　7

功能危险性评估　5

功能性需求　7

功能研制保证等级　4

供应商评估　161

共模分析　5

共因故障分析　11

构型管理　6

过程保证计划　157

H

环境试验　16

J

驾驶杆　36

驾驶员评估　103

架构设计　3

鉴定试验　16

接口设计　57

结构模态耦合试验　141

紧固件保险　128

精度分析　202

K

卡挡设计　103

控制律设计　5

L

力纷争　6

P

疲劳耐久试验　136

Q

气动伺服弹性　142,220

千分之一判据　65

确认计划　3

R

人工感觉　106

人机工效　110

S

设备研制保证等级　4

设计评审　6

审定基础　10

审定计划　4

特殊风险分析　5

T

铁鸟试验　29

脱开机构　100

W

完整性　5

问题报告　28

物理架构　5

X

系统工程　4

系统间综合　3

系统交联试验　141

系统需求　5

系统研制过程　6

系统综合　11

需求变更　32

需求捕获　19

需求分配　7

需求管理　27

需求基线　32

需求确认　4

Y

研制保证等级　8

研制保证等级分配　9

研制过程保证　4

研制过程保证活动　7

研制流程控制　4

衍生需求　9

验收试验　134

Z

正确性　7

主动控制技术　1

追溯性　7

总线　3

总线设计　55

作动系统　14